Taschenbuch für den
Tunnelbau 2022

Kompendium der Tunnelbautechnologie
Planungshilfe für den Tunnelbau

Herausgegeben von der DGGT ·
Deutsche Gesellschaft für Geotechnik e.V.

Unter Mitwirkung von Dr. rer. nat. K. Laackmann (Federführung)
Prof. Dr.-Ing. H. Balthaus
Dipl.-Ing. M. Breidenstein
Dr. C. Camós-Andreu
Dr. S. Franz
Dipl.-Ing. W.-D. Friebel
Prof. Dr.-Ing. A. Hettler
Prof. Dr.-Ing. B. Maidl
Dipl.-Ing. M. Meissner
Dipl.-Ing. S. Schwaiger
Prof. Dr.-Ing. M. Thewes
Dr.-Ing. G. Wehrmeyer
Dr.-Ing. B. Wittke-Schmitt

46. Jahrgang

Bibliografische Information der Deutschen Nationalbibliothek
Die Deutsche Nationalbibliothek verzeichnet diese Publikation
in der Deutschen Nationalbibliografie; detaillierte bibliografische
Daten sind im Internet über http://dnb.d-nb.de abrufbar.

© 2022 Wilhelm Ernst & Sohn, Verlag für Architektur und technische
Wissenschaften GmbH & Co. KG, Rotherstraße 21, 10245 Berlin, Germany

Alle Rechte, insbesondere die der Übersetzung in andere Sprachen,
vorbehalten. Kein Teil dieses Buches darf ohne schriftliche Genehmigung
des Verlages in irgendeiner Form – durch Fotokopie, Mikrofilm oder irgendein
anderes Verfahren – reproduziert oder in eine von Maschinen, insbesondere
von Datenverarbeitungsmaschinen, verwendbare Sprache übertragen oder
übersetzt werden.

All rights reserved (including those of translation into other languages).
No part of this book may be reproduced in any form – by photoprinting,
microfilm, or any other means – nor transmitted or translated into a machine
language without written permission from the publisher.

Die Wiedergabe von Warenbezeichnungen, Handelsnamen oder sonstigen
Kennzeichen in diesem Buch berechtigt nicht zu der Annahme, dass diese von
jedermann frei benutzt werden dürfen. Vielmehr kann es sich auch dann um
eingetragene Warenzeichen oder sonstige gesetzlich geschützte Kennzeichen
handeln, wenn sie als solche nicht eigens markiert sind.

Herstellung: pp030 – Produktionsbüro Heike Praetor, Berlin
Satz: Olaf Mangold Text & Typo, Stuttgart
Druck und Bindung:

Print ISBN: 978-3-433-03358-6
ePDF ISBN: 978-3-433-61106-7
ePub ISBN: 978-3-433-61105-0
oBook ISBN: 978-3-433-61104-3

MIT WEITBLICK
IN RICHTUNG ZUKUNFT

Die Unternehmensgruppe BUNG ist eine der führenden Planungs- und Consultinggesellschaften für Tunnelbau, Verkehrswege, Ingenieurbauwerke und viele andere Bereiche des Bauwesens. Wir übernehmen Verantwortung und beraten, planen, überwachen, prüfen und erhalten. Immer mit Blick auf die Welt von morgen und dem nachhaltigen Erfolg ihres Projektes.

Wir sehen uns hoffentlich auf der STUVA!

Wir sind Paten von Erdmännchen im Heidelberger Zoo

Unternehmensgruppe BUNG
Englerstr. 4 | 69126 Heidelberg
Tel.: +49 6221 306-0
info@bung-gruppe.de
www.bung-gruppe.de

Vorwort zum sechsundvierzigsten Jahrgang

Der Tunnelbau wird auch in den nächsten Jahrzehnten einen wichtigen Beitrag beim Ausbau der Verkehrsinfrastruktur leisten. Dabei werden nicht nur die Anforderungen an das Tunnelbauwerk hinsichtlich Lebensdauer und Verfügbarkeit steigen, sondern auch die Herausforderungen bei der Planung und Ausführung. Die Digitalisierung im Tunnelbau wird das Planen und Bauen verändern; die Weiterentwicklung der Maschinentechnik wird die Einsatzgrenzen maschineller Vortriebseinrichtungen erweitern, innovative Baustoffe werden Einzug finden. Diese Evolution wird einerseits begleitet durch Fragen zur adäquaten Vertragsgestaltung und Finanzierung und andererseits durch neue Aspekte, z. B. hinsichtlich des ökologischen Fußabdrucks, ergänzt.

Das Taschenbuch für den Tunnelbau spiegelt diese Entwicklung seit mehr als vier Jahrzehnten wider. Es greift aktuelle Themen auf, zeigt Lösungen für Problemstellungen und dokumentiert so den erreichten Stand der Technik.

Bei der Auswahl und Beschaffung der Beiträge werden Herausgeber und Verlag durch einen Beirat unterstützt, der sich aus Vertretern der Bauherren, Bauindustrie, beratenden Ingenieure, Maschinenhersteller und Zulieferer sowie Hochschule und Wissenschaft zusammensetzt und damit alle am Tunnelbau Beteiligten vertritt. Mit dem Ausscheiden aus dem aktiven Dienst wird Herr Friebel sich aus dem Beirat zurückziehen. Herausgeber und Verlag danken Herrn Friebel herzlich für sein langjähriges ehrenamtliches Engagement im Herausgeberbeirat des Taschenbuchs für den Tunnelbau, dem er seit der Ausgabe 2008 angehört, und wünschen ihm alles Gute für seinen neuen Lebensabschnitt.

Die Beiträge in der Ausgabe 2022 behandeln die Themenbereiche Baugruben und Tunnelbau in offener Bauweise, maschineller Tunnelbau, Baustoffe und Bauteile, Forschung und Entwicklung, Instandsetzung und Nachrüstung sowie Praxisbeispiele. Ein Einkaufsführer zum Thema Tunnelbaubedarf rundet das Buch ab.

Wir wünschen Ihnen eine interessante Lektüre und freuen uns über Rückmeldungen sowie Themenanregungen und Beitragsvorschläge für zukünftige Ausgaben aus Ihren Reihen. Wenden Sie sich dazu bitte an die Mitglieder des Herausgeberbeirats oder an die Redaktion des Verlags Ernst & Sohn.

Dr.-Ing. *B. Wittke-Schmitt*   Dr. rer. nat. *K. Laackmann*

Inhalt

Vorwort zum sechsundvierzigsten Jahrgang V

Autorenverzeichnis XV

Baugruben und Tunnelbau in offener Bauweise

I. Flughafentunnel – Hohlraumbau in vorbelasteten Tonsteinen
   des Lias α 1
   *Martin Wittke, Patricia Wittke-Gattermann, Meinolf Tegelkamp,
   Robert Berghorn, Axel Hillebrenner*

   1 Einleitung *4*
   2 Bauvorhaben *6*
   3 Baugrundverhältnisse *16*
   4 Erfahrungen bei ausgeführten Projekten *23*
   5 Standsicherheitsnachweise *27*
   6 Stand der Bauarbeiten *38*
   7 Monitoring und Vergleich mit Prognosen *42*
   8 Zusammenfassung *48*

Maschineller Tunnelbau

I. Erfahrungsstand zur Ringspaltverfüllung bei einschaligen
   Tunneln mit Schwerpunkt deutsche Eisenbahntunnel 53
   *Paul Gehwolf, Christoph Schulte-Schrepping, Gereon Behnen,
   Carles Camós-Andreu, Anna-Lena Hammer, Djalili Zougou,
   Rolf Breitenbücher, Oliver Fischer, Markus Thewes*

   1 Einleitung *54*
   2 Begriffe und Abgrenzung *58*
   3 Grundsätze der Ringspaltverfüllung *63*

TUNNELBAU?
Können wir.

Von der Firste bis zur Sohle – Sika liefert die passenden Technologien.
Wir sind starker Partner im Tunnelbau und bieten Ihnen geprüfte Produktsyteme, kompetente Beratung und einen hochqualifizierten technischen Service durch unsere Spezialisten für:

- Spritzbeton
- Betonzusatzmittel
- Kunststoffabdichtungsbahnen
- Fugenbänder
- Injektionen
- Schienenverguss

Mehr Infos unter:
www.sika.de/tunnel

BUILDING TRUST

4 Technologie der Ringspaltverfüllung *68*
5 Anforderungen an das RSVM *75*
6 Überwachung – Materialtechnologische Prüfung und Kontrolle während der Ausführung *82*
7 Technische und materialtechnologische Aspekte zur Ringspaltverfüllung bei ausgewählten TBM-Projekten *97*
8 Diskussion bezüglich aktueller Herausforderungen *114*
9 Zusammenfassung und Fazit *128*

II. GE-TI-ME – das neue Prüfverfahren zur Gelzeit-Bestimmung für den Zwei-Komponenten-Mörtel 137
Maik Weber

1 Einleitung *138*
2 Übersicht von Prüfarten zur Bestimmung der Gelzeit *140*
3 Mischbarkeit von Stoffen *143*
4 Mischverfahren *145*
5 Mischverfahren mittels Magnetrührtisch *146*
6 Plakative Darstellung der einzelnen Versuchsreihen *151*
7 Untersuchung der Vergleichbarkeit zwischen Bechermethode und Magnetrührmethode *159*
8 Anwendung des GE-TI-ME-Prüfverfahrens *165*
9 Vergleich der ermittelten Gelzeit mittels Großversuch auf der Baustelle *173*
10 Empfehlung zum Prüfverfahren GE-TI-ME *177*
11 Zusammenfassung und Ausblick *179*

III. Entwicklung eines Vorauserkundungssystems zur frühzeitigen Erkennung der Bodenverhältnisse im Lockergestein beim maschinellen Vortrieb 185
Gerhard Wehrmeyer, André Heim, Maximilian Merl

1 Hintergrund/Einführung *186*
2 Ziele *188*
3 Methodik *188*
4 Ergebnisse *194*

5 Weiterentwicklung *198*
6 Fazit *200*
7 Ausblick *200*

Baustoffe und Bauteile

I. Injektionsstoffe im Tunnelausbruchmaterial – Abfall oder Ersatzbaustoff? *203*
Götz Tintelnot, Michael Koch

1 Einleitung *204*
2 Injektionsharze *204*
3 Umweltrelevanz *207*
4 Abfall *209*
5 Umwelt- und abfalltechnische Einordnung *210*
6 Ausblick *214*

Forschung und Entwicklung

I. Minimalinvasive Fugensanierung – Laboruntersuchungen und Berichte aus der Praxis *217*
Dietmar Mähner, Felix Basler, Hendrik Schälicke

1 Einleitung *217*
2 Anwendung bei Bewegungsfugen von WU-Betonkonstruktionen *221*
3 Anwendung bei Tübbingfugen *226*
4 Erfahrungen mit der minimalinvasiven Fugensanierung aus der Baupraxis *230*
5 Fazit *235*

II. Wirkungsweise von polymerbasierten Stützflüssigkeiten im Tunnelbau *238*
Rowena Verst, Matthias Pulsfort

1 Einleitung *239*
2 Polymere *242*

PROJEKTE MIT TIEFENWIRKUNG

Unsere Kompetenzfelder:

- Bahn-, Straßen- und Medientunnel
- Unterirdische Bahnhöfe im innerstädtischen Bereich
- Offene und geschlossene Bauweisen
- Tunnelsanierungen und -erneuerungen
- Spezialtiefbau und Sonderverfahren
- Geotechnik

Vössing Ingenieurgesellschaft mbH
Über 600 Mitarbeiterinnen und Mitarbeiter, 13 Niederlassungen in Deutschland sowie Standorte in China, Katar und Polen

tunnel@voessing.de | www.voessing.de

BERATUNG | PROJEKTMANAGEMENT | PLANUNG | BAUÜBERWACHUNG

3 „Bulk-Rheologie" von Polymerlösungen *246*
4 Standsicherheit der flüssigkeitsgestützten Erdwand *247*
5 Klassifizierung von Bentonitsuspensionen im Hinblick auf die Standsicherheit *252*
6 Klassifizierung von Polymerlösungen im Hinblick auf die Standsicherheit *253*
7 Schlussfolgerungen für die Standsicherheit polymerflüssigkeitsgestützter Erdwände im Tunnelbau *261*

Instandsetzung und Nachrüstung

I. Der Altstadtringtunnel – Umbau, Instandsetzung und technische Nachrüstung *267*
Nina Lindinger, Markus Heinol, Wadim Strangfeld, Michael Stopka, Robert Bauer

1 Der Altstadtringtunnel *267*
2 Die sicherheits- und betriebstechnische Nachrüstung *273*
3 Bauliche Sanierung/Ertüchtigung des Altstadtringtunnels *275*
4 Fazit *283*

Praxisbeispiele

I. 380-kV-Kabeldiagonale Berlin: Umsetzung der Energiewende durch Tunnelbau *287*
Matthias Breidenstein, Marco Bräuning

1 Projekteinordnung *288*
2 Das Projekt *290*
3 Geologie *292*
4 Schachtbauwerke *293*
5 Bautenstand *295*
6 Ausblick *299*

InnoTrans 2022
20.–23. SEPTEMBER · BERLIN
Internationale Fachmesse für Verkehrstechnik

TUNNEL CONSTRUCTION

KONTAKT
Erik Schaefer · T +49 30 3038 2034
erik.schaefer@messe-berlin.de
www.innotrans.de
Messe Berlin GmbH
Messedamm 22 · 14055 Berlin

Messe Berlin

II. Tunnelplanung der 2. S-Bahn-Stammstrecke in über 40 Metern Tiefe unter historischen und sensiblen Bestandsgebäuden der Münchner Innenstadt *300*
Kai Kruschinski-Wüst, Wolfgang Rieken, Maximilian Weiß, Philipp Lange

  1 Die zweite S-Bahn-Stammstrecke in München *302*
  2 Vortriebsarbeiten für die Bahnsteigröhren am Haltepunkt Marienhof *317*
  3 Zusammenfassung *330*

Tunnelbaubedarf *333*

Inserentenverzeichnis *343*

Autorenverzeichnis

Felix Basler, FH Münster – University of Applied Sciences, Fachbereich Bauingenieurwesen, Corrensstraße 25, 48149 Münster *217*

Dipl.-Ing. Robert Bauer, Wayss & Freytag Ingenieurbau AG, Geisenhausenerstraße 15, 81379 München *267*

Dipl.-Ing. Gereon Behnen, Büchting + Streit AG, Gunzenlehstraße 22–24, 80689 München *43*

Dipl.-Ing. Robert Berghorn, DB Projekt Stuttgart–Ulm GmbH, Räpplenstraße 17, 70191 Stuttgart *1*

Marco Bräuning, Fachabteilungsleiter, ZETCON Ingenieure GmbH, Rudi-Dutschke-Straße 5–7, 10969 Berlin *287*

Matthias Breidenstein, Bereichsleiter Tunnel- und Ingenieurbau, ZETCON Ingenieure GmbH, Amsinckstraße 28, 20097 Hamburg *287*

Prof. Dr.-Ing. Rolf Breitenbücher, Ruhr-Universität Bochum, Lehrstuhl für Baustofftechnik, Universitätsstraße 150, 44801 Bochum *53*

Dr. Carles Camós-Andreu, DB Netz AG, Tunnel- und Erdbau Technik (I.NAI 431), Richelstraße 3, 80634 München *53*

Prof. Dr.-Ing. Oliver Fischer, Technische Universität München, Lehrstuhl für Massivbau – MPA BAU/LKI, Theresienstraße 90, 80333 München *53*

Dr. Paul Gehwolf, DB Netz AG, Tunnel- und Erdbau Technik (I.NAI 431), Richelstraße 3, 80634 München *53*

Dr.-Ing. Anna-Lena Hammer, Ruhr-Universität Bochum, Lehrstuhl für Tunnelbau, Leitungsbau und Baubetrieb, Universitätsstraße 150, 44801 Bochum *53*

André Heim, Herrenknecht AG, Forschung & Entwicklung, Schlehenweg 2, 77963 Schwanau-Allmannsweier *185*

Dipl.-Ing. (FH) Markus Heinol, Landeshauptstadt München Baureferat, Hauptabteilung Ingenieurbau, Friedenstraße 40, 81671 München *267*

Dipl.-Ing. Axel Hillebrenner, Ed. Züblin AG, Albstadtweg 3, 70567 Stuttgart *1*

Autorenverzeichnis

Dr. Michael Koch, BFM Umwelt GmbH Beratung-Forschung-Management, Zehentstadelweg 7, 81247 München *203*

Kai Kruschinski-Wüst, DB Netz AG, Arnulfstraße 25–27, 80335 München *300*

Philipp Lange, DB Netz AG, Arnulfstraße 25–27, 80335 München *300*

Dipl.-Ing. (FH) Nina Lindinger, Landeshauptstadt München Baureferat, Hauptabteilung Ingenieurbau, Friedenstraße 40, 81671 München *267*

Prof. Dr.-Ing. Dietmar Mähner, FH Münster – University of Applied Sciences, Fachbereich Bauingenieurwesen, Corrensstraße 25, 48149 Münster *217*

Maximilian Merl, Herrenknecht AG, Forschung & Entwicklung, Schlehenweg 2, 77963 Schwanau-Allmannsweier *185*

Prof. Dr.-Ing. Matthias Pulsfort, Bergische Universität Wuppertal, Lehr- und Forschungsgebiet Geotechnik, Pauluskirchstraße 7, 42285 Wuppertal *238*

Wolfgang Rieken, DB Netz AG, Arnulfstraße 25–27, 80335 München *300*

Dipl.-Ing. Hendrik Schälicke, Prof. Dr.-Ing. Dieter Kirschke GmbH & Co. KG, Gutenbergstraße 9, 76275 Ettlingen *217*

Dr.-Ing. Christoph Schulte-Schrepping, LPI Ingenieurgesellschaft mbH, Konrad-Adenauer-Str. 9–13, 45699 Herten *53*

Dipl.-Ing. Michael Stopka, Wayss & Freytag Ingenieurbau AG, Geisenhausenerstraße 15, 81379 München *267*

Dipl.-Ing. Wadim Strangfeld, Technischer Bereichsleiter, Wayss & Freytag Ingenieurbau AG, Geisenhausenerstraße 15, 81379 München *267*

Dipl.-Ing Meinolf Tegelkamp, WBI GmbH, Im Technologiepark 3, 69469 Weinheim *1*

Prof. Dr.-Ing. Markus Thewes, Ruhr-Universität Bochum, Lehrstuhl für Tunnelbau, Leitungsbau und Baubetrieb, Universitätsstraße 150, 44801 Bochum *53*

Götz Tintelnot, TPH Bausysteme GmbH, Nordportbogen 8, 22848 Norderstedt *203*

Dr.-Ing. Rowena Verst, IGW Ingenieurgesellschaft für Geotechnik Wuppertal mbH, Uellendahl 70, 42109 Wuppertal *238*

Autorenverzeichnis

Dipl.-Ing. (FH) Maik Weber, Wayss & Freytag Ingenieurbau AG, Baustofftechnologie, Flinschstraße 20, 60388 Frankfurt am Main   *137*

Dr. Gerhard Wehrmeyer, Herrenknecht AG, Forschung & Entwicklung, Schlehenweg 2, 77963 Schwanau-Allmannsweier   *185*

Maximilian Weiß, DB Netz AG, Arnulfstraße 25–27, 80335 München   *300*

Dr.-Ing. Martin Wittke, WBI GmbH, Im Technologiepark 3, 69469 Weinheim   *1*

Dr.-Ing. Patricia Wittke-Gattermann, WBI GmbH, Im Technologiepark 3, 69469 Weinheim   *1*

Djalili Zougou, MSc., Eiffage Infra-Spezialtiefbau GmbH, Landgrafenstraße 29, 44652 Herne   *53*

Ernst & Sohn
A Wiley Brand

Hrsg.: DGGT – Deutsche Gesellschaft für Geotechnik e.V.

Geotechnik

Die Zeitschrift für Bodenmechanik, Erd- und Grundbau, Felsmechanik, Ingenieurtechnologie sowie Kunststoffe in der Geotechnik und Umweltgeotechnik enthält neben themenspezifischen Fachbeiträgen zur u.a. europäischen Normung der Geotechnik auch Mitteilungen der Deutschen Gesellschaft für Geotechnik und deren Arbeitskreisen. Die im peer-review-Prozess begutachteten Inhalte bieten höchstes technisches und wissenschaftliches Niveau. Schwerpunktthemen sind: Bodenmechanik, Erd- und Grundbau, Neuigkeiten aus der Industrie.

PROBEHEFT ANSCHAUEN
+49 (0)30 470 31-236
marketing@ernst-und-sohn.de
www.ernst-und-sohn.de/gete

4 Ausgaben / Jahr
43. Jahrgang
print / online: **€ 92** *
print + online: **€ 115** *

ÖSTERREICHISCHE GESELLSCHAFT FÜR GEOMECHANIK

* €-Preise sind Nettoinlandspreise, zzgl. MwSt., inkl. Versandkosten. Mengenrabatt und Preise in anderen Währungen (USD, GBP) auf Anfrage.

Baugruben und Tunnelbau in offener Bauweise

I. Flughafentunnel – Hohlraumbau in vorbelasteten Tonsteinen des Lias α

Martin Wittke, Patricia Wittke-Gattermann, Meinolf Tegelkamp,
Robert Berghorn, Axel Hillebrenner

Zur Anbindung des Flughafens Stuttgart an die Neubaustrecke Stuttgart – Ulm wird der 2,2 km lange Flughafentunnel mit der Station NBS in Spritzbetonbauweise gebaut. Dabei werden u. a. die Autobahn A8, zwei Hallen der Messe Stuttgart, das Kongresszentrum ICS, der Flughafenentlastungstunnel sowie zwei Hotels und drei Parkhäuser unterfahren. Die beiden Zugänge zur Station werden über Schachtbauwerke realisiert. Im Bereich des Zentralen Zugangs werden außerdem in sehr geringem Abstand zum zentralen runden Zugangsschacht zwei große Technikgebäude als Schachtbauwerke hergestellt. Die Tunnel und Schächte liegen in den gesteinsfesten Schichten (Fels) des unteren Schwarzen Jura (Lias α). In den Tonsteinen dieser Formation sind horizontale Primärspannungen vorhanden, die größer sind, als es sich nach der üblichen Betrachtungsweise aus dem Gewicht der heutigen Überlagerung und der Berücksichtigung des Seitendruckbeiwertes der Tonsteine ergibt.

Diese und die Schichtung und Klüftung sind für die Standsicherheit und die Verformungsprognose wesentlich. Die Nachweise und Prognosen werden nach der AJRM-Methode mithilfe von räumlichen FE-Berechnungen ausgeführt. Besondere Herausforderungen an die Berechnungen und die darauf basierende Ausführungsplanung stellt der Bereich der Zentralen Zugangsanlage dar. Die geometrischen Verhältnisse und die vorliegenden geotechnischen Randbedingungen mit den zusätzlichen Horizontalspannungen in den Tonsteinen erfordern einen besonderen Bauablauf, um unzulässig große Verschiebungen im Umfeld der Zugangsanlage zu vermeiden und um die Standsicherheit in jeder Bauphase zu gewährleisten.

Baugruben und Tunnelbau in offener Bauweise

Mit Stand Mai 2021 wurden bereits große Abschnitte der bergmännischen Tunnelröhren der westlichen Zulaufstrecke zur Station erfolgreich aufgefahren. Die angetroffenen geotechnischen Verhältnisse und die gemessenen vortriebsbedingten Verformungen bestätigen in vollem Umfang die Prognosen und die Ansätze zu den charakteristischen Kennwerten und Primärspannungszuständen. Auch die Arbeiten im Bereich der Station laufen planmäßig und ohne Überraschungen. Die Baumaßnahme wird durch ein umfangreiches Monitoring mit Messungen über- und untertage sowie an benachbarten Gebäuden, Anlagen und Verkehrswegen begleitet. Ein wesentliches Instrument stellt dabei die Aufbereitung und Veranschaulichung der sehr umfangreichen Bau- und Messdaten mithilfe des von WBI entwickelten BIM-Systems (WBIM) dar.

Airport tunnel – Cavity construction in pre-loaded claystone of Lias α

In order to connect the airport Stuttgart to the new highspeed railway line from Stuttgart to Ulm, the 2.2 km long airport tunnel including the underground station are being constructed by means of the CTM-method. The tunnels undercross the highway A8, the fair and congress center of Stuttgart as well as several hotels and parking garages. The two access points to the underground station will be realized by deep shafts. Adjacent to the central access shaft in addition two technical buildings are being constructed inside two additional shafts. The tunnels and shafts are mostly located in rocks of the Black Jurrassic. The claystones of this formation contain increased horizontal in-situ stresses, which are considerably larger than resulting from the weight of the overburden.

The increased in-situ stresses as well as bedding and jointing of the rock are decisive for the stability analyses and the prediction of the displacements. The corresponding analyses are carried out following the AJRM method by means of 3D-FE-analyses. Special considerations have to be made for the very complex central access to the station and the adjacent technical buildings. The geometrical constraints and the rock mechanical conditions require a tailor-made sequence of construction in order to limit the displacements and achieve stability in each stage of construction.

Already, by the end of May 2021 larger parts of the CTM-tunnels had been excavated successfully. The geotechnical conditions and the results of monitoring are in good agreement with the predictions for characteristic parameters and horizontal in-situ stresses. Also the works at the underground station proceed well without surprises. Construction is accompanied by a vast monitoring program, consisting of displacement and stress monitoring underground, above

ground and at adjacent structures. An important element of this system is the adequate representation and evaluation of the results, which is being carried out by the BIM-system WBIM developed by WBI.

1 Einleitung

Im Rahmen des Infrastrukturprojekts Stuttgart 21 wird zur Anbindung des Flughafens Stuttgart an die Neubaustrecke (NBS) Stuttgart – Ulm im Planfeststellungsabschnitt (PFA) 1.3a der Flughafentunnel mit der Station NBS) hergestellt (Bild 1). Die in Bild 1 ebenfalls dargestellte Flughafenkurve (PFA 1.3b) wird noch nicht erstellt.

Die beiden Gleise der NBS werden nördlich der Bundesautobahn (BAB) A8 aus der dort parallel zur Autobahn verlaufenden freien Bahnstrecke ausgefädelt und unterqueren dann in zwei eingleisigen bergmännischen Tunnelröhren zunächst die BAB und danach den Bereich der Messe Stuttgart. Im mittleren Abschnitt der ca. 2,2 km langen Tunnelstrecke wird die etwas über 400 m lange Station NBS ebenfalls in bergmännischer Bauweise mit zwei nebeneinanderliegenden Bahnsteigröhren aufgefahren. Die Zugänge zur Station aus dem Bereich Messe/Flughafen werden über Schachtbauwerke realisiert. Nach Osten hin schließen sich an die Station wieder zwei eingleisige bergmännische Tunnelröhren an. Für die östliche Unterquerung der Autobahn werden die Tunnelquerschnitte in zwei Bauphasen in offener Bauweise ausgeführt. Dazu wird die BAB A8 temporär nach Norden verschwenkt und anschließend in ihre alte Lage zurückverlegt.

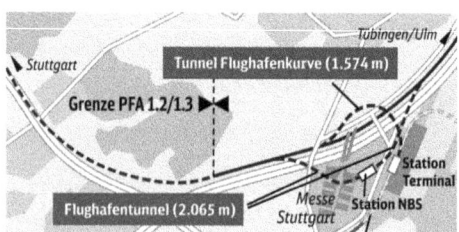

Bild 1. Übersicht Flughafenanbindung im PFA 1.3 [1]

Integrative Lösungen für komplexe Projekte

www.ic-group.org

iC

Die in bergmännischer Bauweise aufzufahrenden Tunnelröhren der westlichen und der östlichen Zulaufstrecken sowie die Bahnsteigröhren der Station verlaufen in den gesteinsfesten Schichten des Lias α, der den unteren Teil des Schwarzen Juras bildet. Es handelt sich hier um Ton-, Schluff- und Kalk-/Sandsteine, die im oberen Abschnitt in Form einer Wechsellagerung anstehen. Darunter folgt bis zum Übergang zu den unterlagernden Keuperschichten (Rät und Knollenmergel) eine Zone, die fast ausschließlich aus Tonsteinen besteht. Infolge der geologischen Vorbelastung sind in den Tonsteinen des Lias α deutlich erhöhte horizontale Primärspannungen wirksam, die bei der Planung und beim Bau der untertägigen Hohlräume von Bedeutung sind.

Im Weiteren wird vornehmlich auf die besonderen Fragestellungen und Herausforderungen bei der Planung und der Bauausführung eingegangen, die sich beim Hohlraumbau für den Flughafentunnel und die Station in den vorbelasteten Tonsteinen des Lias α ergeben. Dabei werden die umfangreichen Erfahrungen genutzt, die bei im Raum Stuttgart in den entsprechenden Schichten des Schwarzen Juras erfolgreich realisierten Projekten gesammelt wurden.

2 Bauvorhaben

Der innerhalb des PFA 1.3a liegende Flughafentunnel ist Bestandteil der Vergabeeinheit Rohbau Flughafenanbindung Los 1, mit deren Ausführung die Arbeitsgemeinschaft (Arge) Neubaustrecke – Flughafentunnel (Züblin/Bögl/Strabag) 2019 von der DB Projekt Stuttgart–Ulm GmbH (DB PSU) beauftragt wurde. Die Bauausführung wurde Anfang 2020 aufgenommen. Mit den bergmännischen Tunnelvortriebsarbeiten der westlichen Zulaufröhren konnte bereits im Juni 2020 begonnen werden. Die WBI GmbH ist bei dem Projekt als Gutachter und Sachverständiger für Baugrund und Tunnelbau für die DB PSU tätig und begleitet die Ausführung auch als Fachbauüberwachung vor Ort. Die Ausführungsplanung für die Zulaufstrecken und das Entrauchungsbauwerk Mitte sowie die Schal- und Bewehrungsplanung der Innenschalen wird von der Zentrale Technik der Firma Züblin erstellt. Die WBI GmbH bearbeitet im Auftrag der Arge Teile

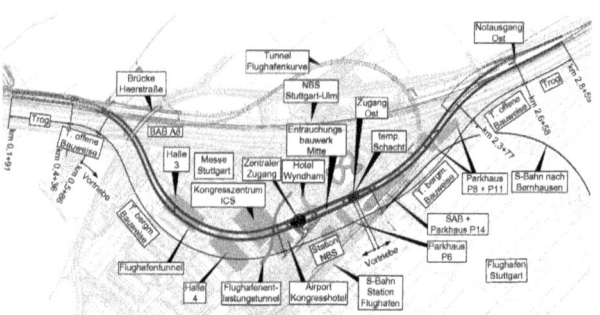

Bild 2. Lageplan Flughafentunnel mit Station NBS

der Ausführungsplanung, die die Stationsröhren mit den Verbindungsbauwerken und das zentrale Zugangsbauwerk untertage betreffen. Die Ausführungsplanung für Ausbruch und Sicherung des Zugangs Ost wurde von der DB PSU als vorgezogene Ausführungsplanung zur Verfügung gestellt und während der Ausführung von der Arge und von WBI optimiert.

In Bild 2 ist der Flughafentunnel mit der Station NBS im Lageplan dargestellt. Die aus den nördlich der Autobahn A8 im Freien verlaufenden Teilen der NBS Stuttgart – Ulm ausgefädelten Gleise verlaufen sowohl im Westen als auch im Osten zunächst in Trogbauwerken, bis sie nach Erreichen ausreichender Tieflage jeweils in die Tunnelabschnitte in offener Bauweise überführt werden können. Der Verlauf der Gradiente ist dem überhöhten Längsschnitt entlang des südlichen Gleises von Stuttgart Richtung Ulm in Bild 3 zu entnehmen.

Im Westen endet die offene Tunnelbauweise (Baugrube) am Nordrand der BAB A8. Die Autobahn wird dann bereits mit den beiden eingleisigen Röhren der Zulaufstrecke West bergmännisch unterfahren. Es handelt sich hierbei um Tunnelquerschnitte mit einem Kreisprofil, deren Regelquerschnitt in Bild 4 dargestellt ist. Der lichte Durchmesser der mit einer Stahlbetoninnenschale ausgekleideten Röhren beträgt 8,10 m. Nach der Unterfahrung der BAB wird die

Baugruben und Tunnelbau in offener Bauweise

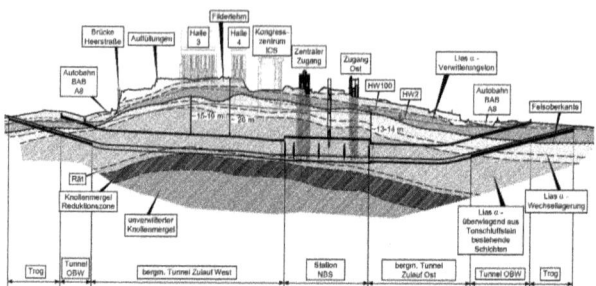

Bild 3. Geologisch-geotechnischer Längsschnitt Flughafentunnel (überhöht)

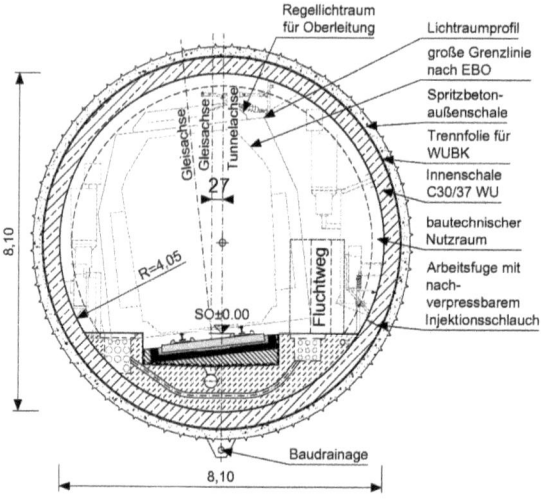

Bild 4. Regelquerschnitt Zulaufröhren

Brücke Heerstraße (L 1192) unterfahren, wobei mit der Südröhre das Brückenwiderlager in geringem Abstand unterquert wird.

Die beiden Tunnelröhren der Zulaufstrecke West verlaufen im Anschluss unter dem Gelände der Messe Stuttgart. Nach der Unterfahrung des Ausstellungsfreigeländes gelangen die Tunnelquerschnitte unter die beiden Messehallen 3 und 4. In Bild 5 ist beispielhaft die Situation bei der Unterfahrung der Messehalle 3 dargestellt. Die Standardhallen der Messe besitzen im Querschnitt jeweils ein frei gespanntes Hängedach, das seine Lasten in A-förmige, auf großen Einzelfundamenten gegründete Stützen einträgt. An den Fundamenten sind auf der äußeren Seite vorgespannte Daueranker angeordnet, über die aus den Dachlasten resultierende Zugkräfte nach unten in den Fels des Lias α eingetragen werden. Die Tunnelvortriebe müssen so durchgeführt und messtechnisch überwacht werden, dass keine unzulässigen Senkungen und Verdrehungen der Hallengründungen eintreten.

Auch das zur Messe Stuttgart gehörige internationale Kongresszentrum ICS wird mit den beiden Tunnelröhren unterfahren. Unter dem Kongressbereich befinden sich zwei Untergeschosse (UG), sodass der vertikale Abstand der Tunnelquerschnitte zur ICS-Gründung nur

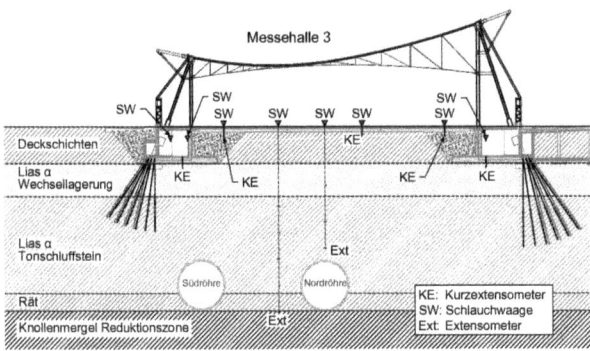

Bild 5. Unterfahrung einer Messehalle

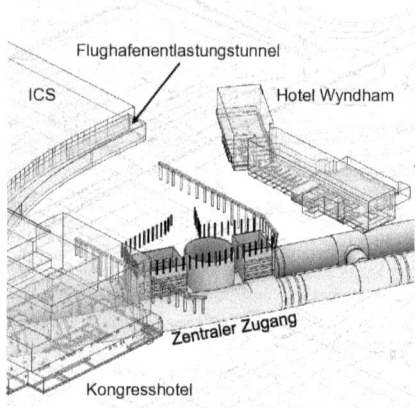

Bild 6. Ausschnitt aus dem 3D-Modell (BIM)

noch ca. 11–12 m beträgt. Im Niveau des 2. UG des ICS verläuft außerdem angrenzend ein Straßentunnel, der sogenannte Flughafenentlastungstunnel, der im Rahmen des Baus der neuen Messe Stuttgart errichtet wurde (siehe Bilder 2 und 6). Dieser Tunnel ist durch den südöstlichen Eckbereich des ICS überbaut, sodass sich hier eine komplexe Bestandssituation ergibt. Hinzu kommt, dass in diesem Bereich die beiden eingleisigen Tunnelröhren der Zulaufstrecke West in die beiden Stationsröhren übergehen und kurz vor dem Erreichen des Stationsbereiches das sogenannte Schwallbauwerk West als Querschlag zwischen den beiden Tunnelröhren aufgefahren wird. Die beiden Schwallbauwerke westlich und östlich der Station dienen jeweils dem Druckausgleich beim Einfahren der Züge über die Zulaufstrecken.

Der Regelquerschnitt der Stationsröhren mit dem sogenannten Bahnsteigquerschnitt ist in Bild 7 dargestellt. Die lichte Breite des als Maulprofil konzipierten Querschnitts beträgt 11,40 m und auch die lichte Höhe ist mit fast 10 m größer als bei den Zulaufröhren. Die Bahnsteige in den beiden parallel verlaufenden Stationsröhren werden jeweils auf der Seite des dazwischenliegenden Gebirgspfeilers angeordnet. Zusätzlich zu den Querverbindungen im Bereich der beiden Zugänge zur Station von über Tage (Zentraler Zugang und Zugang Ost) werden in den Bahnsteigbereichen insgesamt fünf begehbare Verbindungsbauwerke hergestellt. Die Entrauchung des Stationsbereichs im Brandfall erfolgt in den Röhren über Entrauchungskanäle oberhalb der Bahnsteige. Diese Kanäle werden sowohl am Zentralen Zugang (ZZ) und als auch am Zugang Ost (ZO) an schachtartige Entrauchungsbauwerke angeschlossen. Dazwischen wird zusätzlich das Entrauchungsbauwerk Mitte hergestellt. Dabei handelt es sich um ein Schachtbauwerk über der nördlichen Stationsröhre, an das der Entrauchungskanal der Südröhre über einen Querstollen angeschlossen wird.

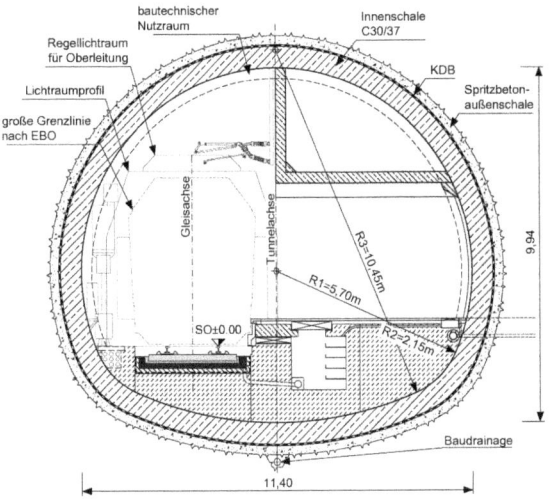

Bild 7. Regelquerschnitt Stationsröhren

Die zentrale Zugangsanlage umfasst neben dem mittig angeordneten großen Rundschacht mit einem lichten Durchmesser von nahezu 20 m die beiden Technikgebäude West und Ost. Diese Technikgebäude werden ausgehend vom Niveau der Geländeoberfläche bis zum Niveau der Bahnsteigebene zwischen den Stationsröhren als große Rechteckschächte ausgeführt. Zwischen dem zentralen Rundschacht und den Technikschächten verbleibt dabei nur ein geringmächtiger Gebirgspfeiler. Die zentrale Zugangsanlage bildet in ihrer Gesamtheit aus drei großen, eng beieinanderliegenden Schachtbauwerken und den unmittelbar angrenzenden Stationsröhren mit den daraus resultierenden Verschneidungen ein komplexes räumliches Bauwerk. Daraus ergeben sich hohe Anforderungen an die Planung und die Ausführung. In Bild 8 ist ein Teil des dazu gemeinsam von WBI und der Zentrale Technik erstellten 3D-BIM-Modells (BIM: Building Information Modeling) dargestellt, in dem die wesentlichen Bauwerksstrukturen erkennbar sind.

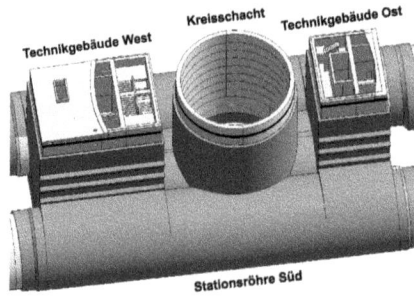

Bild 8. Zentraler Zugang, 3D-Modell

Bild 9 zeigt in einer perspektivischen Sicht aus der Bahnsteigebene den Verschneidungsbereich zwischen den Schachtbauwerken und den Stationsröhren. Das gesamte 3D-Modell umfasst auch die Untergrundschichten und ermöglicht die Übernahme für die rechnerische Simulation des zur Herstellung des Zentralen Zugangs erforderlichen Bauablaufs. Aus statisch-konstruktiven Gründen werden zunächst von der Sohle einer in den Lockergesteinsdeckschichten liegenden

I. Flughafentunnel – Hohlraumbau in vorbelasteten Tonsteinen des Lias α

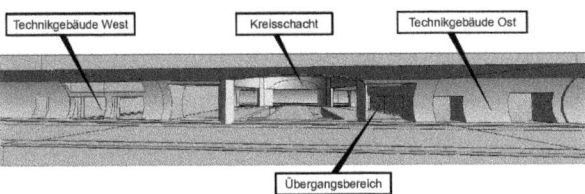

Bild 9. Zentraler Zugang, 3D-Modell, Verschneidung Schacht/Stationsröhren

großen Baugrube am ZZ die beiden Rechteckschächte für die Technikgebäude in der Spritzbetonbauweise abgeteuft und im Anschluss mit einer Stahlbetonkonstruktion ausgekleidet. Erst danach wird der zentrale Rundschacht von der Geländeoberfläche (GOF) aus abgeteuft und ebenfalls mit einer Stahlbetoninnenschale ausgebaut. Die Stationsröhren werden nach entsprechender Herstellung der Schachtbauwerke von Osten her vorgetrieben und an die vertikal orientierten Bauwerke angeschlossen bzw. mit diesen verschnitten.

Das Stahlbetonbauwerk für den Zugang Ost der Station wird in offener Bauweise hergestellt. Die Baugrube wird aus logistischen Gründen als großer temporärer Rundschacht mit einem Durchmesser von ca. 45 m und einer Endtiefe von etwa 35 m ausgeführt. Der große Schachtdurchmesser ermöglicht es, den Vortrieb der beiden Stationsröhren von diesem Angriffspunkt aus gleichzeitig in westliche und östliche Richtung durchzuführen. Im Westen trifft der vom temporären Schacht ausgehende Vortrieb dann nach der Passage der zentralen Zugangsanlage auf den entgegenkommenden Tunnelvortrieb, der nördlich der BAB A8 aus der Baugrube der offenen Bauweise West gestartet wurde (vgl. Bild 2). Die bergmännischen Tunnelröhren der Zulaufstrecke Ost werden fast vollständig vom temporären Schacht am Zugang Ost aus aufgefahren. Aus der Baugrube des Tunnels Ost wurde nur ein sehr kurzer bergmännischer Gegenvortrieb geplant und ausgeführt. Damit kann später eine geordnete Durchschlagsituation im Berg gewährleistet werden, während die anschließenden in offener Bauweise erstellten Tunnelblöcke Ost zu diesem Zeitpunkt bereits hergestellt und eingeschüttet wurden.

Für das Entrauchungsbauwerk Mitte der Station wird zunächst der Schacht im Bereich der Nordröhre abgeteuft und gesichert. Der mit seinem unteren Teil im Kalottenniveau der Stationsröhren liegende Querstollen wird anschließend vom Schacht aus vorgetrieben. Die Vortriebe der beiden Stationsröhren erreichen die zuvor ausgebrochenen und gesicherten Hohlräume des Entrauchungsbauwerks erst später. Auch im Bereich des Entrauchungsbauwerks Mitte liegen komplexe räumliche Verhältnisse vor, die durch Verschneidungen gekennzeichnet sind. Auch hier spielt der Bauablauf eine wesentliche Rolle beim Nachweis der Standsicherheit und der Dimensionierung der Sicherungsmittel.

Bei Erstellung der Stationsröhren als Kalottenvortrieb mit temporärem Sohlgewölbe und nachlaufenden Strossen-/Sohlvortrieben sind mehrere bestehende Gebäude zu unterfahren (Bild 2). Von Westen kommend gelangt der Vortrieb der südlichen Stationsröhre nach der Unterquerung des Flughafenentlastungstunnels unter den Eckbereich des neuen Airport Kongresshotels. Zwischen den beiden Zugangsanlagen der Station liegt das Hotel Wyndham oberhalb der Bahnsteigröhren, zwischen denen hier außerdem eines der Verbindungswerke errichtet wird (Bild 6). Das Parkhaus P14, das in der Erdgeschossebene als Busterminal (SAB) ausgebildet ist, liegt im Stationsbereich noch südlich der Tunnelbauwerke, nach dem bergmännischen Vortrieb der Zulaufstrecke Ost aber auch über den Tunnelröhren. Im Unterschied zu den beiden im Folgenden noch mit der Zulaufstrecke Ost zu unterfahrenden Parkhäusern P8 und P11 ist der Gebäudekomplex SAB/P14 auf rasterförmig angeordneten Bohrpfählen gegründet, die in den Fels des Lias α einbinden.

3 Baugrundverhältnisse

3.1 Schichtenfolge und Grundwasser

Der Aufbau des Untergrunds im Bereich des Flughafentunnels und der Station NBS ist in Bild 3 in einem überhöhten geologisch-geotechnischen Längsschnitt dargestellt (aus [2]). Alle bisher bei der Bauausführung angetroffenen Verhältnisse bestätigen dabei vollumfänglich die im Tunnelbautechnischen Gutachten [2] prognostizierten Untergrundverhältnisse und angenommenen Eigenschaften.

Die bergmännischen Vortriebsabschnitte der Tunnelröhren und die unteren Bereiche der Schächte liegen fast vollständig in den gesteinsfesten Schichten des Lias α (unterer Schwarzjura). Nur in Teilabschnitten der westlichen Zulaufröhren und im sich daran anschließenden Bereich der Stationsröhren werden die fast ausschließlich aus Feinsandstein bestehenden Schichten des Rät (oberer Keuper) angeschnitten. Der darunter folgende Knollenmergel des Keuper gelangt nur in der westlichen Zulaufstrecke vorübergehend in den Basisbereich der Tunnelquerschnitte. Es handelt sich dabei um die sogenannte Reduktionszone des Knollenmergels, die durch mürbe Schluffsteine gekennzeichnet ist.

Die Schichten des Lias α werden nach der geologischen Bezeichnung von unten nach oben in die Psilonotenschichten (Lias α1), die Angulatenschichten (Lias α2) und die Arietenschichten (Lias α3) unterschieden. Die unteren Grenzen werden jeweils durch markante Leithorizonte in Form geringmächtiger Bänke aus Kalk-/Sandsteinen gebildet (Psilonotenbank, Oolithenbank und Kupferfelsbank). Aus felsmechanischer und bautechnischer Sicht hat sich bei den zahlreichen bereits im Stuttgarter Raum ausgeführten Projekten für den Lias α eine von der oben genannten stratigrafischen Zuordnung abweichende Einteilung bewährt. Danach unterscheidet man das untenliegende, überwiegend aus Tonsteinen bzw. Tonschluffsteinen bestehende Schichtpaket von den obenliegenden, aus einer Wechsellagerung von Kalk-/Sandsteinen und Tonschluffsteinen bestehenden Schichten. Die Grenze bildet die Unterkante des sogenannten Hauptsandsteins, die, bezogen auf die stratigrafischen Einheiten, etwa in der Mitte der Angulatenschichten (Lias α2) liegt.

Die Längsschnittdarstellung in Bild 3 zeigt diese geotechnische Untergliederung des gesteinsfesten Lias α. Es ist erkennbar, dass die Querschnitte des Flughafentunnels fast ausschließlich in dem überwiegend aus Tonsteinen aufgebauten Schichtpaket verlaufen. Nur im östlichen Bereich der Zulaufstrecke Ost durchfahren die bergmännischen Tunnelabschnitte mit der ansteigenden Gradiente auch die Schichten der

Wechsellagerung. Die oberhalb der Felsoberkante anstehenden Schichten des sogenannten Lias α-Verwitterungstons gehören im Ausgangszustand der Wechsellagerung an. Hier sind die Tonsteine fast vollständig verwittert und entfestigt und liegen meist als mittelplastische Tone mit halbfester Konsistenz vor. Dazwischen sind verwitterungsresistente Kalk-/Sandsteinlagen quasi schwimmend eingelagert.

Oberhalb der Verwitterungszone des Lias α folgen in unterschiedlicher Mächtigkeit die quartären Schichten des Filderlehms und künstliche Auffüllungen bzw. durch anthropogene Eingriffe umgelagerte Böden. Auf diese Deckschichten aus Lockergesteinen wird im Folgenden nicht näher eingegangen.

Der geschlossene Grundwasserspiegel liegt im unbeeinflussten Zustand entlang des Flughafentunnels und der Stationsröhren deutlich oberhalb der Tunnelquerschnitte. Er befindet sich in der Regel innerhalb der Wechsellagerung, wobei die Zone des meist stark klüftigen Hauptsandsteins den für die Wasserführung im Lias-Aquifer maßgeblichen Horizont darstellt. Infolge der abdichtenden Wirkung von Ton- bzw. Tonsteinlagen können teilweise auch gespannte Grundwasserverhältnisse vorliegen. Der im Längsschnitt (Bild 3) eingetragene Grundwasserspiegel HW2 tritt mit einer Jährlichkeit von 2 Jahren auf. Der Grundwasserspiegel HW100 wurde für eine Jährlichkeit von 100 Jahren berechnet. Für die Durchführung der Vortriebsarbeiten sind die Grundwasserstände von untergeordneter Bedeutung, da sich bauzeitlich eine Grundwasserabsenkung einstellt. Davon unabhängig sind die Grundwasserzutritte beim Vortrieb im Bereich der Tonsteinzone des Lias α aufgrund der sehr geringen Wasserdurchlässigkeit vernachlässigbar klein. Die laufenden Vortriebsarbeiten bestätigen diese Erfahrung.

3.2 Gefügemodell, felsmechanische Eigenschaften und Primärspannungen

Bild 10 zeigt das Gefügemodell zu den im Bereich des Flughafentunnels anstehenden Untergrundschichten. In der im oberen Bereich des gesteinsfesten Lias α anstehenden Wechsellagerung dominiert der Anteil der Kalk-/Sandsteine mit ca. 60–70 % gegenüber den zwi-

I. Flughafentunnel – Hohlraumbau in vorbelasteten Tonsteinen des Lias α

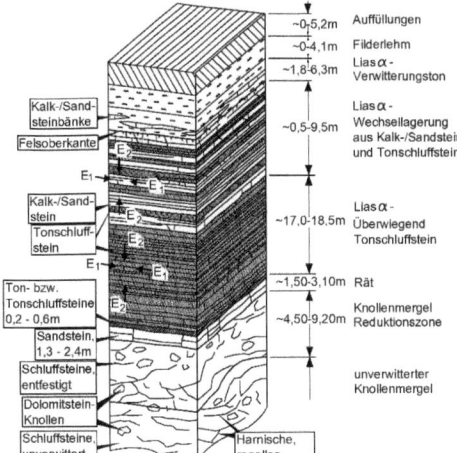

Bild 10. Gefügemodell

schengeschalteten Ton- bzw. Tonschluffsteinen. Die Schichten fallen großräumig flach in östliche Richtungen ein. Aus baupraktischer Sicht kann jedoch für lokale Betrachtungen wie z. B. Standsicherheitsuntersuchungen mit ausreichender Näherung von horizontaler Orientierung der Schichten und der Schichtfugen ausgegangen werden. Die Klüfte, die insbesondere in den Kalk-/Sandsteinbänken deutlich ausgeprägt und teilweise geöffnet sind, stehen steil bis senkrecht und bilden näherungsweise ein orthogonales System. Bild 11 zeigt ein Ortsbrustfoto aus der Zulaufstrecke Ost, in dem die Wechsellagerung aus Kalk-/Sandsteinen (unten) und Tonschluffsteinen (oben) erkennbar ist.

Der untere Bereich des gesteinsfesten Lias α besteht mit einem Anteil von mehr als 90 % ganz überwiegend aus Ton- bzw. Tonschluffsteinen, die auch das mechanische Verhalten bestimmen. In diesem Bereich sind Schichtfugen und Klüfte angelegt, die jedoch meist nur undeutlich erkennbar sind. Die eingelagerten Kalk-/Sandsteine treten nur

Bild 11. Ortsbrustfoto im Lias α

lokal in Form dünner Bänke auf und konzentrieren sich im Wesentlichen auf die Leithorizonte Psilonotenbank und Oolithenbank.

Die Tonsteinschichten des Lias α besitzen eine sogenannte transversalisotrope Verformbarkeit. Die Tonsteine besitzen im Unterschied zu den Kalk-/Sandsteinen fast keine chemische Bindung, sondern wurden im Laufe ihrer Entstehungsgeschichte allein durch hohen Überlagerungsdruck vom Ausgangsmaterial Ton zu Tonstein verfestigt. Infolge der dadurch hervorgerufenen Orientierung des Gefüges im Gestein ist die Verformbarkeit der Schichten in horizontaler Richtung deutlich kleiner als in vertikaler Richtung. Diese Anisotropie wird durch die unterschiedlich großen Elastizitäts- bzw. Verformungsmoduln E_1 (horizontal) und E_2 (vertikal) (siehe Bild 10) erfasst, wobei der Anisotropiefaktor E_1/E_2 größenordnungsmäßig etwa mit 2 angenommen werden kann.

Die Entstehungsgeschichte der Tonsteine im schwarzen Jura durch Vorbelastung hat darüber hinaus ganz wesentlichen Einfluss auf den in diesen Schichten herrschenden Spannungszustand mit erhöhten horizontalen Primärspannungen (vgl. [3] und [7]). Die Schichten des Schwarzen Juras wurden im Raum Stuttgart vor ca. 195 Millionen Jahren abgelagert und danach mit den Schichten des Braunen und des Weißen Juras überlagert (Bild 12). Durch das Gewicht dieser Überlagerung wurden die als Tone sedimentierten Schichten diagenetisch zu Tonstein verfestigt. Mit dem Anwachsen des Überlagerungsdrucks während der Sedimentation bauten sich infolge der Behinderung der Querdehnung hohe Horizontalspannungen auf. Bei der Verfestigung des Tons zum Tonstein reduziert sich die Querdehnungszahl, die dann in verringerter Größe bei der nachfolgenden Entlastung maßgeblich ist. Aus diesem Grund sind die im Ton entstandenen Horizontalspannungen bei dem in der Kreidezeit und im Tertiär erfolgten Abbau der Überlagerung nicht wieder voll zurückgegangen. Es sind in den Tonsteinen horizontale Primärspannungen verblieben, die größer sind, als es sich nach der üblichen Betrachtungsweise aus dem Gewicht der heutigen Überlagerung und der Berücksichtigung des Seitendruckbeiwerts des Tonsteins ergibt.

Die Erfahrungen aus ausgeführten Projekten in den Lias α-Tonsteinen im Stuttgarter Raum zeigen, dass die zusätzlichen Horizontalspannungen Werte bis zu ca. 2 MN/m² aufweisen können. Infolge von im

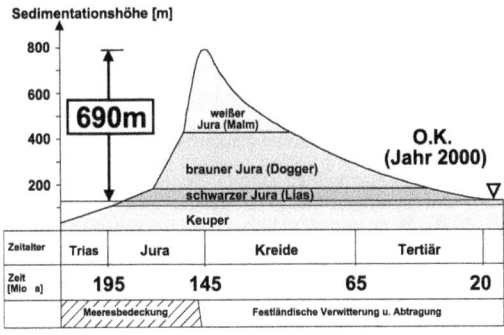

Bild 12. Überlagerung im Raum Stuttgart

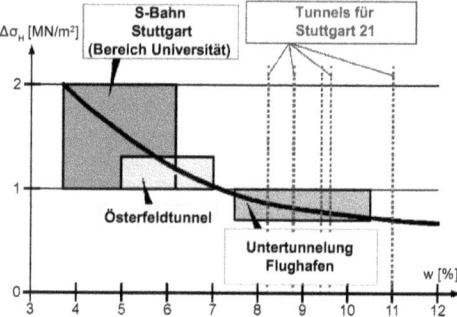

Bild 13. Einfluss des Wassergehalts auf die Horizontalspannungen

Lauf der Zeit eingetretenen Entspannungs- und Entfestigungsvorgängen kann es erfahrungsgemäß zu einem teilweisen Abbau der zusätzlichen Horizontalspannungen kommen. Dabei besteht grundsätzlich ein Zusammenhang zwischen den horizontalen Zusatzspannungen und dem Wassergehalt der Tonsteine des Schwarzen Juras, wie vergleichende Betrachtungen gezeigt haben [3]. In Bild 13 sind dazu die Streubereiche der bei verschiedenen Projekten gemessenen Wassergehalte (w) und der horizontalen Zusatzspannungen ($\Delta\sigma_H$) dargestellt. Es deutet sich an, dass die horizontalen Zusatzspannungen mit zunehmendem Wassergehalt abnehmen. Da auch die Verformungsmodulen und die Gesteinsfestigkeiten der Tonsteine mit zunehmendem Wassergehalt, der vermutlich durch Verwitterung bedingt ist, abnehmen, ist dieser Zusammenhang erklärbar.

Die tatsächlichen Primärspannungsverhältnisse sind folglich in Abhängigkeit von den jeweiligen Randbedingungen differenzierter zu betrachten und projektbezogen in Form einer zu berücksichtigenden Bandbreite festzulegen. Im Fall des Flughafentunnels und der Station NBS hat sich ergeben, dass als charakteristischer Wert für die zusätzlichen horizontalen Primärspannungen 0,5 MN/m² angenommen werden kann. Die gesamte Bandbreite der Zusatzspannungen sollte hier mit 0–1 MN/m² berücksichtigt werden [2].

Zur ergänzenden Erläuterung der vorstehenden Ausführungen bezüglich der horizontalen Zusatzspannungen in den Tonsteinen des Lias α wird im Folgenden exemplarisch auf Erfahrungen bei in der Vergangenheit unter Beteiligung von WBI ausgeführten Projekten im Stuttgarter Raum eingegangen.

4 Erfahrungen bei ausgeführten Projekten

4.1 S-Bahn Haltestelle Universität Stuttgart

Die in Vaihingen gelegene Haltestelle Universität der S-Bahn Stuttgart wurde in offener Bauweise in einer ca. 220 m langen und ca. 20 m tiefen Baugrube hergestellt, die überwiegend in die Tonschluffsteine des Lias α einschneidet und im Sohlbereich noch den Knollenmergel erreicht.

Bild 14 [4] zeigt die gemessenen horizontalen Wandverschiebungen in einem Querschnitt, der etwa in Baugrubenmitte liegt. Es zeigt sich, dass beim Aushub im Tonschluffstein Horizontalverschiebungen von bis zu ca. 60 mm gemessen wurden. Die Verschiebungen nahmen mit

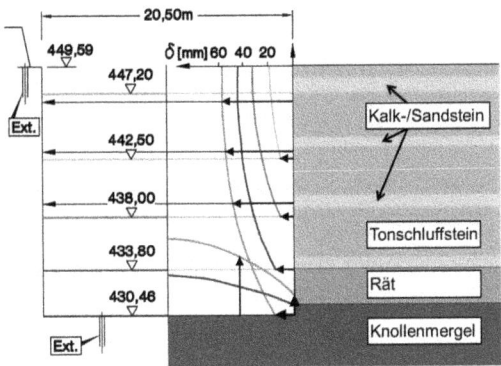

Bild 14. Baugrube Haltestelle Universität, gemessene Verschiebungen im Schnitt

Baugruben und Tunnelbau in offener Bauweise

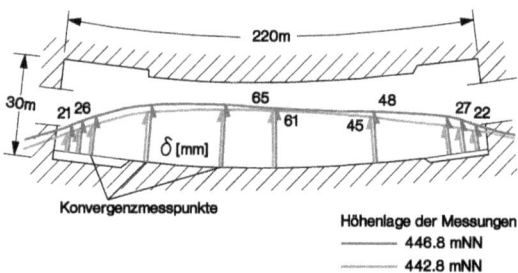

Bild 15. Baugrube Haltestelle Universität, Horizontalverschiebungen

zunehmender Aushubtiefe deutlich zu. Wie in Bild 15 [4] in einer Grundrissdarstellung zu erkennen ist, waren die gemessenen Verschiebungen im mittleren Bereich der langen Baugrube deutlich größer als an den Baugrubenenden. Ein Vergleich der gemessenen Horizontalverschiebungen der Baugrubenwände mit den Messergebnissen von 30 m langen horizontalen Extensometern zeigte, dass mit den Extensometern nur etwa 40 % der gesamten im Untergrund aufgetretenen horizontalen Verschiebungen gemessen werden konnten. Dies deutet auf eine sehr große Reichweite der Horizontalverschiebungen von mehr als 100 m hin. Aufgrund der mit zunehmendem Abstand von der Baugrube abnehmenden horizontalen Verschiebungen des Untergrundes haben sich seinerzeit Zerrungen eingestellt, die zu Schäden an benachbarten Gebäuden geführt haben.

Eine rechnerische Interpretation der im Bereich der Baugrube an der Universität gemessenen Verschiebungen hat ergeben, dass in den Tonsteinen von zusätzlichen Horizontalspannungen in der Größenordnung von ca. 1–2 MN/m^2 auszugehen ist. Die horizontalen Primärspannungen müssen bei langen Baugruben in den Bereich unterhalb der Baugrube umgeleitet werden. Dort kommt es dann zu Spannungskonzentrationen. Die Umlagerung der Spannungen in den Bereich unterhalb der Baugrube führt zu einer weiträumigen Entlastung neben der Baugrube, die zu horizontalen Verschiebungen und damit verbundenen Zerrungen führt. Um die Verschiebungen klein zu halten, muss daher die seitliche Entlastung gering gehalten werden. Dies kann durch eine Begrenzung der Baugrubenlänge und durch einen steifen Verbau erfolgen. Die Erkenntnisse wurden bei der Konzeption und der Planung der Schächte des Zentralen Zugangs der Station NBS berücksichtigt und durch einen entsprechenden Bauablauf umgesetzt.

4.2 S-Bahn Haltestelle Flughafen Stuttgart

Auch die S-Bahn Haltestelle Flughafen wurde in offener Bauweise errichtet. Die Baugrube wurde zunächst in den Deckschichten und im Fels der Wechsellagerung des Lias α ausgehoben. Anschließend erfolgte der Aushub in den Tonschluffsteinen, in denen die horizontalen Zusatzspannungen wirksam sind. So wurde beim Aushub des tieferen Abschnittes der Baugrube dann auch eine deutliche Zunahme der horizontalen Wandverschiebungen in Höhe der Felsoberkante gemessen (Bild 16, [3]).

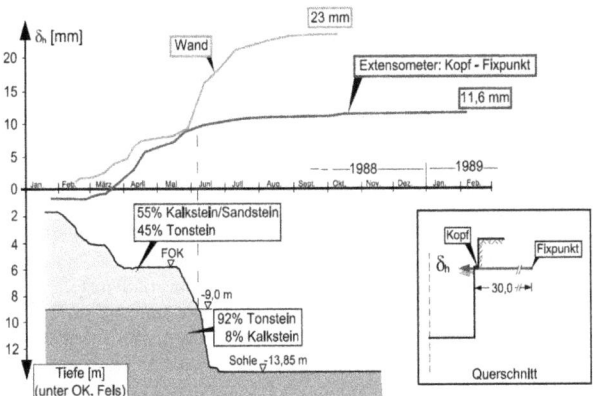

Bild 16. Baugrube S-Bahn Station Flughafen Stuttgart, Horizontalverschiebungen

An den Messergebnissen für einen 30 m langen Horizontalextensometer ist erkennbar, dass sich die horizontalen Untergrundverschiebungen neben der Baugrube auf einen größeren Bereich erstrecken. Während die Verschiebungsdifferenzen zwischen dem Extensometerkopf (an der Wand) und dem Extensometerfußpunkt (im Untergrund 30 m neben der Wand) in der Anfangsphase des Aushubs noch näherungsweise der absoluten Wandverschiebung entsprechen, nehmen sie bei fortschreitender Aushubtiefe fast nicht mehr zu (Bild 16). Erklärt werden kann dies damit, dass der gesamte Extensometer aufgrund weitreichender horizontaler Verschiebungen neben der Baugrube quasi im entlasteten Untergrund schwimmt. Ursache sind die erhöhten Horizontalspannungen in den Tonschluffsteinen des Schwarzjuras.

4.3 S-Bahntunnel vom Flughafen nach Filderstadt-Bernhausen

Mit dem eingleisigen S-Bahntunnel vom Stuttgarter Flughafen nach Filderstadt-Bernhausen wurden u. a. das Vorfeld und die Start-/Landebahn des Flughafens in bergmännischer Bauweise unterfahren. Der Tunnel mit Kreisquerschnitt verläuft dabei überwiegend innerhalb der Tonschluffsteinschichten des Lias α [5], [6], [7].

Im Rahmen des baubegleitenden Messprogramms wurden Verformungsmessungen an der Geländeoberfläche und untertage durchgeführt. In Bild 17 sind exemplarisch die Ergebnisse von Verschiebungsmessungen an einem Querschnitt im Bereich zwischen Vorfeld und Start-/Landebahn dargestellt. Es zeigt sich, dass die mittels Nivellement erfassten Senkungen an der GOF sehr klein sind und nur wenige Millimeter betragen. Mit den seitlich vom Tunnelquerschnitt installierten Inklinometern konnten dagegen deutliche, auf den Hohlraum hin gerichtete Horizontalverschiebungen im Untergrund (Tonschluffsteine) erfasst werden. Auch bei den Messungen im Tunnelquerschnitt zeigten sich häufig in horizontaler Richtung größere Verschiebungen als in vertikaler Richtung. Bei der Bewertung der untertägigen Messungen im Tunnel ist zu berücksichtigen, dass dabei nicht die gesamten vortriebsbedingten Verschiebungen erfasst werden können,

I. Flughafentunnel – Hohlraumbau in vorbelasteten Tonsteinen des Lias α

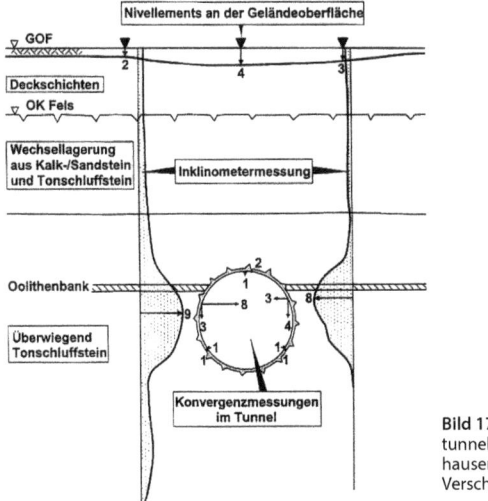

Bild 17. S-Bahn-tunnel nach Bernhausen, gemessene Verschiebungen

da die Messbolzen erst hinter der Ortsbrust gesetzt und nullgemessen werden können.

Davon unabhängig kann festgestellt werden, dass das in Bild 17 dargestellte typische Verschiebungsbild auf erhöhte horizontale Primärspannungen in den Tonschluffsteinen des Lias α zurückzuführen ist. Rechnerische Interpretationen der gemessenen Verschiebungen haben diesbezüglich auf gute Übereinstimmungen bei Ansatz horizontaler Zusatzspannungen zwischen 0,5 und 1,0 MN/m² geführt.

5 Standsicherheitsnachweise

5.1 Stations- und Streckenröhren

Bild 18 zeigt in einem Lageplanausschnitt den Bereich der Station NBS und die Tunnelröhren der Zulaufstrecken West und Ost in den

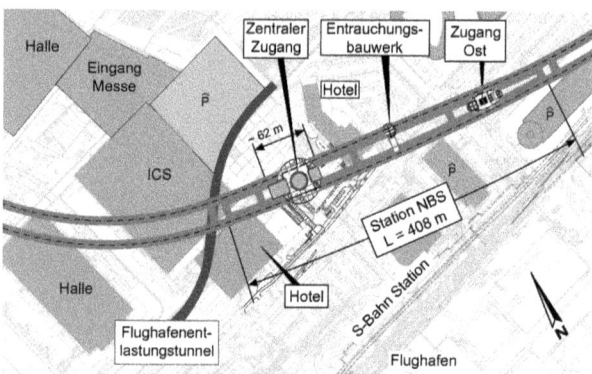

Bild 18. Lageplan Bereich Station NBS und Zugänge

Anschlussbereichen. Am Beispiel der Stationsröhren im Bereich zwischen dem Zugang Ost und der östlichen Zulaufstrecke werden im Folgenden die statischen Berechnungen zum Bauzustand des Vortriebs (Ausbruch und Sicherung) erläutert.

Sämtliche Berechnungen werden nach der Finite-Elemente- (FE-)Methode durchgeführt, wobei je nach vorliegenden Verhältnissen und Randbedingungen entweder echt räumliche 3D-Berechnungen oder, zur Verringerung des rechentechnischen Aufwands, pseudoräumliche 2D-Berechnungen durchgeführt werden. Letztere sind dann angemessen und ausreichend, wenn ein Linienbauwerk (Tunnel in Regelbereichen) untersucht wird, bei dem sich die Verhältnisse bezüglich der Geometrie, der Untergrundverhältnisse und der äußeren Lasteinwirkungen mit fortschreitendem Vortrieb nicht sehr stark ändern, keine Aussagen zur Standsicherheit im Ortsbrustbereich erforderlich sind und keine besonderen Anforderungen im Hinblick auf die Entwicklung der Senkungen während der Vortriebsarbeiten bestehen.

Um in den 2D-Berechnungen mit ausreichender Näherung die beim Vortrieb eintretenden vorauseilenden Spannungsumlagerungen und

Verschiebungen im Untergrund berücksichtigen zu können, wird üblicherweise die Methode der Vorentspannung angewendet. Dabei wird vor der rechnerischen Simulation des Ausbruchs und des Einbaus der Sicherung (Spritzbetonschale) das im Ausbruchquerschnitt anstehende Gebirge durch eine Reduktion der Untergrundsteifigkeit (Abminderung des E-Moduls) teilentspannt. Die dabei eintretenden Spannungsänderungen und Verformungen können als dem Vortrieb vorauseilend interpretiert werden. Bei der Simulation des Ausbruchs und des gleichzeitigen Einbaus der Sicherung im Schritt nach der Vorentspannung ergeben sich dann realistische Beanspruchungen der Spritzbetonschale. Die in der Summe infolge der Vorentspannung und des Ausbruchs berechneten Verschiebungen im Untergrund und an der Geländeoberfläche (Senkungen) sind ebenfalls wirklichkeitsnah. Der bei dieser Methode anzusetzende Vorentspannungsfaktor hängt jedoch von der Tunnelgeometrie und der Ausbruchfolge (Kalotte, Strosse/Sohle) sowie von der Sicherung, den Untergrundverhältnissen und den Primärspannungen ab. Daher sollte im Hinblick auf den Erhalt wirklichkeitsnaher 2D-Berechnungsergebnisse der Vorentspannungsfaktor möglichst mithilfe echt räumlicher 3D-Berechnungen kalibriert werden.

Bild 19 zeigt ein für den östlichen Stationsbereich erstelltes 3D-FE-Netz, das auch für die Kalibrierung des Vorentspannungsfaktors verwendet wurde. Im FE-Netz wird der Untergrund entsprechend der vorliegenden Schichtenfolge nachgebildet. Die geotechnischen Kennwerte werden auf der Grundlage des Tunnelbautechnischen Gutachtens [2] angenommen und nach Erfordernis variiert. Mit dem FE-Modell können das transversalisotrope Spannungs-Dehnungs-Verhalten sowie – sogar richtungsorientiert –Trennflächen mit reduzierten Festigkeiten (Schichtfugen, Klüfte, Harnische) einbezogen werden. Die erhöhten horizontalen Primärspannungen in den Tonschluffsteinen werden als Differenzspannungen zu den infolge Eigengewicht und behinderter Querdehnung eintretenden Seitendrücken berücksichtigt. Auflasten aus Gebäuden können als äußere Flächen- oder Linienlasten angesetzt werden, sofern auf eine diskrete Nachbildung von Gebäuden oder Gründungsbauteilen verzichtet wird. Auch dies ist natürlich möglich und wird in Einzelfällen so umgesetzt.

Baugruben und Tunnelbau in offener Bauweise

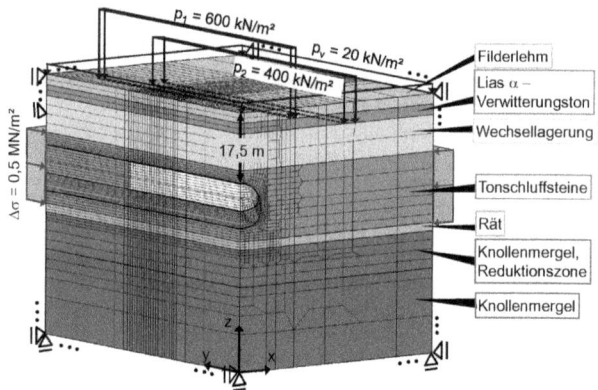

Bild 19. 3D-Berechnungen der Stationsröhren, FE-Netz

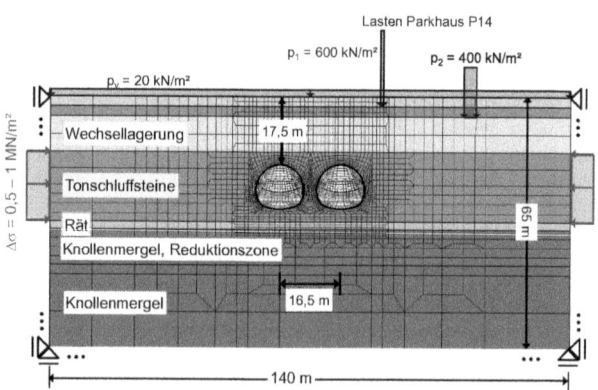

Bild 20. Pseudoräumliche 2D-Berechnungen der Stationsröhren, FE-Netz

Die Tunnelgeometrie einschließlich der Spritzbetonsicherung wird im FE-Netz dem geplanten Vortrieb entsprechend mit den jeweiligen Teilquerschnitten nachgebildet. Bei den Stationsröhren erfolgt die Nachbildung für einen Kalottenvortrieb mit temporärem Kalottensohlgewölbe und nachlaufendem Strossen-/Sohlvortrieb. Der scheibenförmige Aufbau des 3D-FE-Netzes wird so gewählt, dass im zentralen Bereich des Berechnungsausschnitts der Vortrieb nach der „Step by Step"-Methode abschlagsweise simuliert werden kann.

In Bild 20 ist das zweidimensionale scheibenförmige FE-Netz zur Durchführung der pseudoräumlichen 2D-Berechnungen dargestellt. Bild 21 enthält eine zugehörige Detaildarstellung für den Bereich des Tunnelquerschnitts mit der Nachbildung der Spritzbetonschalen in den Teil- und Gesamtquerschnitten durch Kontinuumselemente. Die Vorgehensweise zur Durchführung der Berechnungen nach der Vorentspannungsmethode wurde oben erläutert. 2D-Berechnungen haben im Vergleich zu 3D-Berechnungen den Vorteil, dass mit geringerem Aufwand eine größere Anzahl von Berechnungsfällen mit Variation der Kennwerte, der Primärspannungen und weiterer Parameter durchgeführt werden kann. Die kalibrierten Vorentspannungs-

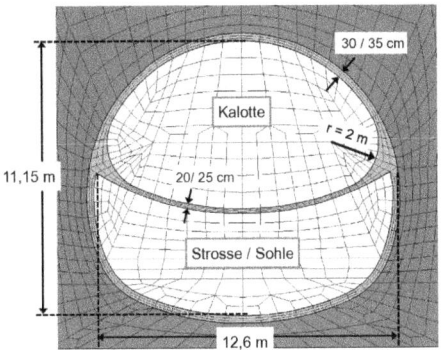

Bild 21. FE-Netz, Detail, Kalotten- und Strossen-/Sohlvortrieb

faktoren lassen sich meist auch auf benachbarte Berechnungsquerschnitte übertragen, bei denen grundsätzlich ähnliche Verhältnisse vorliegen, auch wenn die Lage der Tunnelquerschnitte in Relation zu den Schichten, die Überlagerungshöhe und die äußeren Lasten etwas abweichen.

Auf dieser Grundlage werden für die verschiedenen Regelbereiche der Station NBS statische Berechnungen durchgeführt. Echt räumliche Situationen wie z. B. Verschneidungen mit Querschlägen oder Schächten werden nach Erfordernis mittels 3D-Berechnungen untersucht. Die beschriebene Vorgehensweise gilt grundsätzlich auch für die Standsicherheitsuntersuchungen zu den Streckenröhren. Die statischen Berechnungen nach der FE-Methode dienen nicht nur dem Nachweis der Standsicherheit für eine gewählte Vortriebsklasse, sondern erlauben bei entsprechender Simulation und Variation der Parameter auch die Erfassung der Einflüsse unterschiedlicher Schalenstärken, der Ankerung und – bei 3D-Untersuchungen – auch der Abschlaglängen und der vorauseilenden Sicherung auf die Beanspruchungen und auf die vortriebsbedingten Senkungen. 3D-Berechnungen mit Nachbildung der vorauseilenden Sicherung wurden beispielsweise für den Fall der Unterfahrung des Widerlagers der Heerstraßenbrücke mit der Südröhre der Zulaufstrecke West durchgeführt, die – wie auch die bergmännische Unterfahrung der BAB A8 bei geringen Überdeckungshöhen – im Schutz von Rohrschirmen durchgeführt wurde.

5.2 Zentraler Zugang

Bei der zentralen Zugangsanlage der Station NBS handelt es sich um einen ca. 62 m langen Baubereich, der besondere Anforderungen an die statisch-konstruktive Planung und die Bauausführung stellt (vgl. [4]). Die Bilder 22 und 23 zeigen im Grundriss und im Längsschnitt die zwischen den beiden unmittelbar angrenzenden Bahnsteigröhren angeordneten Schachtbauwerke. In dem mittleren kreisrunden Schacht werden später die Aufzüge zur Bahnsteigebene angeordnet. Östlich und westlich davon liegen in geringem Abstand dazu die beiden Rechteckschächte für die Technikgebäude Ost und West. Bild 24

I. Flughafentunnel – Hohlraumbau in vorbelasteten Tonsteinen des Lias α

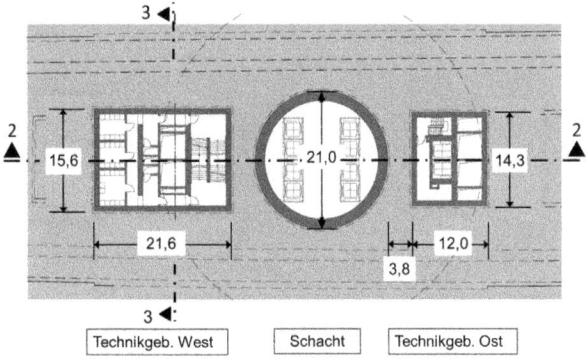

Bild 22. Zentraler Zugang Station, Grundriss Schachtbauwerke

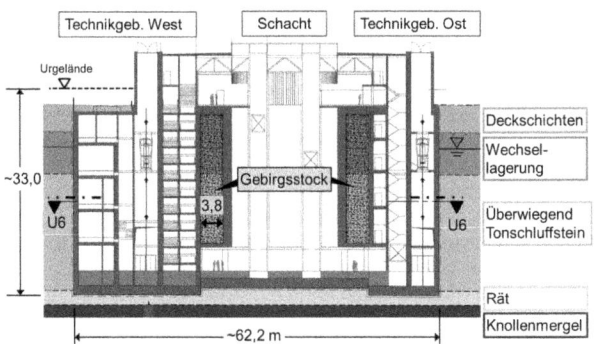

Bild 23. Zentraler Zugang Station, Längsschnitt 2-2, Schachtbauwerke

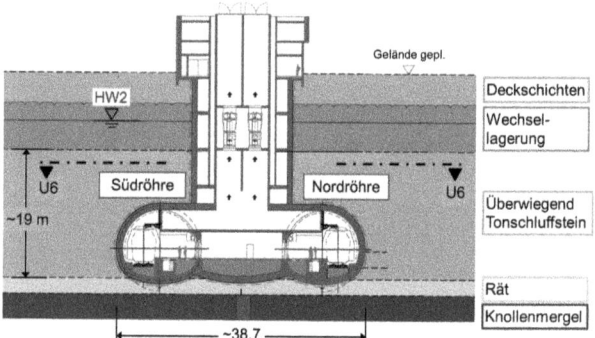

Bild 24. Zentraler Zugang Station, Querschnitt 3-3

zeigt einen Querschnitt durch das Technikgebäude West im Bereich des Anschlusses der Entrauchungskanäle über den Bahnsteigen an den aufgehenden Entrauchungsschacht im Technikgebäude.

Zwischen den Technikgebäuden und dem kreisrunden Schacht verbleiben relativ schmale Gebirgsstöcke. Diese Gebirgsstöcke werden nur in Höhe der Stationsröhren unterbrochen, um den Übergang zwischen den beiden Bahnsteigen neben dem runden Aufzugsschacht zu ermöglichen. Wie erläutert erfordern die geometrischen Verhältnisse an der zentralen Zugangsanlage und insbesondere auch die vorliegenden geotechnischen Randbedingungen mit den zusätzlichen Horizontalspannungen in den Tonschluffsteinen des Lias α einen besonderen Bauablauf, um unzulässig große Verschiebungen im Umfeld der Anlage zu vermeiden und die Standsicherheit in jeder Bauphase zu gewährleisten. Es werden daher zunächst die beiden Rechteckschächte für die Technikgebäude abschlagsweise ausgehoben und mit stark bewehrtem Spritzbeton und einer flach geneigten Systemankerung gesichert. Wegen der länglichen Geometrie des westlichen Schachtes werden dort zur Begrenzung der Horizontalverschiebungen aushubbegleitend insgesamt sechs temporäre Quersteifen aus Stahlträgern eingebaut. Diese Steifen werden erst im Zuge der Auskleidung der Schächte mit der Stahlbetoninnenschale und aussteifenden Querwänden zurückgebaut.

Erst nach der Auskleidung der beiden Rechteckschächte wird der zentrale Rundschacht abgeteuft, gesichert und mit der zylindrischen Innenschale ausgebaut. Da diese Zylinderschale nicht bis auf die Bahnsteigebene heruntergeführt werden kann, wird sie unten temporär auf Hilfsstützen abgesetzt. Diese werden in einer späteren Bauphase nach dem Auffahren und der Auskleidung der mit dem Schacht zu verschneidenden Bahnsteigröhren gegen die endgültigen scheibenartigen Stahlbetonstützen ausgetauscht.

Für die Berechnung und die Nachweise der Sicherungen und der Auskleidungen sind aufgrund der komplexen Verhältnisse und des statisch relevanten Bauablaufs aufwendige räumliche FE-Berechnungen notwendig. Im Berechnungsmodell werden sämtliche Teilbauwerke der zentralen Zugangsanlage (Schächte, Bahnsteigröhren, Übergänge) so nachgebildet, dass die Nachweise für alle maßgeblichen Bauzustände und den Endzustand geführt werden können. In Bild 25 ist das verwendete 3D-FE-Modell dargestellt. Die Bilder 26 und 27 zeigen exemplarisch Details des verwendeten FE-Netzes. Darin sind die

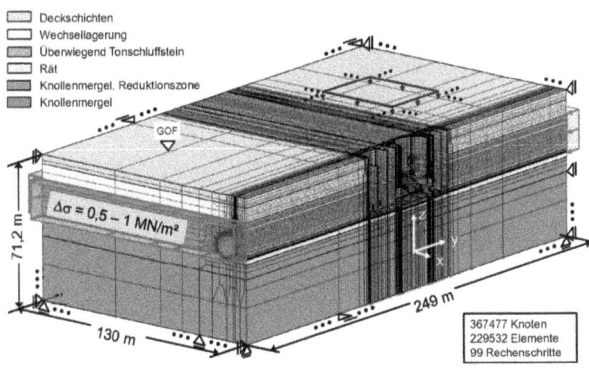

Bild 25. Zentraler Zugang Station, 3D-FE-Netz

Baugruben und Tunnelbau in offener Bauweise

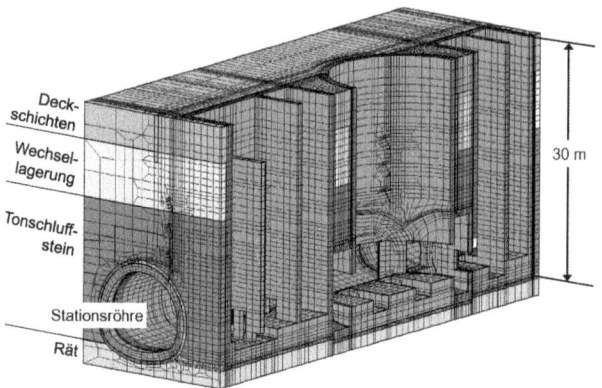

Bild 26. Zentraler Zugang Station, 3D-FE-Netz, Detail 1

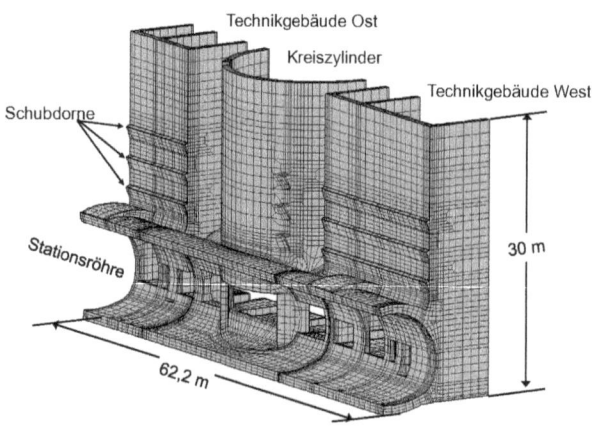

Bild 27. Zentraler Zugang Station, 3D-FE-Netz, Detail 2

nachgebildeten Strukturen der Technikgebäude West und Ost, des Rundschachtes und einer angrenzenden Stationsröhre erkennbar.

Nur beispielhaft sind in Bild 28 Berechnungsergebnisse für einen Fall dargestellt, in dem die Obergrenze der in den Tonschluffsteinen anzunehmenden horizontalen Zusatzspannungen (1,0 MN/m^2) berücksichtigt wurde. Die Abbildung zeigt in einem Horizontalschnitt aus dem Bereich dieser Schicht die umgelagerten Spannungen im Untergrund nach dem Aushub und der Sicherung der drei Schächte des zentralen Zugangs. Bereits nach dem Abteufen der Schächte für die Technikgebäude ergibt sich eine Spannungsumlagerung um die rechteckigen Baugruben herum und eine Spannungskonzentration östlich und westlich der Baugrubenstirnseiten. Das Abteufen des zwischen den Rechteckschächten liegenden kreisrunden Schachtes führt dann zu einer weiteren Zunahme der horizontalen Spannungen mit einer starken Konzentration in den zwischen den Schächten verbleibenden Gebirgsstöcken (Bild 28). Daraus ergibt sich die Notwendigkeit, diese

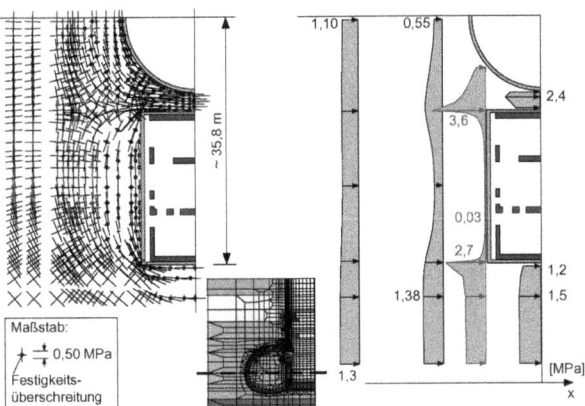

Bild 28. Zentraler Zugang Station, Spannungen nach Aushub und Sicherung der Schachtbaugruben

Bereiche beim Abteufen des Rundschachtes durchzuankern (Kürzen und Kontern der Anker aus den Rechteckschächten) und eine ausreichend dimensionierte Spritzbetonschale einzubauen.

6   Stand der Bauarbeiten

Nach Aufnahme der Bauausführung Anfang des Jahres 2020 wurde im Hinblick auf die möglichst schnelle Bereitstellung der Angriffspunkte für die bergmännischen Vortriebe die Baugrube für die offene Tunnelbauweise West auf der Nordseite der BAB A8 ausgehoben und gesichert. Über eine seitliche Rampe kann von dort aus der Vortrieb der beiden bergmännischen Tunnelröhren der Zulaufstrecke West angedient werden, ohne die gleichzeitige Herstellung der offenen Tunnelblöcke zu behindern. Mit den Vortrieben von Westen wurden die Autobahn, die Heerstraßenbrücke und das Freigelände der Messe bereits erfolgreich mit den vollen Tunnelquerschnitten unterfahren. Mit Beginn der Unterfahrung der Messehalle 3 wurden beide Röhren auf vorauseilende Kalottenvortriebe mit temporärem Sohlgewölbe umgestellt. Diese Vortriebe haben die Halle 3 bereits vollständig unterfahren und befinden sich Stand Mai 2021 im Bereich der Unterfahrung der Halle 4.

Im Osten wurde zunächst die BAB A8 temporär nach Norden verschwenkt, sodass im ursprünglichen Autobahnbereich in einer ersten Bauphase die Baugrube Ost für die offene Tunnelbauweise und darin die Tunnelblöcke hergestellt werden konnten (Bild 29). Die im Mai 2021 weitgehend fertiggestellten Blöcke der Bauphase 1 werden eingeschüttet, sodass die Autobahn in ihre Ursprungslage zurückverlegt und der offene Tunnelabschnitt der Bauphase 2 begonnen werden kann. Aus der Baugrube Ost in offener Bauweise wurden die bergmännischen Tunnelröhren der Zulaufstrecke Ost in Richtung der Station NBS lediglich auf kurzer Länge ausgebrochen und gesichert (Gegenvortrieb). Der eigentliche Vortrieb dieser Tunnelröhren erfolgt von der Station aus.

Als Angriffspunkt für die Vortriebe im Stationsbereich und an der Zulaufstrecke Ost dient der große temporäre Schacht im Bereich des späteren Stationszugangs Ost (Bild 30). Mit dem Aushub und der

I. Flughafentunnel – Hohlraumbau in vorbelasteten Tonsteinen des Lias α

Bild 29. Baugrube Zulauf Ost

Bild 30. Baugrube Zugang Ost

Sicherung dieser runden Baugrube mit einem Durchmesser von ca. 45 m wurde ebenfalls frühzeitig begonnen. Der Schacht wurde zunächst bis auf das Niveau unterhalb der Kalottensohle der Stationsröhren abgeteuft und gesichert. Von den vier Vortrieben aus dem Schacht läuft seit Mai 2021 der Kalottenvortrieb der Südröhre nach Westen. Für den Vortrieb der Südröhre nach Osten wurde der Anfahrbereich am Schacht hergestellt. Die beiden weiteren Vortriebe sollen zeitnah begonnen werden. Für die späteren Strossen-/Sohlvortriebe der Stationsröhren wird die Schachtbaugrube am Zugang Ost dann noch weiter vertieft.

Im Bereich der zentralen Zugangsanlage wurde zunächst eine großflächige Baugrube hergestellt, deren Sohle etwa auf Höhe der Felsoberkante liegt (Bild 31). Von dort aus wurden zeitlich parallel die beiden Rechteckschächte abschnittsweise ausgehoben und gesichert. Aufgrund der größeren Grundfläche und der erforderlichen Querausteifung eilte der Schacht für das Technikgebäude West dem östlichen Schacht etwas nach (Bild 32). Im Mai 2021 waren beide Schächte vollständig ausgehoben und gesichert und der Einbau der Kunststoffdichtungsbahn (KDB) war bereits weit vorangeschritten (Bild 33).

Bild 31. Baugrube zentraler Zugang, oberer Teil

I. Flughafentunnel – Hohlraumbau in vorbelasteten Tonsteinen des Lias α

Bild 32. Zentraler Zugang, Technikgebäude West, Blick in den Schacht

Bild 33. Zentraler Zugang, Technikgebäude West, Abdichtungsarbeiten

Baugruben und Tunnelbau in offener Bauweise

Danach liefen die Arbeiten zur Herstellung der Stahlbetonauskleidungen der beiden Technikgebäude an. Aus statischen Gründen kann erst nach der Herstellung dieser Auskleidungen mit dem Aushub des dazwischenliegenden zentralen Rundschachtes begonnen werden.

Zwischen dem Zugang Ost und dem zentralen Zugang wird das Entrauchungsbauwerk Mitte hergestellt. Der auf der nördlichen Stationsröhre positionierte Schacht wird derzeit abschnittsweise ausgebrochen und gesichert und steht kurz vor seiner Endteufe. Im Anschluss wird vom Schacht aus der Querstollen zur Südröhre aufgefahren. Mit den Vortrieben der Stationsröhren vom Schacht am Zugang Ost wird dann der bereits vollständig gesicherte Bereich des Entrauchungsbauwerks Mitte durchfahren und der Vortrieb bis zum westlichen Ende der zentralen Zugangsanlage fortgesetzt. Dort ist der Durchschlagpunkt zu den von Westen aus kommenden Vortrieben vorgesehen.

7 Monitoring und Vergleich mit Prognosen

Die Baumaßnahme wird kontinuierlich durch ein umfangreiches Monitoring begleitet. Der Schwerpunkt des Monitorings liegt dabei auf der Erfassung der baubedingt eintretenden Verschiebungen und umfasst Verschiebungsmessungen am Verbau und an Böschungen der Baugruben und Schächte, untertägige Verschiebungsmessungen in den bergmännischen Vortrieben, Senkungsmessungen an der Geländeoberfläche im Einflussbereich der Baugruben, Schächte und Vortriebe sowie Messungen an den im Beweissicherungsbereich liegenden Gebäuden, Anlagen und Verkehrswegen. Hierfür werden räumliche Messungen an 3D-Messpunkten und Nivellements durchgeführt. Zudem werden im Untergrund auftretende Verschiebungen mithilfe von Extensometern und Inklinometern bzw. Kettenneigungsmessstellen erfasst. Im Bereich der Schächte der zentralen Zugangsanlage werden auch Spannungsmessungen im Spritzbeton durchgeführt. Darüber hinaus werden Ankerkräfte an Verpressankern von Baugrubenverbauten und Steifenkräfte in der Schachtbaugrube des Technikgebäudes West gemessen.

In das baubegleitende Monitoring werden Messeinrichtungen integriert, die bereits längere Zeit vor Beginn der laufenden Baumaßnahmen installiert und genutzt wurden. Hierbei handelt es sich um Messpunkte aus der geodätischen Beweissicherung an Gebäuden und um Messpunkte des sogenannten Langzeitmonitorings. Auch die damals erhobenen Daten werden in das jetzt stattfindende Monitoring einbezogen.

Besonders erwähnenswert ist dabei das Messprogramm an den Gebäuden und Anlagen der Messe Stuttgart. Hier wurden im Bereich der Messehallen 3 und 4, des Kongresszentrums ICS, des Flughafenentlastungstunnels sowie im Bereich des Freigeländes bereits vor der Vergabe der Baumaßnahmen zahlreiche Messeinrichtungen installiert und in Betrieb genommen. Es handelt sich um Stangenextensometer, um Kettennneigungsmessstellen, um Schlauchwaagesysteme und um ergänzende Nivellementmesspunkte. Die Messeinrichtungen wurden überwiegend aus den Gebäuden heraus installiert und sind, soweit möglich, mit einer automatischen Messwerterfassung ausgestattet. Das primäre Ziel dieses Messprogramms besteht darin, die aus der Unterfahrung mit den Tunnelröhren und Querschlägen (Verbindungsbauwerke und Schwallbauwerke) der Zulaufstrecke West sowie bereichsweise auch mit den Stationsröhren resultierenden Verschiebungen dieser Bauwerke, insbesondere im Bereich der Gründungen, zu erfassen.

Mit den Messstellen der automatisierten Schlauchwaagesysteme und den ergänzenden Nivellements an den zugehörigen Referenzmessstellen können vertikale Höhenänderungen in den maßgeblichen Bauwerksbereichen und an den Köpfen der Extensometer festgestellt werden. Diese sind teilweise als Kurzextensometer mit einer Stange ausgeführt, deren Verankerungspunkt sich im Untergrund in geringer Tiefe unterhalb der Gründungssohle des überwachten Stahlbetonbauteils befindet. Damit ist es möglich, eventuelle Senkungsdifferenzen zwischen dem Bauteil und dem Untergrund im direkten Gründungsbereich und potenzielle Hohllagen infolge der Überbrückung durch steife Bauteile zu erfassen. Die tiefer reichenden Mehrfach-Stangenextensometer dienen ebenso wie die Kettennneigungsmessstellen (Inklinometermessstellen mit kontinuierlicher automatischer Messwerterfassung) der Erfassung der relevanten vortriebsbedingten Untergrundverschiebungen (vertikal und horizontal) im Umfeld des

Hohlraumbaus. Sie sind in Verbindung mit den untertägigen Messungen im Tunnel und den obertägigen Messungen eine wesentliche Grundlage für die Interpretation der Verformungen im Hinblick auf die in den rechnerischen Prognosen getroffenen Annahmen (Kennwerte, Primärspannungen) sowie ein wesentliches Instrument zur Steuerung der Vortriebe (Festlegung der Vortriebsklassen und Vortriebsgeschwindigkeiten sowie eventueller Sondermaßnahmen).

Für die Unterfahrung der BAB A8 mit den bergmännischen Vortrieben der beiden Zulaufröhren West bei laufendem Autoverkehr und ohne jegliche Sperrung von Fahrspuren wurden die Fahrbahnen und angrenzenden Punkte kontinuierlich mittels eines automatisierten Monitoringsystems überwacht. Die im Fahrbahnbereich reflektorlosen und ansonsten mit Messprismen ausgestatteten Messpunkte wurden durch auf Messpfeilern befestigte motorisierte Präzisionstachymeter in geringen Zeitabständen gemessen. In dieses Monitoring wurden auch die Messpunkte am Widerlager und an Pfeilern der Heerstraßenbrücke sowie Messpunkte im Bereich der hier ebenfalls verlaufenden BAB-Abfahrt aufgenommen.

Vergleichbare automatisierte Monitoringsysteme wurden im Bereich der Unterfahrung der Messehallen 3 und 4 eingesetzt. Auch hier wurden kontinuierlich Messpunkte mittels motorisierter Präzisionstachymeter vermessen. Die mit Prismen versehenen Messpunkte wurden dazu im jeweiligen Unterfahrungsbereich rasterförmig auf dem Betonboden der Hallen aufgeklebt. Das war möglich, da bedingt durch die Corona-Pandemie keine Ausstellungen stattgefunden haben. Darüber hinaus wurden an den aufgehenden Stahlrohrstützen der Hängedächer in geringer Höhe über dem Hallenboden Messprismen befestigt. Aus den Messungen an den Stützen lassen sich über die Differenzen der Vertikalverschiebungen unmittelbar Feststellungen zu eventuellen Schiefstellungen bestimmen.

Die Ergebnisse aller Messungen werden von WBI im Rahmen der Fachbauüberwachung dem Baufortschritt entsprechend ausgewertet, grafisch dargestellt und in Tagesberichten [8] dem abgestimmten Kreis der Beteiligten zur Verfügung gestellt. Für die Auswertungen werden die von der Arge auf einem File-Transfer-Protocol-(FTP-)

Server bereitgestellten Rohdaten der Messungen abgerufen und mithilfe des von WBI entwickelten BIM-Systems (WBIM) aufbereitet. Auf diese Weise ist es möglich, die sehr umfangreichen Messdaten mit vertretbarem Aufwand kontinuierlich zu verarbeiten, zu veranschaulichen und zielgerichtet für die Steuerung der Bautätigkeiten einzusetzen. Darüber hinaus wurden davon unabhängige Meldeketten eingerichtet, über die abgestimmte Warn- und Alarmwerte kommuniziert und erforderliche Maßnahmen veranlasst werden können.

Ergänzend zu den Dokumentationen in den Tagesberichten werden die Ergebnisse der Messungen und Beobachtungen regelmäßig bewertet und im Hinblick auf die Prognosen interpretiert. Mit Stand Mai 2021 kann festgestellt werden, dass sich die im Tunnelbautechnischen Gutachten angegebenen charakteristischen Untergrundkennwerte und die als charakteristisch angenommenen zusätzlichen horizontalen Primärspannungen in den Tonschluffsteinen des Lias α als zutreffend erwiesen haben. Nach der erfolgreichen bergmännischen Unterfahrung der Autobahn und der Heerstraßenbrücke im Westen zeigen auch die laufenden Unterfahrungen der Messehallen vortriebsbedingte Senkungen und Neigungen in den Senkungsmulden, die sehr gut mit den prognostizierten Werten übereinstimmen bzw. tendenziell sogar günstiger sind. Auch die Herstellung der großen Schächte des zentralen Zugangs, von denen die beiden Rechteckschächte für die Technikgebäude bereits vollständig ausgehoben und gesichert wurden, entwickelt sich den Prognosen entsprechend.

Beispielhaft werden im Folgenden die Ergebnisse von Messungen und deren Interpretation im Bereich des Rechteckschachtes für das Technikgebäude (TG) West erläutert. Bild 34 zeigt im Grundriss die Lage der drei Schächte des zentralen Zugangs, von denen die beiden Rechteckschächte TG West und TG Ost bereits abgeteuft wurden. Die Ausführung des zentralen Rundschachts und der angrenzenden Tunnelröhren der Station erfolgt erst in späteren Bauphasen. Außer den Messpunkten in den Schächten wurde hier vor Aushubbeginn auch außerhalb der Schächte eine Reihe von Messeinrichtungen installiert (siehe Bild 34). Es handelt sich teils um kombinierte Messstellen KI (Inklinometer/Extensometer) und teils um reine Extensometermessstellen (EX).

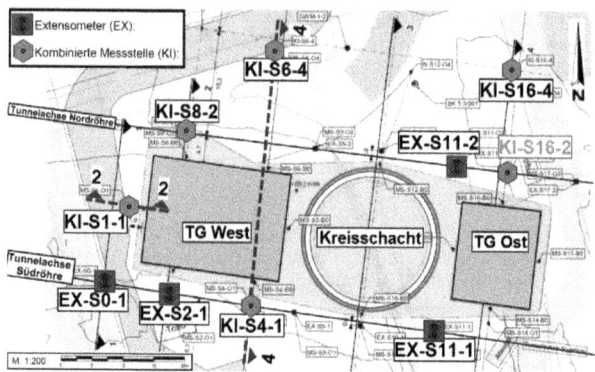

Bild 34. Zentraler Zugang Station, Lage der Extensometer und Inklinometer (kombinierte Messstelle)

Die Bilder 35 und 36 zeigen für zwei Schnitte längs und quer zum Rechteckschacht TG West die bis zum vollständigen Aushub und Einbau der Sicherung eingetretenen horizontalen Untergrundverschiebungen, die mit den neben dem Schacht gelegenen Inklinometern gemessen wurden. Deutlich erkennbar sind die zum Schacht hin gerichteten Verschiebungen und deren Abhängigkeit von der Entfernung sowie von den Untergrundschichten. Während die Verschiebungen in den Schichten der Wechsellagerung des Lias α auch im Nahbereich zur Schachtwand mit weniger als 5 mm noch relativ klein sind, nehmen sie in den Tonschluffsteinschichten auf Werte von ca. 10 mm zu. Dies ist im Wesentlichen auf die zusätzlichen horizontalen Primärspannungen in diesen Schichten zurückzuführen.

Im Rahmen der rechnerischen Untersuchungen am 3D-Modell wurden sowohl die Gebirgskennwerte als auch die horizontalen Primärspannungen variiert. Beste Übereinstimmungen mit den Messergebnissen ergaben sich dabei im Berechnungsfall mit Ansatz der charakteristischen Kennwerte und der ebenfalls als charakteristisch angenommenen horizontalen Zusatzspannung von 0,5 MN/m^2 im

Lias α-Tonschluffstein. Die rechnerisch ermittelten Horizontalverschiebungen sind für diesen Fall in die Bilder 35 und 36 eingetragen. Berücksichtigt man die erfahrungsgemäß bei Inklinometermessungen auftretenden Unstetigkeiten, so lässt sich bezüglich des Gesamt-

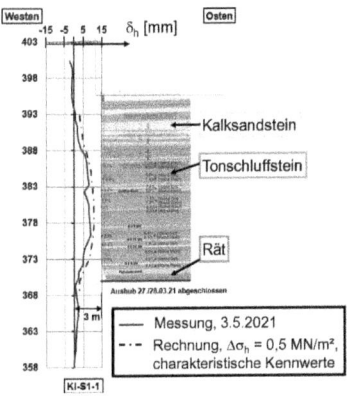

Bild 35. Zentraler Zugang Station, Schnitt 2-2, Vergleich Rechnung – Messung

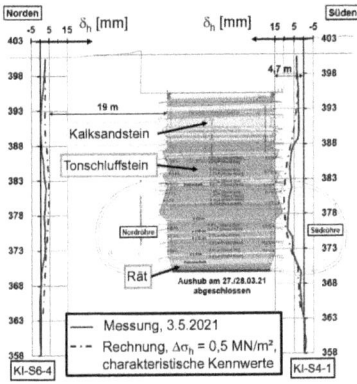

Bild 36. Zentraler Zugang Station, Schnitt 4-4, Vergleich Rechnung – Messung

verlaufs eine gute Übereinstimmung zwischen den Rechen- und den Messwerten attestieren. Ohne hier im Einzelnen auf die entsprechenden Vergleiche zwischen den im Vorfeld prognostizierten Verschiebungen und den vorliegenden Messergebnissen im Bereich der Tunnelvortriebe einzugehen, ist festzustellen, dass sich die gutachterlichen Annahmen zu den Gebirgskennwerten und zu den Primärspannungen auch bei den bisher aufgefahrenen Abschnitten der Zulaufstrecke West bestätigt haben.

8 Zusammenfassung

Zur Anbindung des Flughafens Stuttgart an die Neubaustrecke Stuttgart – Ulm wird im Planfeststellungsabschnitt 1.3a des Bahnprojekts Stuttgart 21 der Flughafentunnel mit der Station NBS ausgeführt. Sowohl die beiden mehr als 400 m langen Stationsröhren im mittleren Teil des ca. 2,2 km langen Flughafentunnels als auch große Abschnitte der jeweils eingleisigen Tunnelröhren der Zulaufstrecken West und Ost werden in der Spritzbetonbauweise bergmännisch aufgefahren. Mit den bergmännischen Vortrieben werden u. a. die Autobahn A8, zwei Hallen der Messe Stuttgart, das Kongresszentrum ICS, der Flughafenentlastungstunnel sowie zwei Hotels und drei Parkhäuser unterfahren.

Die beiden Zugänge zur Station NBS werden über Schachtbauwerke realisiert. Im Bereich des Zentralen Zugangs werden außerdem in sehr geringem Abstand zum zentralen runden Zugangsschacht zwei große Technikgebäude als Schachtbauwerke hergestellt. Es ergibt sich in diesem Bereich ein mehr als 62 m langes, überaus komplexes räumliches Bauwerk, das durch Verschneidungen vertikal und horizontal orientierter Hohlräume gekennzeichnet ist.

Die bergmännischen Vortriebe verlaufen in den gesteinsfesten Schichten (Fels) des unteren Schwarzen Juras (Lias α). Im oberen Abschnitt dominieren Kalk-/Sandsteine in Form einer Wechsellagerung, der unterer Abschnitt besteht jedoch fast ausschließlich aus Tonsteinen. Diese Tonsteine sind durch diagenetische Verfestigung der sedimentierten Tone unter hohem Überlagerungsdruck entstanden, wobei sich infolge der behinderten Querdehnung große Horizontalspannungen eingeprägt haben. Beim späteren Abbau der Überlagerung wurden diese Horizontalspannungen nicht vollständig abgebaut. Es sind horizontale Primärspannungen verblieben, die größer sind als die, die aus der heutigen Überlagerung und unter Berücksichtigung des Seitendruckbeiwerts der Tonsteine erwartbar wären.

Zu diesem Sachverhalt liegen umfassende Erfahrungen von in den Lias α-Tonsteinen im Stuttgarter Raum ausgeführten Projekten vor. Demnach können die zusätzlichen Horizontalspannungen Werte bis zu ca. 2 MN/m^2 aufweisen; im Bereich des Flughafentunnels und der Station NBS können als charakteristischer Wert ca. 0,5 MN/m^2 angenommen werden. Die gesamte Bandbreite der Zusatzspannungen sollte mit 0–1,0 MN/m^2 berücksichtigt werden.

Die Standsicherheitsnachweise für die Tunnelvortriebe und die Schachtbauwerke werden unter Berücksichtigung der Besonderheiten des Primärspannungszustands in den Tonsteinen nach der FE-Methode sowohl als echt räumliche 3D- als auch als pseudoräumliche 2D-Berechnungen durchgeführt. Besondere Herausforderungen ergeben sich dabei im Bereich der Zentralen Zugangsanlage: Die geometrischen Verhältnisse und die zusätzlichen Horizontalspannungen in den Tonsteinen erfordern einen besonderen Bauablauf, um unzulässig große Verschiebungen im Umfeld der Zugangsanlage zu vermeiden und um die Standsicherheit in jeder Bauphase zu gewährleisten.

Mit Stand Mai 2021 wurden bereits große Abschnitte der bergmännischen Tunnelröhren der westlichen Zulaufstrecke zur Station erfolgreich aufgefahren. Dabei wurden die BAB A8 und die Heerstraßenbrücke bei laufendem Verkehr unterquert und im Anschluss das Ausstellungsfreigelände sowie die Messehallen 3 und 4 weitgehend unterfahren. Die angetroffenen geotechnischen Verhältnisse und die gemessenen vortriebsbedingten Verformungen bestätigen in vollem Umfang die Prognosen und die Ansätze zu den charakteristischen Kennwerten und Primärspannungszuständen. Auch die Arbeiten im Bereich der Station laufen planmäßig und ohne Überraschungen.

Die Baumaßnahme wird durch ein umfangreiches Monitoring mit Messungen über- und untertage sowie an benachbarten Gebäuden,

Karl Josef Witt (Hrsg.)

Grundbau-Taschenbuch

Set: Teil 1–3

- einmaliges Nachschlagewerk jetzt aktualisiert
- umfassend und auf höchstem Niveau
- Berücksichtigung neuester Normen

Das Grundbau-Taschenbuch ist seit über 60 Jahren das Standardwerk der Geotechnik. Das Werk umfasst drei Bände und behandelt geotechnische Grundlagen, geotechnische Verfahren und Gründungen.

8. vollst. überarb. u. aktualis. Auflage · 2018 · 3326 Seiten · 3 Bände

Hardcover
ISBN 978-3-433-03154-4
€ 483*

eBundle (Print + PDF)
ISBN 978-3-433-03214-5
€ 659*

BESTELLEN
+49 (0)30 470 31-236
marketing@ernst-und-sohn.de
www.ernst-und-sohn.de/3154

* Der €-Preis gilt ausschließlich für Deutschland. Inkl. MwSt.

Anlagen und Verkehrswegen begleitet. Die Messergebnisse werden kontinuierlich erfasst, dem Baufortschritt entsprechend aufbereitet und im Hinblick auf die Verifizierung der Planungsgrundlagen und der Prognosen interpretiert und bewertet. Ein wesentliches Instrument ist dabei die Aufbereitung und Veranschaulichung der sehr umfangreichen Bau- und Messdaten mithilfe des von WBI entwickelten BIM-Systems (WBIM). Die Ergebnisse werden regelmäßig in Form der von WBI im Rahmen der Fachbauüberwachung erstellten Tagesberichte den an der Baumaßnahme Beteiligten zur Verfügung gestellt. Die positive Resonanz der Empfänger bestätigt die gewählte Vorgehensweise zur Dokumentation und Überwachung der Baumaßnahme.

Literatur

[1] https://www.bahnprojekt-stuttgart-ulm.de

[2] WBI (2017) *Stuttgart 21, Planfeststellungsabschnitt 1.3a, Flughafentunnel und Station NBS*, Tunnelbautechnisches Gutachten (unveröffentlicht).

[3] WBI (2015) *Felsmechanische Fragestellungen beim Bahnprojekt Stuttgart-Ulm*. Vorträge anlässlich des Felsmechanik-Tages 2015 im WBI-Center am 16.04.2015, WBI-Print 18, Weinheim.

[4] WBI (2016) *Felsmechanische Fragestellungen beim Bahnprojekt Stuttgart-Ulm*. Vorträge anlässlich des 2. Felsmechanik-Tages 2016 im WBI-Center am 13.04.2016, WBI-Print 19, Weinheim.

[5] Wittke, W. (2014) *Rock Mechanics based on an Anisotropic Jointed Rock Model (AJRM)*, Ernst & Sohn, Berlin.

[6] Tegelkamp, M.; Wittke-Gattermann, P.; Züchner, F. (2000) *S-Bahn Stuttgart – Tunnelvortrieb im wasserführenden Gebirge unter dem Stuttgarter Flughafen ohne Grundwasserabsenkung*, Taschenbuch für den Tunnelbau 2001, Verlag Glückauf GmbH, Essen.

[7] Erichsen, C.; Tegelkamp, M. (1998) *S-Bahn Stuttgart – Streckenverlängerung vom Flughafen nach Filderstadt-Bernhausen – Die Untertunnelung des Flughafens*, Taschenbuch für den Tunnelbau 1999, Verlag Glückauf GmbH, Essen.

[8] WBI (2020/2021) *Tagesberichte der Fachbauüberwachung am Flughafentunnel, Großprojekt Stuttgart-Ulm, PFA 1.3a*, VE Rohbau Flughafenanbindung Los 1, Stuttgart Weinheim.

bohren to be wild

Constructing the future is part of our daily business – on and below the surface. We follow our claim GLOBAL CONSTRUCTION UNLIMITED by designing, engineering and building one of a kind shafts, tunnels and formworks.

oestu-stettin.at

part of the family
HABAU GROUP

Maschineller Tunnelbau

I. Erfahrungsstand zur Ringspaltverfüllung bei einschaligen Tunneln mit Schwerpunkt deutsche Eisenbahntunnel

Paul Gehwolf, Christoph Schulte-Schrepping, Gereon Behnen,
Carles Camós-Andreu, Anna-Lena Hammer, Djalili Zougou,
Rolf Breitenbücher, Oliver Fischer, Markus Thewes

Bei maschinell aufgefahrenen Tunneln mit Tübbingausbau werden mannigfaltige und oft stark variierende Anforderungen an die Ringspaltverfüllung gestellt. Aufgrund des Fortschritts bei der Weiterentwicklung der dahinterstehenden Technologie in Kombination mit dem weiten Spektrum an Projektrandbedingungen treten in diesem Zusammenhang vermehrt Herausforderungen in der Projektabwicklung auf. Hinzu kommt, dass allgemein gültige Regelungen rar sind, wichtige Details nicht vollumfänglich betrachtet werden sowie regionale Besonderheiten – bspw. Geologie und Baumethode – diese stark prägen. Dementsprechend können Spezifikationen eines Projekts nicht ohne Weiteres auf andere Projekte mit abweichenden Randbedingungen übertragen werden.

In dieser Veröffentlichung wird eine Analyse des aktuellen Erfahrungsstands zur Ringspaltverfüllung beim Tübbingausbau mit dem Schwerpunkt auf deutsche Eisenbahntunnel dargelegt. Hierzu werden zum einen Grundsätze und Anforderungen an die Ringspaltverfüllung sowie das verwendete Material abgeleitet, zum anderen werden mögliche Methoden zu materialtechnologischen Prüfungen und Kontrollen aufgezeigt. Zusätzlich werden in den letzten Jahren ausgeführte Projekte und deren Vergleichbarkeit betrachtet. Basierend auf diesen Erkenntnissen findet eine Diskussion zu aktuellen Herausforderungen und notwendigen Weiterentwicklungen statt.

State of experience with annular gap backfilling in single-lined tunnels with focus on German railway tunnels

The backfill grouting for mechanized driven tunnels with segmental lining must meet numerous and high requirements. Challenges in the project execution are currently given due to rapid technological developments combined with a wide range of boundary conditions among tunnel projects. Furthermore, there is a lack of guidelines and standards regarding this field. Additionally, relevant aspects are on the one side usually not sufficiently taken into account in these guidelines and standards, on the other side these are strongly influenced by regional particularities – especially geological conditions and construction method. A know-how transfer among projects is therefore only partially possible.

This publication analyses the current state of the art, focusing on experiences in German railway tunnels. Firstly, principles and requirements concerning the backfill grouting as well as the used grouting materials are exposed. Details regarding the process fundamentals, control and testing methods are listed. Further, the authors take a look on already completed projects and their comparability. On this basis a discussion about future challenges and necessary enhancements takes place.

1 Einleitung

Bei Tunneln, die mit einer geschildeten Tunnelbohrmaschine (TBM) aufgefahren werden, kommen in der Regel Stahlbetontübbinge als Sicherung und endgültiger Ausbau zum Einsatz. Da der Tübbingausbau als Gelenkkette fungiert, ist ein spezieller Fokus auf die Bettung der Tübbingröhre zu legen, und somit wird bei den meisten Tübbingsystemen der verfahrenstechnisch bedingte Ringspalt zwischen dem Ausbruchrand und dem Tübbingausbau mit sogenanntem Ringspaltverfüllmaterial (RSVM) verfüllt (Bild 1).

Die RSVM werden abhängig von den projektspezifischen Randbedingungen gewählt, zu denen die Baugrundbedingungen, bauverfahrenstechnische Spezifika, der Ausbau und die spätere Nutzung des Tunnels gehören. Ebenso gibt es eine große Bandbreite an RSVM, z. B. Ein- und Zweikomponenten-RSVM, Zweikomponenten-Mischsysteme sowie (ggf. nachverpresster) Perlkies. Entsprechend vielfältig sind die projektspezifischen Vorgaben. Ein direkter Vergleich der bisher eingesetzten Systeme ist daher nur eingeschränkt möglich. Zudem sind allgemein gültige Regelungen zur Ringspaltverfüllung rar bzw. werden viele Punkte nicht im Detail behandelt. Die vorhandenen Regelungen werden analog der Ringspaltverfüllung oft durch regionale

Engelbergtunnel | Leonberg

Tunnelbau mit Baresel

- **Partnerschaftliche Leistungen**
- **Technische Lösungen**
- **Richtungsweisende Innovationen**
- **Engagierte Spezialisten**

Baresel Tunnelbau GmbH, Leinfelden-Echterdingen
(07 11) 25 84-400 | info@baresel.de | www.baresel.de

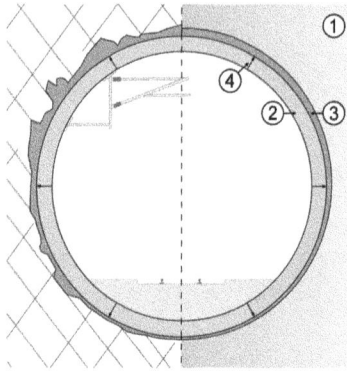

Bild 1. Schematischer Querschnitt eines Eisenbahntunnels: links) Festgesteinsvortrieb mit gefügebedingten Mehrausbrüchen; rechts) Lockergesteinsvortrieb.
1 – Baugrund, 2 – Tübbingausbau, 3 – Ringspaltverfüllung, 4 – Tübbingdichtung

Besonderheiten – Geologie und Baumethoden – stark geprägt und können nicht ohne Weiteres auf Projekte mit abweichenden Randbedingungen übertragen werden.

Der Fokus liegt in diesem Beitrag vor allem auf Betrachtungen des aktuellen Erfahrungsstands bei deutschen Eisenbahntunneln. Hierzu werden auf Grundlage bisheriger Projekterfahrungen und Erkenntnisse aus experimentellen Begleituntersuchungen Anforderungen an das RSVM definiert sowie die Kontrolle und die Prüfung des RSVM unter baupraktischen Randbedingungen diskutiert.

Im ersten Teil (Abschnitt 2) werden fachspezifische Begriffe erläutert. Zusätzlich erfolgt eine Abgrenzung der hier betrachteten RSVM. In Abschnitt 3 werden die Grundsätze der Ringspaltverfüllung aus der Fachliteratur abgeleitet und erweitert. Abschnitt 4 gibt einen Überblick über die zugrunde liegende Technologie der Ringspaltverfüllung sowie deren verfahrenstechnischen Besonderheiten. Auf Basis dessen werden allgemeine Anforderungen an das RSVM (Abschnitt 5) unter Berücksichtigung des Zeitpunkts der Ringspaltverpressung abgeleitet. In Abschnitt 6 werden übliche Methoden und Verfahren zur Überwachung (Prüfmethoden) des RSVM (Abschnitt 6.1) sowie der Kontrolle der Ringspaltverfüllung (Abschnitt 6.2) dargestellt. Auf-

NEUE WEGE
FÜR DEN BEDARF VON MORGEN

Moderne Verkehrswege verbinden Menschen nachhaltiger – international, national, regional. HOCHTIEF sorgt mit Planung und Bau anspruchsvoller Tunnelbauwerke für mehr Mobilität. Wir bieten innovative Lösungen in den Bereichen: maschineller und konventioneller Tunnelbau, Tunnel in offener Bauweise, Tröge und Tunnelsanierung.

infrastructure@hochtief.de

Wir bauen die Welt von morgen.

bauend darauf werden ausgeführte Projekte der letzten Jahre kurz vorgestellt und die Vergleichbarkeit von Projekten im DACH-Raum diskutiert (Abschnitt 7). In Abschnitt 8 folgt eine Diskussion bezüglich aktueller Herausforderungen im Bereich der Ringspaltverfüllung. Eine Aufstellung derzeitiger und zukünftiger Entwicklungstendenzen im Bereich der Ringspaltverfüllung sowie ein Ausblick bzgl. notwendiger Weiterentwicklungen und potenziellen Forschungsbedarfs erweitern diesen Abschnitt. Der Inhalt dieser Veröffentlichung wird in Abschnitt 9 zusammengefasst und mit einem Fazit zur Ausarbeitung komplettiert.

2 Begriffe und Abgrenzung

Zusätzlich zur DB-Ril 853 [1] und den ZTV-ING „Tunnelbau" [2] werden in den Empfehlungen des DAUB [3–5] Festlegungen zur Ringspaltverfüllung getroffen. Auf deren Basis und in Verbindung mit der ÖBV Richtlinie „Tübbingsysteme aus Beton" [6] werden nachfolgend für diese Veröffentlichung relevante Begriffe definiert bzw. im Sinne dieser Veröffentlichung erläutert.

2.1 Begriffe

TBM – TVM

Alle gängigen Maschinentypen werden entsprechend der aktualisierten Nomenklatur als „Tunnelbohrmaschine" TBM nach [5] bezeichnet – ehemals „Tunnelvortriebsmaschine" TVM.

Einschaliger Ausbau

Als einschaliger Ausbau werden Systeme bezeichnet, bei denen die eingebrachte Ausbruchsicherung alle statischen und konstruktiven Anforderungen alleinig erfüllt.

Zweischaliger Ausbau

Als zweischaliger Ausbau werden alle Systeme mit Kombination einer Außenschale und einer Ortbetoninnenschale mit ggf. dazwischenliegender Abdichtung verstanden.

Maschineller Tunnelbau

Tübbingbauweise

Als Tübbingbauweise wird der Ausbau eines TBM-Vortriebs mit Fertigteilen bezeichnet. Diese können im Rahmen von ein- oder zweischaligen Systemen aus unterschiedlichen Baustoffen bestehen. Falls nicht explizit anders genannt, wird nachfolgend als Tübbingbauweise stets ein einschaliger, gedichteter (druckwasserhaltender) Ausbau mit Stahlbetonfertigteilen im Sinne der Ril 853.4005 [1] bezeichnet.

Ringspalt

Verfahrensbedingt ergibt sich ein Spalt zwischen dem Rand des ausgebrochenen Hohlraums – in der Regel der Baugrund, aber auch ein Baugrubenverbau oder Dichtblöcke sind möglich – und der Außenseite des eingebrachten Tübbingausbaus (Extrados). Dieser zwischenliegende Raum wird als Ringspalt bezeichnet (vgl. Bild 1).

Ringspaltverfüllung

Als Ringspaltverfüllung wird der gesamte bautechnische Prozess ab dem Beginn des Mischvorgangs des RSVM über den Transport, den Verpressvorgang bis zur Füllung des Ringspalts verstanden.

Ringspaltverpressung

Zur Prozessabgrenzung wird hier – anders als in [4] – zwischen dem gesamten bautechnischen Prozess (Ringspaltverfüllung) – und dem eigentlichen Verpressvorgang (Ringspaltverpressung) – unterschieden. Die Ringspaltverpressung bezeichnet nachfolgend ausschließlich das Einbringen des RSVM in den Ringspalt unter gezielter Aufbringung von Drücken während des Vortriebs.

Ringspaltverfüllmaterial (RSVM)

Das RSVM bezeichnet das Stoffsystem, mit dem der Ringspalt unter den projektspezifischen Randbedingungen verfüllt wird. Unterschieden wird zwischen

– Einkomponentenringspaltverfüllmaterial (1K-RSVM),
– Zweikomponentenringspaltverfüllmaterial (2K-RSVM),

The Conveying Solution

for steep inclined and vertical conveying up to 700 m

Flexowell & Pocketlift are the most common systems for vertical conveying of Tunnel Muck. Pocketlift is designed for reaching extreme lifts in tunneling industry up to 700 m and Flexowell for high capacities up to 5000 t/h. Power consumption, noise pollution, space requirement and cost per conveyed tonnage is on the lowest level. Both belt types are suitable for all thinkable kind of tunnel muck up to a max. lump size of 400 mm.
Unusual ideas start here.

Typical Flexowell configuration

www.continental-industry.com

- Zweikomponentenmischsysteme (2K-MS) sowie
- Perlkies.

Verfahrenstechnisch werden die ersten drei genannten RSVM durch Einpressen und das Letztgenannte durch Einblasen in den Ringspalt eingebracht.

1K-RSVM

1K-RSVM beinhalten vorwiegend Gesteinskörnungen, hydraulische Bindemittel, Wasser sowie Zusatzstoffe, Zusatzmittel und Bentonit. Die Verfestigung des 1K-RSVM im Ringspalt wird überwiegend durch das Auspressen von Wasser sowie nachfolgender Hydratation des Bindemittels erzielt.

2K-RSVM

2K-RSVM bestehen aus zwei Komponenten: Einer bindemittelhaltigen Komponente A, die eine Suspension ohne Gesteinskörnung ist, und dem Aktivator (Komponente B). Beide Komponenten werden erst unmittelbar vor dem Verpressen miteinander vermischt, damit deren Reaktion nicht bereits in der Verpressleitung sondern erst im Ringspalt stattfindet. Die Verfestigung des 2K-RSVM erfolgt im Ringspalt durch chemische Reaktion (Gelierung) der beiden Komponenten.

2K-MS

2K-MS stellen eine Kombination von 1K-RSVM und 2K-RSVM dar, d. h. ein RSVM mit Gesteinskörnung wird mit einem Aktivator vermischt.

Gelierung

Die Gelierung eines 2K-RSVM oder 2K-MS findet durch die Aktivierung des Bindemittels der Komponente A bei Zugabe der Komponente B (Aktivator) statt und beschreibt im Allgemeinen die Änderung der Viskosität des dann aktivierten Materials als Folge der Entstehung von Reaktionsprodukten auf der Oberfläche des reaktiven Bindemittels. Der Zeitraum nach Zugabe der Komponente B, in dem das RSVM weiter verarbeitbar bleibt, bis es zu einer Stagnation der Fließfähigkeit kommt, wird als Gelzeit bezeichnet.

Eignungsprüfung

In der Eignungsprüfung wird vor Vortriebsbeginn überprüft, inwieweit das vorgesehene RSVM unter den projektspezifischen Randbedingungen grundsätzlich geeignet ist, alle Anforderungen zu erfüllen.

Fortlaufende Prüfung

Im Rahmen der Bauausführung werden stichprobenartig materialtechnologische Untersuchungen am RSVM durchgeführt, um die Identität des fortlaufend eingesetzten RSVM auf Basis der Basisrezeptur aus der Eignungsprüfung zu überprüfen. Die Untersuchungen sind im Sinne eines Qualitätsmanagements auf der Baustelle zu sehen.

2.2 Abgrenzung der Publikation

Anderweitige RSVM, z. B. wasserdurchlässige oder komprimierbare RSVM, werden im Rahmen dieser Publikation nicht näher betrachtet. Zusätzlich wird aufgrund des aktuellen Stands der Technik bei Eisenbahntunneln in Deutschland nicht detailliert auf die Ringspaltverfüllung mittels Perlkies eingegangen.

3 Grundsätze der Ringspaltverfüllung

Zur Sicherstellung der dauerhaften Bettung der Tübbingröhren – und damit einhergehend der Standsicherheit sowie der Gebrauchstauglichkeit des Tunnels – lassen sich unterschiedliche Anforderungen an die Ringspaltverfüllung ableiten. Ein kurzer Abriss der in der Literatur [1, 3–5, 7–12] genannten Funktionen der Ringspaltverfüllung und den daraus resultierenden Hauptanforderungen wird in Kategorien eingeteilt, ergänzt und erläutert:

- Hohlraumsicherung und vollständige Füllung des Ringspalts (Abschnitt 3.1)
- Sicherstellung der Lagestabilität (Abschnitt 3.2)

- Kraftschlüssige Bettung der Tübbingröhre ab dem Verlassen des Schildmantels (Abschnitt 3.3)
- Auswirkung auf ein dauerhaftes Bauwerk (Abschnitt 3.4)

Grundsätzlich sind diese Anforderungen über die gesamte Lebensdauer des Bauwerks sicherzustellen. Einzelne, nicht auf Dauer erforderliche Anforderungen werden gesondert genannt. Aufgrund unterschiedlicher projektspezifischer Randbedingungen ist die Aufzählung als nicht abschließend zu verstehen.

3.1 Hohlraumsicherung und vollständige Verfüllung des Ringspalts

Die vollständige Verfüllung des Ringspalts zwischen Tübbingausbau und ausgebrochenem Hohlraumrand ist unabhängig vom gewählten Vortriebsmodus sicherzustellen. Diese Anforderung ergibt sich, neben statischen Gründen – verformungsarmer Kraftschluss zwischen Baugrund und Tübbingausbau –, aus der Vermeidung von Hohlräumen im Nahbereich des Tunnels, die zu unerwünschten Verformungen in Form von Setzungen an der Oberfläche führen können.

Die vollständige Aufrechterhaltung des ursprünglichen Spannungszustands im Gebirge ist systembedingt durch die Vortriebsvorgänge und die dadurch bedingten Spannungsumlagerungen generell nicht möglich. Mithilfe einer geeigneten Ringspaltverfüllung können aber Gefügeänderungen minimiert werden. Durch die rasche, kontinuierliche Ringspaltverfüllung kann zudem eine Verformung des Baugrunds in den Ringspalt hinein weitgehend verhindert werden.

Durch eine vollständige Ringspaltverfüllung soll zudem eine Wasserlängsläufigkeit entlang des Tunnelbauwerks bzw. eines eventuell verbleibenden Spalts weitestgehend begrenzt werden und somit in Folge auch die Verwitterung des anstehenden Baugrunds und des Bauwerks durch die Einflüsse von fließendem Wasser über die gesamte Lebensdauer minimiert werden.

3.2 Sicherstellung der Lagestabilität

Zusätzlich muss sichergestellt werden, dass die eingebaute Tübbingröhre eine ausreichende Sicherheit gegen Lageänderungen – Auftrieb durch Grundwasser bzw. Aufschwimmen im „flüssigen" RSVM – besitzt. Zur Nachweisführung wurden umfangreiche Grundlagenuntersuchungen inkl. theoretischer Abhandlungen (vgl. z. B. [13]) sowie aufbauend darauf die Herleitung eines Nachweismodells [14] auf Basis eines Bingham-Fluids durchgeführt. In diesem Zusammenhang sind neben geometrischen Eigenschaften des Bauwerks die Dichte des RSVM (Abschnitt 5.2.3) zur Ermittlung der Auftriebskräfte sowie die Scherfestigkeit auf der Widerstandsseite als materialtechnologisch relevante Parameter anzusehen (Bild 2). Zusätzlich können für die Nachweise der Lagesicherheit Vortriebskräfte bzw. Vorspannkräfte angesetzt werden [15].

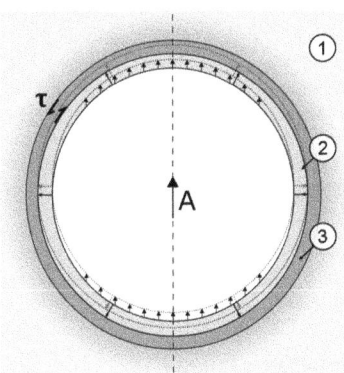

Bild 2. Modellannahme für den Auftriebsnachweis nach [13], A – Auftriebskraft infolge des Dichteunterschieds Tübbingring zu RSVM, τ – Schubspannung im Ringraum, 1 – Baugrund, 2 – Tübbingausbau, 3 – Ringspaltverfüllung (vergrößert dargestellt)

3.3 Kraftschlüssige Bettung der Tübbingröhre ab dem Verlassen des Schildmantels

Die Kernfunktion der Ringspaltverfüllung ist das Gewährleisten einer ausreichenden Bettung der als Gelenkkette wirkenden Tübbingröhre.

Maschineller Tunnelbau

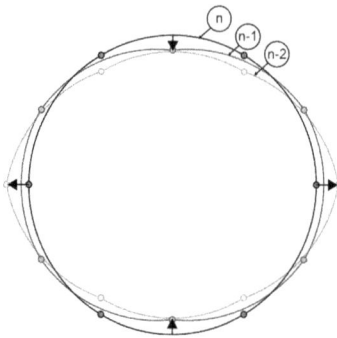

Bild 3. Schematische Darstellung der Ovalisierung von Tübbingringen (System 6 + 0) beim Verlassen des Schilds aufgrund unzureichender Bettung nach [16]:
Ring n befindet sich noch innerhalb des Schilds, daher unverformt; Ring n-1 verlässt das Schild, bei mangelhafter Ringspaltverfüllung: beginnende Ovalisierung; Ring n-2 ist vollständig außerhalb des Schilds und stark ovalisiert

Ziel ist, unmittelbar nach dem Verlassen des Schildmantels den Kontakt zwischen den neu eingebauten Tübbingen und dem Hohlraumrand aufzubauen, der nach kurzer Zeit die erforderlichen mechanischen Eigenschaften erfüllt und die Formstabilität gewährleistet. Somit können auch die Form- und Lagestabilität der Tübbingröhre gewährleistet werden. Eine Ovalisierung des Rings – Ausweichen der Ulme nach außen und Setzung in der Firste – (Bild 3) sowie sich bei unzureichender Bettung einstellende ungünstige Belastungskombinationen mit hohen Biegemomenten bei niedrigen Ringnormalkräften sollen dadurch vermieden werden.

Auch unterstützt die eingebrachte Ringspaltverfüllung die Ableitung der Kräfte während des Baus, z. B. des Nachläufers, und über die gesamte Lebensdauer des Bauwerks.

3.4 Auswirkung auf ein dauerhaftes Bauwerk

Die eingebrachte Schicht aus RSVM zwischen Baugrund und Tübbingausbau stellt einen bedingten Schutz des Ausbaus vor betonaggressivem Baugrund dar. Dies kann aber nur angenommen werden, wenn das RSVM beständig gegen diese Einwirkungen ist. Ein dauerhafter Schutz des Tübbingausbaus vor betonaggressiven Wässern kann jedoch über die Ringspaltverfüllung alleine nicht sichergestellt werden; hierauf sollte nur in Sonderfällen, z. B. als Rückfallebene, zurückgegriffen werden.

Teilweise wird die Ringspaltverfüllung auch als eine zusätzliche Abdichtung gegen Schicht- und Sickerwasser dargestellt, die über ihren zusätzlichen Strömungswiderstand den Anfall von Wasser am Tübbingausbau reduziert. Somit soll sie bei gedichtetem, einschaligem Ausbau die Dichtwirkung verbessern. Diese Funktion der Ringspaltverfüllung ist aus Sicht der Autoren allerdings nicht gesichert und daher nicht planmäßig anzusetzen.

3.5 Fazit

Die wesentlichen Anforderungen an die Ringspaltverfüllung sind die Hohlraumsicherung und vollständige Füllung des Ringspalts, die Sicherstellung der Lagestabilität, die kraftschlüssige Bettung der Tübbingröhre ab dem Verlassen des Schildmantels sowie ein Beitrag zur Dauerhaftigkeit des Tunnels. Daraus leiten sich oftmals einander entgegenwirkende Anforderungen ab, die entsprechende Optimierung erfordern. Zudem ergeben sich durch projektspezifische Randbedingungen häufig weitere Anforderungen, die sich nicht verallgemeinern lassen. Außerdem kann eine fachgerechte Ringspaltverfüllung nur durch eine Abstimmung der zu berücksichtigenden Komponenten – Baugrund, TBM, Ausbau, Bauablauf, RSVM inkl. Verpressung – sichergestellt werden.

Ist die Auftriebssicherheit und die ausreichende Bettung zur Verhinderung der Ovalisierung nicht gegeben, muss als Folge auch mit Versätzen zwischen den einzelnen Tübbingringen gerechnet werden. Zwar sind Tübbingversätze in einem gewissen Maße aufgrund der Wirkungsweise des Tübbingausbaus als Gelenkkette noch verträglich; im Zusammenhang mit einem gedichteten Ausbau können zu große Versätze zum Verlust der Dichtwirkung der Tübbingdichtungen führen. Zusätzlich können durch Versätze Schäden an Koppelelementen, z. B. Topf-Nocken-Systeme, durch Versätze verursacht werden.

Wie diese Grundsätze technologisch und ausführungstechnisch sichergestellt werden können, wird in Abschnitt 4 erläutert.

4 Technologie der Ringspaltverfüllung

Die wesentlichen Arbeitsschritte sowie die technologischen Aspekte zur Sicherstellung einer erfolgreichen Ringspaltverfüllung werden nachstehend aufgeführt. Hierbei wird der Gesamtprozess in drei Phasen – Herstellung, Förderung und Verpressung – unter Berücksichtigung der materialtechnologischen Spezifika der jeweiligen RSVM unterteilt.

4.1 RSVM

Für die Verfüllung kommen verschiedene RSVM in Betracht (Tabelle 1).

Tabelle 1. Zusammenstellung der gängigen Komponenten der RSVM

Komponente	1K-RSVM	1K-RSVM (zementfrei)	2K-RSVM	2K-MS
Gesteinskörnung	X	X	–	A
Bindemittel (Zement, HUS, Flugasche)	X	X	A	A
Zement als Bindemittel	X	–	A	A
Zusatzstoffe	ggf.	X	ggf. A	ggf. A
Wasser	X	X	A	A
Bentonit	X	X	A	A
Zusatzmittel	ggf.	ggf.	A	A
Aktivator	–	–	B	B

X ist im RSVM enthalten
A, B ist in der entsprechenden Komponente bei Mehrkomponentensystemen (2K-RSVM oder 2K-MS) enthalten
ggf. kann enthalten sein

4.1.1 1K-RSVM

1K-RSVM setzen sich vorwiegend aus einer Gesteinskörnung, hydraulischen Bindemitteln, Anmach- und Überschusswasser sowie Stoffen zur Verbesserung der Eigenschaften – Zusatzstoffe, Zusatzmittel, Bentonit – zusammen (vgl. Tabelle 1).

Bei der Konzeptionierung von 1K-RSVM wird Bentonit zur Verbesserung der Pumpbarkeit und der Sedimentationsstabilität eingesetzt. Zusatzstoffe, insbesondere Füller, sollen primär die Verarbeitbarkeit verbessern sowie die Packungsdichte des Materials im konsolidierten Zustand erhöhen. Weiterhin können latent-hydraulische oder puzzolanische Zusatzstoffe als anteiliges Bindemittel zur späteren Verfestigung beitragen. Als mögliche Zusatzmittel werden vielfach Fließmittel oder Stabilisierer eingesetzt, um die Verarbeitbarkeit zu verbessern.

Die (frühe bzw. primäre) Bettung der Tunnelröhre basiert bei 1K-RSVM im Wesentlichen auf einer Stützung durch das Korngerüst der Gesteinskörnung. Beim Verpressen in den Ringspalt wird das bei der Herstellung beigegebene Überschusswasser ausgepresst und dadurch das 1K-RSVM konsolidiert. Erst im weiteren Verlauf tritt die Hydratation der beigemengten Bindemittel – Zement und latenthydraulische oder puzzolanische Bindemittel als Zusatzstoffe – ein. Je nach Zementgehalt kann eine Einteilung in zementreiche, zementarme und zementfreie Rezepturen stattfinden [7].

Für die Sicherstellung der frühen Bettung sind somit die physikalischen Eigenschaften bzw. die Gefügestruktur des konsolidierten 1K-RSVM maßgebend.

1K-RSVM werden umgangssprachlich auch als „konventionelle" RSVM bezeichnet, zementarme bis zementfreie aufgrund einer längeren Verarbeitbarkeitszeit als „Wochenendmischung".

4.1.2 2K-RSVM

2K-RSVM bestehen – wie sich aus der Nomenklatur ableiten lässt – aus zwei Komponenten; der bindemittelhaltigen Komponente A sowie dem Aktivator (Komponente B).

Die Komponente A setzt sich aus hydraulischem Bindemittel, Zugabewasser sowie Stoffen zur Verbesserung der erforderlichen Eigenschaften – Zusatzstoffe, Zusatzmittel, Bentonit – zusammen (vgl. Tabelle 1). Im Gegensatz zu 1K-RSVM enthält 2K-RSVM keine Gesteinskörnung. In der Regel ist auch die Verarbeitbarkeitszeit der Komponente A länger als bei 1K-RSVM.

Die Komponente A des 2K-RSVM enthält üblicherweise sehr viel Wasser (> 80 Vol.-%). Zur Verbesserung der Verarbeitbarkeit und insbesondere der Sedimentationsstabilität wird Bentonit zugemischt. In der Regel werden in diesem Zuge auch Stabilisierer, ggf. auch in Kombination mit Fließmitteln, verwendet, um das Zusammenhaltevermögen sowie ein Entmischen der festen und flüssigen Phase zu vermeiden. Latent-hydraulische bzw. puzzolanische Zusatzstoffe sollen nach Zugabe des Aktivators in Verbindung mit dem Zement zur fortscheitenden Hydratation und damit Festigkeitsentwicklung beitragen. Infolge der hohen Wassergehalte ist eine Füllerwirkung der Zusatzstoffe bei 2K-RSVM nur begrenzt ansetzbar.

Für die Komponente B wird hauptsächlich ein alkalischer Aktivator, z. B. Wasserglas, verwendet.

Die Bettung der Tunnelröhre basiert auf der Entwicklung von mechanischen Eigenschaften – Verfestigung – kurz nach dem Verpressen. Das Bindemittel der Komponente A wird durch die Vermischung mit der Komponente B während des Verpressvorgangs aktiviert und eine Gelierung des 2K-RSVM mit unmittelbar anschließender Festigkeits- und Steifigkeitsentwicklung setzt ein. Das Anmachwasser wird durch die Reaktion zwischen dem Bindemittel und dem Aktivator zu einem gewissen Teil chemisch und ansonsten physikalisch gebunden. Die frühe Bettung der Tunnelröhre erfolgt somit durch die frühzeitige Entwicklung der mechanischen Eigenschaften primär auf chemischer Ebene.

4.1.3 2K-MS

2K-MS stellen eine Kombination von 1K-RSVM und 2K-RSVM dar. Die Bettung der Tunnelröhre basiert einerseits auf der Aktivierung des Bindemittels der Komponente A durch die Komponente B – analog 2K-RSVM – und andererseits auf der Stützung durch das Korngerüst der Komponente A – analog 1K-RSVM –; wozu die Komponente A bereits dementsprechende Gesteinskörnung enthält. Beim Verpressen des 2K-MS wird jedoch das Wasser – gegensätzlich zu 1K-RSVM – nicht in den Baugrund ausgepresst. Die Verfestigung erfolgt wie bei 2K-RSVM primär auf Basis der Gelierung, allerdings sind hier die Gelzeiten länger als beim 2K-RSVM.

4.1.4 Perlkies

Für die Verfüllung des Ringspalts mit Einkornkies – sogenannter Perlkies – wird eine Gesteinskörnung mittels Druckluft – meist durch Öffnungen im Tübbingausbau – eingeblasen. Die Bettung der Tunnelröhre basiert bei diesem Verfahren auf der Stützung durch das Korngerüst der eingeblasenen Gesteinskörnung. Je nach Erfordernis kann ein Nachverpressen mittels zementhaltiger Suspension nachlaufend erfolgen.

4.2 Herstellung des RSVM

Die bindemittelhaltigen Komponenten des RSVM werden in der Regel in übertägigen Mischanlagen hergestellt. Aufgrund der unterschiedlichen Materialzusammensetzungen kommen hierbei verschiedene Mischtechniken zum Einsatz. Für die 1K-RSVM oder 2K-MS (beide mit Gesteinskörnung) werden Zwangsmischer eingesetzt, wie sie allgemein für Feststoffmischungen (Betone und Mörtel) üblich sind. Beim Einsatz von Trockenmischungen finden Durchlaufmischer Verwendung [11]. Im Falle der suspensionsähnlichen, gesteinskörnungsfreien 2K-RSVM werden zur Herstellung der Komponente A Turbomischer oder sogenannte Agitatoren verwendet [17]. Dies hat den Hintergrund, dass die Feststoffe – insbesondere das Bentonit – in diesen üblicherweise wasserreichen Systemen durch eine höhere Mischintensität möglichst vollständig aufgeschlossen werden müssen, um eine verarbeitbare, pumpbare und stabile Suspension zu erhalten.

4.3 Förderung des RSVM

1K-RSVM werden in der Regel nach Herstellung mit einem Versorgungszug in Mörtelkübeln mit Mischeinheit zur TBM transportiert. Das Material wird auf der TBM in Vorratsbehälter, gewöhnlich ebenfalls mit Mischeinheit, umgepumpt und dort vorgehalten. Bei geeigneter Fließfähigkeit und vergleichsweise kurzen Förderlängen besteht zudem die Möglichkeit, das RSVM über Förderleitungen direkt zur TBM zu pumpen.

2K-RSVM werden aufgrund der suspensionsähnlichen Charakteristik üblicherweise mittels Schneckenpumpen zum Vorratsbehälter – in der Regel ebenfalls mit Mischeinheit – auf die TBM gefördert. Der flüssige Aktivator für 2K-RSVM (Komponente B) wird ebenfalls übertägig vorgehalten und über Pumpen zur TBM in separate Vorhaltetanks gefördert [17]. Aus den Vorratsbehältern der TBM wird das RSVM bei Bedarf über Ventileinheiten abgezogen und den Förderpumpen zum Transport in den Ringspalt zugeführt.

Für die Ringspaltverpressung werden für RSVM mit Gesteinskörnung wie 1K-RSVM oder auch für die Komponente A der 2K-MS Doppelkolbenpumpen eingesetzt [9]. Für gesteinskörnungsfreie 2K-RSVM sowie für flüssige Aktivatoren werden in der Regel Schneckenpumpen eingesetzt [7].

4.4 Ringspaltverpressung

Die Verpressung des Ringspalts erfolgt volumen- und/oder druckgesteuert während des Vortriebs. Die erforderlichen Drücke werden in Abhängigkeit der vorliegenden geologischen und hydrologischen Randbedingungen projektspezifisch festgelegt.

Grundlegend kann die Verpressung des Ringspalts auf zwei Arten erfolgen. Einerseits kann das RSVM direkt durch Öffnungen in den Tübbingen in den Ringspalt verpresst werden. Üblicherweise wird dafür je Tübbing eine Verpressöffnung vorgesehen, die mit einem Rückschlagventil versehen ist, um ein Rückfließen des RSVM ins Tunnelinnere zu verhindern [11]. Die Verpressung erfolgt dabei abschnittsweise. In der Regel wird mindestens in der Firste eine Sekundärverpressung notwendig, um Hohlräume infolge eines möglichen Absetzens des durch die Primärverpressung eingebrachten RSVM auszugleichen und die Gefahr zusätzlicher Setzungen an der Oberfläche zu verringern.

Andererseits kann das RSVM über mehrere, radial im Schildschwanz der TBM verteilte Verpressöffnungen – den sogenannten Lisenen – simultan zum Vortrieb in den dann freiwerdenden Ringspalt verpresst werden, was bei Schildmaschinen mit aktiver Ortsbruststützung den Stand der Technik darstellt (Abbildung 4) [11, 18]. Durch die simultane Ringspaltverfüllung durch den Schildschwanz können die Nachteile der zeitverzögerten Verpressung durch die Tübbinge (spätere und zunächst unvollständige Bettung, größere Setzungen) vermieden werden.

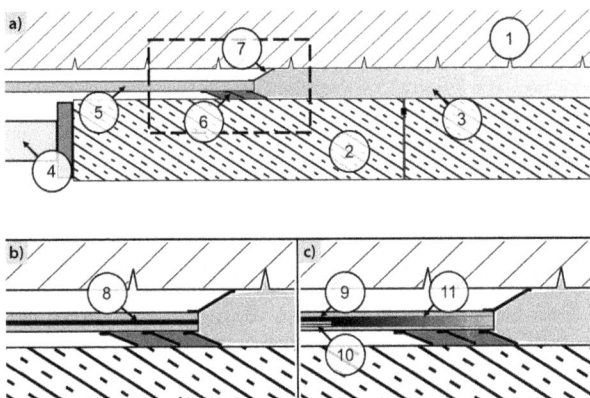

Bild 4. a) Schematische Darstellung der Ringspaltverpressung durch Lisenen; b) Detail für 1K-RSVM; c) Detail für 2K-RSVM (Erweiterung nach [21]).
1 – Baugrund; 2 – Tübbingausbau; 3 – RSVM; 4 – Vortriebspresse; 5 – Maschinenschild; 6 – Schildschwanzdichtung mit Dichtfett; 7 – Federblech; 8 – Lisene für 1K-RSVM; 9 – Komponente A; 10 – Komponente B; 11 – Lisene für 2K-RSVM

In der Regel werden bei simultaner Verpressung vier bis acht Verpressleitungen über den Schildschwanz verteilt angeordnet [11]. Da im Firstbereich infolge der Ringspaltweitenänderung durch die Exzentrizität des Tübbingausbaus (vgl. Bild 1 rechts) größere Verpressmengen als im Sohlbereich notwendig werden können, erfolgt bisweilen eine asymmetrische Verteilung der Lisenen. In Bild 4 sind neben einer allgemeinen Darstellung der simultan zum Vortrieb stattfindenden Ringspaltverpressung durch den Schildschwanz Details zur Ringspaltverfüllung mit einem 1K-RSVM (links) und einem 2K-RSVM (rechts) gezeigt. Zusätzlich ist festzuhalten, dass je nach Position der Lisene unterschiedliche Drücke – Aufbau einer Druckgradiente über die Höhe aufgrund der Gravitation – bzw. Mengen erforderlich sein können (vgl. Bild 1).

Um sicherzustellen, dass während des Verpressvorgangs kein Boden-Wasser-Gemisch in den Ringspalt eindringt, sondern dieser vollständig mit RSVM verfüllt wird, ist der Verpressdruck an jeder Stelle mindestens in Höhe der im Ringspalt wirkenden totalen Spannungen, d. h. Summe aus Erd- und Wasserdruck, einzustellen. In der Praxis ergibt sich allerdings die Schwierigkeit, dass in der Regel weder der an jeder Stelle tatsächlich einwirkende, räumliche Erddruck, noch der tatsächlich im Ringspalt wirkende Verpressdruck, rechnerisch exakt ermittelt werden können [19, 20]. Dagegen kann ein zu hoch eingestellter Verpressdruck, insbesondere bei seicht liegenden Tunnelvortrieben in Lockergestein, zu unerwünschten Baugrundhebungen führen. In vielen Fällen wird deshalb der Verpressdruck vereinfacht und ohne weitere rechnerische Ermittlungen anfänglich in Höhe des um ein Vorhaltemaß vergrößerten Ortsbrust-Stützdrucks in der Tunnelfirste eingestellt und während des Vortriebs in Abhängigkeit der vortriebsbegleitenden Volumenkontrollen sowie des Setzungsverhaltens des Baugrunds nachgeregelt.

Zusätzlich ist zu beachten, dass zum Aufbringen eines ausreichenden Verpressdrucks ggf. verfahrenstechnische Maßnahmen zur Vermeidung von Umläufigkeiten in Vortriebsrichtung erforderlich sind. So kann bspw. ein Vorlaufen des RSVM durch den Steuerspalt in die Abbaukammer durch Federbleche verhindert werden (vgl. Bild 4) [11].

Aus den komplexen Herstell- und Förderungsvorgängen sowie aus dem Verpressvorgang selbst ergeben sich hohe Anforderungen, insbesondere an die Verarbeitbarkeit und Pumpbarkeit des RSVM. Im nachstehenden Abschnitt werden die geforderten Anforderungen detailliert beschrieben sowie weitere verfahrenstechnische und materialtechnologische Anforderungen im Zuge der gesamtheitlichen Ringspaltverfüllung erläutert.

5   Anforderungen an das RSVM

Aus den in Abschnitt 3 genannten Grundsätzen und Funktionen sowie der technologischen Aspekte der Ringspaltverfüllung (Abschnitt 4) leiten sich besondere materialtechnologische Anforderungen an das RSVM ab. Diese umfassen u. a. Anforderungen [1, 3–5, 7–12] an die

- Verarbeitbarkeit inkl. Pumpbarkeit,
- Mischungsstabilität und
- Filterstabilität des RSVM.

Darüber hinaus sind die auf die Planung und die statischen Nachweise abgestimmten mechanischen Parameter des RSVM sicherzustellen.

Die genannten Anforderungen werden nachfolgend – ohne Anspruch auf Vollständigkeit – erweitert und einer Systematik zugrunde gelegt. Hierzu wird einerseits in grundlegende sowie andererseits in zeitabhängige Anforderungen in Bezug auf das Verpressen – vor, während, danach – unterschieden. Die daraus resultierenden Phasen werden als Verarbeitungs-, Verfestigungs- und Festphase bezeichnet. Hierbei ist jedoch zu beachten, dass aufgrund des kontinuierlichen Prozesses der Ringspaltverfüllung sowie von Wechselwirkungen zwischen den einzelnen Zeiträumen bzw. Phasen eine exakte Abgrenzung nicht möglich ist (Bild 5).

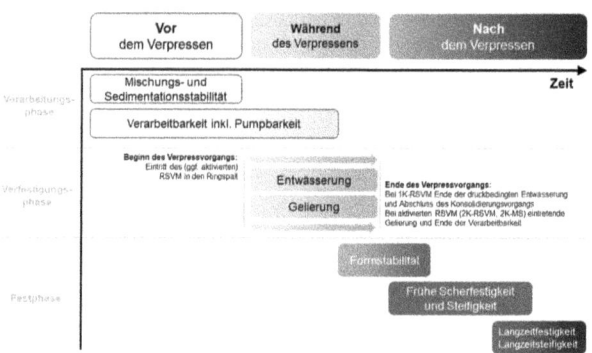

Bild 5. Zusammenfassung der Anforderungen von Eigenschaften und Parameter des RSVM in Abhängigkeit zum Zeitpunkt zum Verpressen bzw. zu den Phasen, nach [21]

5.1 Grundlegende Anforderung: Robustheit des RSVM

Die Robustheit der zur Ringspaltverfüllung eingesetzten RSVM stellt eine grundlegende und für den Projekterfolg maßgebende Anforderung dar. Der Begriff bezeichnet eine ausreichende Eignung des gewählten RSVM für das projektspezifische Einsatzspektrum. Hierzu ist sicherzustellen, dass weder Streuungen in den Ausgangsstoffen und der Zusammensetzung des RSVM noch äußere Einwirkungen wie Temperaturschwankungen oder Abweichungen in den Randbedingungen des projektspezifisch erwarteten Baugrunds, z.B. bei 1K-RSVM die Durchlässigkeit des Baugrunds, das Verhalten und die späteren Eigenschaften des RSVM beeinträchtigen.

Hintergrund für diese umfangreiche Anforderung sind, wie in Abschnitt 6.2.6 detailliert ausgeführt wird, die sehr begrenzten Möglichkeiten zur Kontrolle des eingebrachten RSVM bzw. der Ringspaltverfüllung. Aus diesem Grund ist eine genaue Kenntnis des RSVM und dessen Verhalten für den Projekterfolg maßgebend. Hierzu sind sowohl theoretische Betrachtungen unter der Berücksichtigung der

Funktionsweise, aber auch umfangreiche Sensitivitätsanalysen im Rahmen der Eignungsprüfung zielführend. In der Sensitivitätsanalyse sind Parametervariationen mit den möglichen Schwankungen der Umweltbedingungen – hierzu zählt auch der Baugrund – und der zur Verfügung stehenden Ausgangsstoffe, bei der Herstellung des RSVM bis zu Prozessrandbedingungen der Ringspaltverfüllung zugrunde zu legen. Mit diesem Wissen besteht nun die Möglichkeit, auf die angetroffenen Randbedingungen während der Bauausführung reagieren und ggf. gegensteuern zu können.

Welche Parameter der Sensitivitätsanalyse zugrunde gelegt werden, hängt stark von der Funktionsweise des RSVM ab. Hierbei ist zu erwähnen, dass besonders bei 2K-RSVM und 2K-MS – aufgrund der Aktivierung des Bindemittels der Komponente A durch die Komponenten B – ein Augenmerk auf die ausreichende Reaktion bei unterschiedlichen Umweltbedingungen, z. B. Temperatur, und das Alter des RSVM nach der Herstellung zu legen ist.

5.2 Anforderungen bezogen auf den Zeitpunkt des Verpressens

5.2.1 Anforderungen vor dem Verpressen

Vor dem Verpressen des RSVM sind die Eigenschaften des 1K-RSVM bzw. der Komponente A der 2K-RSVM sowie der 2K-MS maßgebend. Die Komponente B des 2K-RSVM sowie 2K-MS wird aufgrund der in Relation einfacheren Handhabung und umfangreichen Qualitätsüberwachung bei der Herstellung nachfolgend nicht näher betrachtet.

Die wesentlichen Eigenschaften des RSVM vor dem Verpressen stehen im Zusammenhang mit der Verarbeitbarkeit und konkret der Verarbeitbarkeitszeit (Verarbeitungsphase). Diese wird als Zeitraum definiert, in dem das RSVM nach der Herstellung ohne Auswirkungen auf die Qualität verarbeitet werden kann. In der Konzeption der Verarbeitbarkeitszeit sind eventuelle Vortriebsunterbrechungen sowie die Förderwege zu berücksichtigen.

Des Weiteren spielt die Pumpbarkeit als Teil der Verarbeitbarkeit eine wesentliche Rolle, um das Handling des Materials in diesem Zeitraum zu ermöglichen. Bei 1K-RSVM bzw. der Komponente A von 2K-MS kann dies grundsätzlich über das Ausbreitmaß, bei 2K-RSVM über die Fließfähigkeit des Materials definiert werden.

Während der Verarbeitbarkeitszeit ist darüber hinaus ein Entmischen des RSVM – Mischungsstabilität – bzw. die Absonderung von Wasser – Blutneigung – zu vermeiden. Bei 1K-RSVM bzw. der Komponente A von 2K-MS ist insbesondere die Sedimentation der Gesteinskörnung – Sedimentationsstabilität – möglichst zu begrenzen.

5.2.2 Anforderungen während des Verpressens

Der Zeitraum während des Verpressens kann aufgrund des kontinuierlichen Prozesses und des räumlichen Einflussbereichs nur schwierig abgegrenzt werden; dieser Zeitraum wird ab dem Beginn des Verpressens bis zum Aufbau eines ausreichenden Widerstands gegenüber Einwirkungen und somit dem Ende der Verarbeitbarkeit gesehen. Analog zu den Anforderungen vor dem Verpressen gilt hierbei, dass während des Verpressvorgangs das RSVM nicht zu einer Entmischung (Mischungsstabilität) unabhängig vom angewendeten Verpressdruck neigen darf. Das RSVM muss während des Verpressvorgangs ausreichend verarbeitbar sein. Unmittelbar nach dem Eintritt in den Ringspalt muss das eben noch fließfähige RSVM jedoch rasch ansteifen und sich verfestigen. Durch eine frühzeitige Verfestigung soll auch ein Ausspülen bzw. eine Beeinträchtigung des RSVM durch (ggf. strömendes) Grundwasser verhindert werden.

Zur Verhinderung von Stopfern in den Lisenen und ggf. in den Förderleitungen muss dort der vorzeitigen Erhärtung des RSVM vorgebeugt werden. Hierzu sind Anforderung an das Fließvermögen und das Abbindeverhalten des eingesetzten RSVM zu stellen [18].

Weitere erforderliche Anforderungen können aufgrund der unterschiedlichen Funktionsprinzipien bei 1K-, 2K-RSVM und 2K-MS, z. B. Entwässerung, Aktivierung und nachfolgende Gelierung, nicht einheitlich übergreifend definiert werden.

Bei 1K-RSVM stellt beispielsweise die Entwässerung bzw. Konsolidierung während des Verpressvorgangs den ausschlaggebenden Parameter in Bezug auf die Verfestigung dar. Feinteile dürfen beim Verpressen nicht übermäßig in den Baugrund bzw. schon eingebrachtes RSVM ausgepresst werden. Durch den erst bei beginnender Hydratation nach mehreren Stunden steigenden Widerstand gegenüber Einwirkungen ist daher der Korn-zu-Korn Kontakt für die frühen mechanischen Eigenschaften maßgebend. Aufgrund dieses Funktionsprinzips ist für 1K-RSVM in der Regel eine ausreichende Möglichkeit der Entwässerung in den Baugrund erforderlich.

Bei 2K-RSVM und 2K-MS ist dagegen – durch die die Aktivierung des Bindemittels der Komponente A durch die Komponente B – eine ausreichende Vermischung der beiden Komponenten in der Lisene und Homogenisierung entscheidend. Durch die zeitnah – innerhalb weniger Sekunden – einsetzende Gelierung nach der Vermischung hat die Weiterverarbeitung in der Gelzeit zu erfolgen. Hierbei ist anzumerken, dass die Gelzeit stark von der Temperatur der Komponenten sowie dem Alter der Komponente A abhängig sein kann. Die Robustheit muss in diesem Zusammenhang besonders sichergestellt werden.

5.2.3 Anforderungen nach dem Verpressen

Nach dem Verpressen ist generell eine rasche Formstabilität des RSVM sowie die Entwicklung der Scherfestigkeit und Steifigkeit erforderlich.

Formstabilität

Der Begriff der Formstabilität beschreibt einen Zustand des RSVM unmittelbar nach dem Verpressvorgang und kurz vor der Entwicklung einer ersten mechanischen Festigkeit, bei dem eine Formänderung ohne externe Belastung nicht mehr eintritt und das Material somit nicht mehr als fließfähig oder verarbeitbar gilt.

Scherfestigkeit

Mit ausreichender Scherfestigkeit kann die Lagesicherheit – Auftriebserscheinungen, Absinken – schon zeitnah nach dem Verlassen des Schildmantels sichergestellt werden. Zur Bestimmung der erforderlichen Scherfestigkeit in Abhängigkeit von den geometrischen

Randbedingungen sowie der Materialeigenschaften können die in Abschnitt 3 erwähnten Modelle nach [14] angewendet werden.

Steifigkeit

Weiterhin dient die Steifigkeit des RSVM dazu, die Bettung der Tübbingröhre zu gewährleisten und Ovalisierungen bzw. ungünstige Momentenbeanspruchungen zu reduzieren. Zusätzlich ist die Steifigkeit zur Kraftableitung in den Baugrund – durch Nachläuferlasten in zeitlich kurzen Abstand nach dem Verpressen – erforderlich. In diesem Sinne ist hierzu eine Abstimmung der Steifigkeiten des RSVM auf den vorhandenen Baugrund unerlässlich.

Untersuchungen des Zusammenhangs zwischen Steifigkeit des RSVM, dem Baugrund und dem Bewehrungsgehalt der Tübbinge wurden in [10] durchgeführt. Üblicherweise wird in statischen Tunnelberechnungen das RSVM nicht eigens modelliert und stattdessen der Baugrund mit seinen Kennwerten angesetzt. Hieraus resultiert die häufige Forderung, dass die Steifigkeit (Steifemodul E_s) des RSVM mindestens derjenigen des Baugrunds entsprechen soll. Bei einem sehr steifen Baugrund (z. B. Fels) ergibt sich hieraus allerdings regelmäßig eine unnötig hohe und ggf. unwirtschaftliche Steifigkeitsanforderung. Ziel der Untersuchungen in [10] war es deshalb, eine Obergrenze für die erforderliche Steifigkeit des RSVM mittels einer Parameterstudie abzuschätzen. Als Kriterium wurde festgelegt, dass Steifigkeiten über dieser Obergrenze keinen relevanten Einfluss mehr auf die Bewehrungsmenge und das Verformungsverhalten des Tübbingausbaus haben sollten. Als Ergebnis konnte für übliche Verhältnisse ein Steifemodul E_s von 10 MPa für Lockerböden und 20 MPa für Festgestein als Obergrenze ermittelt werden.

Volumenbeständigkeit

Sowohl 1K-RSVM als auch 2K-RSVM können abhängig von ihrer Rezeptur ein erhebliches „Schwindverhalten" zeigen. Hiermit ist eine Volumenreduzierung nach dem Verpressvorgang gemeint, die unterschiedliche Ursachen wie bspw. abgeführtes, ausgepresstes oder gebundenes Wasser, eine Verdichtung des Korngefüges oder eine chemische Reaktion haben kann. Diese Volumenreduktion führt zu dem im Festgestein häufig beobachteten Spalt zwischen Gebirge und RSVM und bewirkt rechnerisch einen „Schlupf" im Bettungsverhalten. Aufgrund dieser ungünstigen Auswirkungen sollte die Volumenbeständigkeit geprüft und auf das unumgängliche Maß reduziert werden.

Langzeitstabilität

Des Weiteren ist die Sicherstellung der geforderten Eigenschaften des RSVM über die Zeit ein maßgebender Faktor für ein dauerhaftes Bauwerk. Um hierbei den Unterschied zur Dauerhaftigkeit zu genormten Beton- und Mörtelsystemen hervorzuheben, wird die analoge Anforderung in dieser Publikation als Langzeitstabilität definiert. Negative Einflüsse auf das RSVM ergeben sich in diesem Zusammenhang hauptsächlich durch seine Interaktion mit dem Baugrund und dem darin vorhandenen Wasser. Umso wichtiger erscheint die Verhinderung einer Längsläufigkeit bei gering durchlässigem Baugrund im Ringspalt und die dafür erforderliche vollständige Füllung des Ringspalts.

Besonders zu beachten ist die Empfindlichkeit von 2K-RSVM bzgl. Austrocknung aufgrund der physikalischen Bindung von Wasser, da dies zu Schwinderscheinungen oder zum Verlust der Langzeitstabilität führen kann. Die Einsatzbedingungen bzgl. der Wasserverhältnisse im Baugrund müssen hierzu besonders berücksichtigt werden.

Umweltverträglichkeit

Unter Umweltverträglichkeit werden zusätzliche Aspekte des RSVM bezeichnet, die bei unzureichender Beachtung – vor allem bei 2K-RSVM – zu einem negativen Einfluss auf den Baugrund bzw. darin vorkommendes Wasser führen können. Diese Betrachtungen müssen spezifisch hinsichtlich der konkreten Projektrandbedingungen intensiv untersucht werden. Beispielsweise führt bei 2K-RSVM der Einsatz eines Aktivators auf Wasserglasbasis in der Reaktion mit Portlandzement in gewissem Maße zur Freisetzung von Alkalien, im Weiteren zum Anstieg des pH-Werts und dies ggf. zur Migration von Schwermetallen im Baugrund. Die Sicherstellung zur Einhaltung der Grenzwerte erfordert eine projektspezifische Betrachtung.

5.3 Fazit

Die Anforderungen an das RSVM sind insbesondere abhängig vom gewählten RSVM und dessen Verfestigungsmechanismen. Bei RSVM mit Gesteinskörnung ist bei der Betrachtung vor und während des Verpressvorgangs neben den allgemeinen Anforderungen an alle RSVM die Sicherstellung der Mischungsstabilität maßgebend. Während des Verpressens ist der ausschlaggebende Faktor für die Anforderungen, welche spezifische Funktionsweise dem RSVM – Entwässerung oder Aktivierung – zugrunde liegt. Nach dem Verpressen wird unabhängig von der Funktionsweise die Entwicklung von mechanischen Eigenschaften sowie die Langzeitstabilität des Materials gefordert. Eine Zusammenfassung der wesentlichen Eigenschaften in Abhängigkeit der Zeitpunkte zum Verpressen bzw. ergänzend der genannten Phasen ist in Bild 5 dargestellt.

Wie in den vorherigen Abschnitten schon genannt, ist die Grundanforderung an das RSVM eine Abstimmung auf den anstehenden Baugrund, die zum Einsatz kommende TBM, den damit in Verbindung stehenden Bauprozess sowie den Tübbingausbau.

6 Überwachung – Materialtechnologische Prüfung und Kontrolle während der Ausführung

Zur Sicherstellung einer erfolgreichen Ringspaltverfüllung und der daraus resultierenden Anforderungen an das RSVM (Abschnitt 5) ist eine Überwachung des gesamten Prozesses unerlässlich.

Grundsätzlich kann die Überwachung in zwei Teile unterteilt werden: Zum einen die materialtechnologische Prüfung des RSVM (Abschnitt 6.1) und zum anderen die Kontrolle der Ringspaltverfüllung während der Ausführung (Abschnitt 6.2). Übliche Prüfverfahren und Kontrollmethoden hierzu werden nachfolgend ausführlich erläutert. Da die aufgezeigten Prüfmethoden stark von den materialtechnologischen Spezifika des RSVM abhängen, werden relevante Details hieraus zusätzlich mit aufgezeigt.

6.1 Prüfung des RSVM

Zur Prüfung von RSVM auf materialtechnologischer Ebene kommen unterschiedliche Prüfverfahren aus mehreren Ingenieursdisziplinen wie der Betontechnologie, der Bodenmechanik sowie dem Tunnelbau selbst zur Anwendung.

In der Praxis werden Aussagen zu relevanten Materialeigenschaften häufig mit baustellentauglichen Prüfmethoden ermittelt, die aus den vergleichsweise komplexen ursprünglichen Versuchsdurchführungen abgeleitet wurden. Hierzu können Indexversuche bzw. -parameter und/oder Kombinationen daraus angewendet werden. Zu diesem Zweck werden eventuelle Korrelationen zwischen den Materialeigenschaften und Prüfparametern insbesondere im Labor im Rahmen der Eignungsprüfung (vgl. Abschnitt 2) vor Vortriebsbeginn untersucht. Dies hat primär das Ziel, die fortlaufende Prüfung während der Bauausführung auf den Baustellen zu vereinfachen. Auf die Unterscheidung zwischen Eignungs- und fortlaufender Prüfung wird jedoch nachfolgend nicht näher eingegangen.

6.1.1 Materialunabhängige Prüfparameter

Unabhängig vom angewendeten RSVM – 1K-RSVM, 2K-RSVM oder 2K-MS – sind grundlegende Anforderungen an das RSVM im Zuge der Ringspaltverfüllung zu gewährleisten, die im Rahmen einer einheitlichen Betrachtung bzgl. der Prüfung von RSVM als materialunabhängige Prüfparameter definiert werden können und nachstehend kurz umschrieben sind.

Insbesondere vor dem Verpressen, aber auch bei Eintritt des RSVM in den Ringspalt und somit während des Verpressvorgangs, spielt die Sedimentationsstabilität eine essenzielle Rolle, um einer Entmischung oder dem Absetzen des RSVM in den Förderleitungen, z. B. bei einem Stillstand der TBM, entgegenzuwirken. Außerdem ist – neben der Dichte und Temperatur – die Fließfähigkeit des RSVM (Abschnitt 5.2.1) zu bestimmen, um eine gesamtheitliche Charakterisierung der Verarbeitungseigenschaften zu erhalten.

Die mit Eintritt in den Ringspalt stattfindende Verfestigung des RSVM ist durch geeignete Prüfverfahren zu erfassen, die möglichst die tatsächlichen Randbedingungen der Bauausführung, u. a. Vortriebsparameter, Temperaturen, Mischintensität, abbilden. Dahingehend ist zur nachweislichen Quantifizierung einer ausreichenden Verfestigung bspw. die Scherfestigkeit oder die Steifigkeit zu bestimmen. Als Indexparameter für die Sicherstellung einer ausreichenden Verfestigung kann z. B. die Bestimmung der einaxialen Druckfestigkeit – auf die Aussagekraft dieses Parameters wird in Abschnitt 6.1.2 sowie Abschnitt 8.1.2 eingegangen – herangezogen werden.

Grundsätzlich ist bei der Prüfmethodik für RSVM zu berücksichtigen, dass diese bereits im Bauzustand, d. h. innerhalb weniger Stunden nach dem Verpressvorgang die Bettung der Tübbingröhre sicherstellen muss. Der weitere Festigkeitszuwachs durch eine Reaktion des Bindemittels im Bereich der Langzeitfestigkeit ist als eine Art „Gütezuwachs" zu verstehen und wird im Rahmen der Betrachtungen des Langzeitverhaltens unter Berücksichtigung der projektspezifischen Expositionen und somit gegebenenfalls im Zuge der Langzeitstabilität relevant, nicht jedoch für die rasche Sicherstellung der Bettung der Tübbingröhre.

6.1.2 Materialspezifische Prüfverfahren

Nachfolgend erfolgt eine Betrachtung der wesentlichen Prüfverfahren für die unterschiedlichen Arten von RSVM. Hierbei ist zu beachten, dass die genannten Prüfverfahren den Charakter eines Mindestprüfumfangs zur verallgemeinerten Erfassung der primären Eigenschaften haben (Abschnitt 5).

1K-RSVM

Bei der grundlegenden Konzeptionierung eines 1K-RSVM liegt der Fokus auf der Sieblinie der Gesteinskörnung in Abstimmung mit einer ausreichenden Verarbeitbarkeit – sprich Fließfähigkeit in Verbindung mit der Pumpbarkeit. Dabei ist der Wassergehalt so weit abzustimmen, dass die Verarbeitbarkeit sichergestellt ist, der Wassergehalt gleichzeitig auch begrenzt wird, um eine möglichst vollständige Konsolidierung – Ausbildung eines Korn-zu-Korn-Kontakts – nach der Entwässerung zu erzielen.

Zum Nachweis einer ausreichenden Sedimentationsstabilität kann zum einen die Blutwasserabgabe im ruhenden Zustand [22] als auch die Verteilung der Gesteinskörnung im erhärteten Zustand [23] erfasst werden. Die Fließfähigkeit kann durch die Bestimmung des Ausbreitmaßes gemäß [24] erfasst werden.

Zur Bewertung eines hinreichenden Verfestigungsprozesses ist der dafür erforderliche Entwässerungsvorgang durch eine geeignete – z. T. modifizierte Filterpresse – wie beispielsweise in [25] oder in [10] erläutert, nachzustellen. Das Entwässerungsvermögen des RSVM kann erfasst werden, indem eine repräsentative Probe – im Idealfall mit einer Höhe gleich der zu erwartenden Ringspaltdicke – unter definierten Randbedingungen mit einem externen Druck, der möglichst dem Verpressdruck entspricht, über die zu erwartende Verpressdauer beaufschlagt wird. Zum Nachweis einer ausreichenden Konsolidierung und somit Verfestigung kann anschließend an dem entwässerten Material, das nach Abschluss des Entwässerungsvorgangs möglichst dem Einbauzustand entspricht, die Scherfestigkeit gemäß [26] bestimmt werden.

Zur ergänzenden Bestimmung der zeitlichen Entwicklung der Steifigkeit können Kompressionsversuche [27] angewendet werden, da diese aufgrund der justierbaren Belastung und der gegebenen Drainagemöglichkeit den Verfestigungsprozess realitätsnah nachbilden und einen auf den Verpressdruck abgestimmten Kennwert einer zu erwartenden Steifigkeit im Einbauzustand unmittelbar nach dem Verpressvorgang liefern können.

Neben der Scherfestigkeit besteht zudem die Möglichkeit, die Entwicklung der einaxialen Druckfestigkeit in Anlehnung an [18] an entwässerten Proben bis in der Regel acht Stunden nach Entwässerung zu bestimmen. Die Bestimmung der einaxialen Druckfestigkeit im jungen Alter kann herangezogen werden, um den zeitabhängigen Festigkeitsverlauf zu erfassen, hat in der Regel aber keine bautechnische Bewandtnis als direkte Kenngröße für den Nachweis der frühen Bettung der Tunnelröhre (Abschnitt 6.1.1). Vielmehr kann der Kennwert der einaxialen Druckfestigkeit als Indexwert zum Nachweis der geforderten Eigenschaften im Zuge der Verfestigung des RSVM – Entwässerung bzw. Konsolidierung und erste Frühfestigkeitsentwicklung – während der vortriebsbegleitenden Prüfungen herangezogen werden. Weiterhin ist bei zementfreien RSVM innerhalb der ersten Stunden nach der Entwässerung kein Festigkeitszuwachs durch die Reaktion eines Bindemittels zu erwarten. Hier erscheint die Bestimmung der Steifigkeit durch Kompressionsversuche gemäß [27] zielführender.

Im Anschluss kann zur materialtechnologischen Charakterisierung der Langzeitbettung die Bestimmung der einaxialen Druckfestigkeit – ab einigen Tagen bis 28 Tage – angewendet werden. In diesem Alter ist die Bettung der Tunnelröhre bereits gegeben, sodass diese Kennwerte der Betrachtung des Langzeitverhaltens dienen und ggf. im Rahmen der Betrachtung der Langzeitstabilität verwertet werden können. In diesem Zuge kann die Steifigkeit des (erhärteten) RSVM ergänzend bestimmt werden.

2K-RSVM

2K-RSVM gehen prinzipiell keine Interaktion mit dem umgebenden Baugrund ein und verfestigen durch die Zugabe eines Aktivators auf chemischer Ebene systeminhärent. Im Vergleich zu 1K-RSVM oder 2K-MS besitzen die 2K-RSVM keine Gesteinskörnung und die Komponente A ist aufgrund der hohen Wassergehalte von über 80 Vol.-% (und vergleichbarer Hohlraumgehalte im erhärteten Material) hinsichtlich deren Eigenschaften einer Suspension zuzuordnen. Dies wirkt sich direkt auf die Anwendbarkeit möglicher Prüfverfahren aus.

In der Verarbeitungsphase werden somit Prüfverfahren der Suspensionstechnologie angewendet. Die Bestimmung der Fließfähigkeit kann mittels Marsh-Auslauftrichter [29] und die Sedimentationsstabilität der Komponente A kann augenscheinlich anhand von Standzylindern gemäß [30] erfasst werden. Anforderungen an den Aktivator (Komponente B) werden bzgl. der Verarbeitbarkeit nicht gestellt, da diese in der Regel im Ausgangszustand in flüssiger Form mit einer hinreichenden Pumpbarkeit vorliegen.

Die Verfestigung des 2K-RSVM erfolgt unmittelbar nach Aktivatorzugabe innerhalb weniger Sekunden; ein Gelzustand mit rasch fortschreitender Festigkeitsentwicklung stellt sich ein. Der in den Lisenen der TBM stattfindende Vermischungsprozess der beiden Komponenten lässt sich im Labor mit einfachen Mitteln nur annähernd nachstellen. Als Verfahren zur Bestimmung der Gelierung und Quantifizierung der Gelzeit hat sich der sogenannte „Bechertest" (Beispiel in [31]) etabliert, bei dem die Komponenten ineinander geschüttet werden und die Zeit in Sekunden bis zur Stagnation der Fließfähigkeit bestimmt wird. Ein weiteres Prüfverfahren zur Bestimmung der Gelzeit (GE TI ME-Verfahren) ist in [32] beschrieben.

Für die laborseitige Herstellung von Prüfkörpern zur Bestimmung der Eigenschaften im verfestigten Zustand können die beiden Komponenten entweder durch händisches Vermischen mit anschließendem Umfüllen in das Prüfgefäß oder aber mit einem Rührgerät im Prüfgefäß selbst vermischt werden. Dabei ist zwingend zu beachten, dass die Vermischzeit kleiner der Gelzeit bleibt, um bereits entstandene Strukturen nicht durch eine Einbringung weiterer Mischintensität zu zerstören. An dem aktivierten Material kann zur Erfassung des Festigkeitszuwachses analog zu den 1K-RSVM die Scherfestigkeit gemäß [26], in der Regel innerhalb der ersten 90 Minuten, und die einaxiale Druckfestigkeit in Anlehnung an [28] innerhalb der ersten Stunden nach Aktivierung bestimmt werden. Die Bestimmung der Steifigkeit mittels Kompressionsversuchen ist im Vergleich zu den 1K-RSVM aufgrund des rasch fortschreitenden Festigkeitszuwachses der 2K-RSVM und der durch das Prüfverfahren vorgegebenen Randbedingungen als kritisch zu bewerten. Eine Entwässerung des RSVM ist grundlegend gemäß dem Anwendungsprinzip der 2K-RSVM nicht vorgesehen, was ein Mindestprüfalter bzw. ein gewisses Wasserrückhaltevermögen unter Druckbeanspruchung voraussetzt. Weiterhin gilt es, die Zunahme der Festigkeit während eines laufenden Versuchs im Zeitraum bis wenige Stunden nach der Aktivierung zu berücksichtigen. Es kann zwangsläufig nur eine, über die Zeit „verschmierte" Steifigkeit ermittelt werden. Bei den 2K-RSVM erscheint die Bestimmung des statischen Elastizitätsmoduls in Anlehnung an [33] zielführender.

Gleichermaßen zu den 1K-RSVM sind die Eigenschaften des aktivierten 2K-RSVM unmittelbar nach dem Verpressvorgang für die Bettung der Tunnelröhre im Bauzustand – innerhalb der ersten Stunden nach der Aktivierung – maßgebend. Untersuchungen über die ersten Stunden und Tage hinaus sind demnach bereits einem „Langzeitverhalten" und somit auch den Betrachtungen der Dauerhaftigkeit zuzuordnen. Über mehrere Tage bis 28 Tage nach Herstellung können in der Regel die einaxiale Druckfestigkeit und ggf. der statische Elastizitätsmodul bestimmt werden.

Spezifische Untersuchungen infolge projektspezifischer Expositionen wie beispielsweise ein Sulfatangriff werden in der Regel separat gefordert und können somit nicht einer elementaren Prüfmethodik zugeordnet werden.

2K-MS

Die Prüfmethodik von 2K-MS entspricht infolge der Materialzusammensetzung – Komponente A mit Gesteinskörnung – und dem primären Verfestigungsprozess – chemische Aktivierung – einer Kombination der Prüfverfahren der 1K- und 2K-RSVM.

Aufgrund der Ähnlichkeit der Mischungszusammensetzung der Komponente A der 2K-MS zu den klassischen 1K-RSVM können in der Verarbeitbarkeitsphase die gleichen Prüfverfahren zum Nachweis einer ausreichenden Fließfähigkeit und Pumpbarkeit sowie Sedimentationsstabilität wie bei den 1K-RSVM angewendet werden.

Zum Nachweis einer hinreichenden Verfestigung kann das Gelierungsverhalten und die Scherfestigkeit sowie in der Regel die einaxiale Frühfestigkeit bestimmt werden. Bei der Bestimmung der Gelzeit ist allerdings zu beachten, dass die 2K-MS im Ausgangszustand eine grundlegend höhere Viskosität als die suspensionsähnlichen 2K-RSVM besitzen. Demnach ist die Bestimmung der Gelzeit von 2K-MS mittels „Bechertest" nicht in allen Fällen zielführend, da die händisch herbeigeführte Mischenergie in der Regel nicht ausreichend für eine vollständige Vermischung der beiden Komponenten ist. Grundlegend bedürfen 2K-MS verfahrenstechnisch und materialtechnologisch keine Gelzeit im Bereich von wenigen Sekunden wie die

I. Ringspaltverfüllung bei einschaligen Tunneln mit Schwerpunkt dt. Eisenbahntunnel

2K-RSVM, was eine nur qualitative Beurteilung des Gelierverhaltens nach Vermischen der beiden Komponenten mittels eines handgeführten Rührgeräts erlauben kann. Eine augenscheinliche Feststellung einer stagnierten Fließfähigkeit bzw. eingetretenen Gelierung in Abhängigkeit der Vortriebsparameter – Ringbauzeit, Vortriebsgeschwindigkeit – kann als ausreichend angesehen werden. Die frühe Bettung der Tübbingröhre kann, wie auch bei den 1K- und 2K-RSVM, durch die Bestimmung der Scherfestigkeitsentwicklung und der einaxialen Druckfestigkeit nachgewiesen werden. Zur Ermittlung der Steifigkeitsentwicklung können Kompressionsversuche angewendet werden, wobei auch hier wie bei den 2K-RSVM, der fortschreitende, wenn auch weniger rasche Festigkeitszuwachs zu berücksichtigen ist. Ferner kann bei ausreichender Erhärtung auch der statische Elastizitätsmodul in Anlehnung an [33] werden.

Wie auch bei den 1K- und 2K-RSVM erfolgen im weiteren Verlauf, über die frühe Bettung hinaus, in der Regel die Bestimmung der einaxialen Druckfestigkeit sowie ggf. die Ermittlung der Steifigkeit. Die mechanischen Eigenschaften eines 2K-MS mit fortgeschrittenem Alter dienen, wie bei den übrigen RSVM auch, den Betrachtungen zum Langzeitverhalten.

6.1.3 Fazit

Durch die materialspezifischen Charakteristika der RSVM ergibt sich, dass sich die Prüfmethoden – vor allem in den Zeitpunkten vor und während des Verpressens – stark unterscheiden. Analog der Technologie der Ringspaltverfüllung (Abschnitt 4) führen die unterschiedlichen Zusammensetzungen von 1K-RSVM – Feststoffmischung – und 2K-RSVM – Suspension – bzw. die enthaltene Gesteinskörnung zu den maßgebenden Eigenschaften und den daraus abgeleiteten Prüfmethoden. 2K-MS stellen aufgrund der enthaltenen Gesteinskörnung einen Sonderfall sowohl in der Funktionsweise als auch in der Zuordnung zu den Prüfmethoden zu den jeweiligen Zeitpunkten dar.

Die Sicherstellung der Anforderungen an das RSVM in Form der Prüfungen ist zur Erreichung eines dauerhaften Bauwerks elementar, jedoch kann eine positiv zu beurteilende Prüfung des RSVM alleinig zur Beurteilung des Verpresserfolgs nicht herangezogen werden. Daher wird nachfolgend auf die Kontrolle der Ringspaltverfüllung eingegangen.

Eine Aufstellung für mögliche Prüfmethoden inkl. der Prüfvorschriften in Abhängigkeit der jeweiligen Phase ist in Tabelle 2 für 1K-RSVM und in Tabelle 3 für 2K-RSVM dargestellt. Ist ein Prüfverfahren grundsätzlich geeignet, nur hinsichtlich einiger Prüfbedingungen nicht direkt für RSVM anwendbar, wird darauf mit „in Anlehnung an" in der Aufstellung hingewiesen.

Tabelle 2. Mögliche Prüfmethoden für 1K-RSVM

	Materialparameter	Art der Prüfung	Mögliche Prüfvorschrift
Ausgangsstoff	Korngrößenverteilung	Siebung	DIN EN 933/ DIN EN ISO 17892-4
	Bentonitsuspension	Eignungsprüfung	DIN 4127*
Verarbeitungsphase	Verarbeitbarkeit	Temperatur	DIN EN ISO 1
		Rohdichte nicht entwässertes RSVM	DIN EN 12350-6
		Ausbreitmaß	DIN 1015-3/ DIN EN 12350-5
	Sedimentationsstabilität	Visuelle Beurteilung	Sedimentationsstabilität am Festbeton – DAfStb Ril „Selbstverdichtender Beton" (2003)
	Blutneigung/ Mischungsstabilität	Sichtprüfung	ASTM C 940/ DBV-Merkblatt „Besondere Verfahren zur Prüfung von Frischbeton"
Verfestigungsphase	Entwässerung	Filtratwasserabgabe	Drucktopfversuch/ Bauer Betonfilterpresse

I. Ringspaltverfüllung bei einschaligen Tunneln mit Schwerpunkt dt. Eisenbahntunnel

	Material-parameter	Art der Prüfung	Mögliche Prüfvorschrift
Festphase	Scherfestigkeit	Flügelscherversuch	DIN 4094-4
	Steifemodul	Kompressionsversuch	DIN EN ISO 17892-5*
	Elastizitätsmodul	Einaxiale Druckbelastung	DIN EN 12390-13*
	CBR-Wert	CBR-Test	DIN EN 13286-47*
	Druckfestigkeit	Einaxialer Druckversuch	DIN EN 12390-3*/ DIN EN ISO 17892-7*
	Langzeitstabilität		

*… „in Anlehnung an" das genannte Regelwerk

Tabelle 3. Mögliche Prüfmethoden für 2K-RSVM

	Material-parameter	Art der Prüfung	Komponente M = Mischung	Mögliche Prüfvorschrift
Ausgangsstoff	Bentonitsuspension	Eignungsprüfung		DIN 4127*
Verarbeitungsphase	Verarbeitbarkeit	Temperatur	A, B	DIN EN ISO 1
		Rohdichte	A	DIN EN 12350-6
		Marsh-Auslaufzeit	A	DIN 4127*
	Blutneigung/ Mischungsstabilität	Sichtprüfung	A	ASTM C 940 DBV- Merkblatt „Besondere Verfahren zur Prüfung von Frischbeton"
Verfestigungsphase	Gelierung	Gelzeit	A, B bzw. M	Bechertest/ GE TI ME-Verfahren

	Material-parameter	Art der Prüfung	Komponente M = Mischung	Mögliche Prüfvorschrift
Festphase	Scherfestigkeit	Flügelscherversuch	M	DIN 4094-4
	Steifemodul	Kompressionsversuch	M	DIN EN ISO 17892-5*
	Elastizitätsmodul	Einaxiale Druckbelastung	M	DIN EN 12390-13*
	CBR-Wert	CBR-Test	M	DIN EN 13286-47*
	Druckfestigkeit	Einaxialer Druckversuch	M	DIN EN 12390-3* DIN EN ISO 17892-7*
	Langzeitstabilität		M	

*… „in Anlehnung an" das genannte Regelwerk

6.2 Kontrolle der Ringspaltverfüllung

Entscheidend für den Erfolg der Ringspaltverfüllung ist die Sicherstellung deren umfassender Kontrolle in Verbindung mit einem minimalen Eingriff in den laufenden Vortrieb. Hierbei ist meist eine Kombination mehrerer Maßnahmen erforderlich, die jedoch im Einklang mit der Erstellung eines möglichst dauerhaften und instandhaltungsfreien Bauwerks sein müssen. Die Auswahl der Maßnahmen ist angesichts der Projektrandbedingungen zu treffen und unter allen Akteuren – vom Planer bis zum späteren Betreiber – abzustimmen.

Nachfolgend werden verschiedene Kontrollmöglichkeiten erläutert. Im Gegensatz zu den vorherigen Abschnitten ist eine Unterteilung der Verfahren zur Kontrolle der Ringspaltverfüllung auf Basis des Zeitpunkts der Verpressung nicht zielführend. Dies wird insofern begründet, da einerseits die genannten Möglichkeiten zur Kontrolle begrenzt sind und andererseits die Kontrolle der Verfüllung frühestens während und zum großen Teil erst nach der Verpressung stattfinden kann.

6.2.1 Kontrolle mittels Maschinendaten

Als Standard für die Kontrolle der Ringspaltverpressung hat sich die messtechnische Bestimmung der Verpressdrücke sowie Verpressmengen etabliert. Die Erfassung des Verpressdrucks kann direkt über Drucksensoren für jede Lisene erfolgen. Je nach Anordnung der Drucksensoren sind hierzu die Kompensationen der Staudrücke durch Leitungen und Lisenen (vgl. Bild 4) erforderlich, um den tatsächlichen Druck zu ermitteln.

Die Ermittlung der Verpressmengen kann einerseits bei der Verwendung von Zwischentanks ohne Pump- und Rührvorgänge mittels Wägung der Tanks oder über eine Füllstandsmessung erfolgen. Bei kontinuierlicher Förderung des RSVM können Korrelationen mit den Pumpenparametern für die Erfassung der Verpressmengen herangezogen werden. Bei der Förderung von 1K-RSVM mittels Kolbenpumpen (Abschnitt 4) kann hierzu auch die Bestimmung über die Anzahl der Pumpenhübe und deren Füllungsgrad stattfinden; für 2K-RSVM mittels Schneckenpumpen (Abschnitt 4) über die Erfassung der Drehzahl und Ableitungen hieraus.

Die ermittelten Daten werden standardmäßig mit den Maschinendaten erfasst und abgelegt. Meist findet zusätzlich ein kontinuierlicher Abgleich zwischen den Solldrücken und -mengen mit den Istdrücken und -mengen statt. Je nach Anordnung der Messsysteme ist eine lisenenweise – aufgrund der unterschiedlichen erforderlichen Mengen und die Druckgradiente über die Querschnittshöhe (Abschnitt 4) – oder bereichsweise Zuordnung der Daten möglich. Eine Gegenüberstellung über mehre Ringe bzw. längere Vortriebsabschnitte hat sich als zielführend für die Kontrolle erwiesen.

Zur Sicherstellung der Korrektheit der ermittelten Daten ist eine Kalibrierung bzw. Überprüfung der Messeinrichtungen vor Vortriebsbeginn und – soweit möglich – auch während des Vortriebs in definierten Abständen erforderlich.

Da der Verpressdruck nur zu Beginn der Verpressleitung im Schildschwanz, einige Meter vor dem Austrittspunkt, gemessen werden kann, ist es wichtig, dass bei jedem Projekt eine Überprüfung des

Druckverlusts zwischen Druckmessung und Austrittspunkt durchgeführt wird. Der Betrag dieses Druckverlusts ist von den technischen Randbedingungen und dem eingesetzten RSVM abhängig, daher soll eine Druckverlustmessung (z. B. in der Anfahrsituation) bei jedem Projekt erneut stattfinden. Das Durchführen dieser Prüfung sollte ein fester Bestandteil jeder Prozedur zur Inbetriebnahme einer TBM sein.

Es sei darauf hingewiesen, dass die übliche Kontrolle von Verpressdrücken und -mengen nur bei geringem Überschnitt bzw. bei einem planmäßigen Ausbruch zuverlässig ist. Im Falle eines erheblichen Mehrausbruchs, der z. B. im Firstbereich geologisch bedingt stattfinden kann, sind möglicherweise Umläufigkeiten des RSVM zur Abbaukammer vorhanden, die nur begrenzt durch die Drucküberwachung detektierbar sein können. Ein Warnzeichen für einen solchen Fall wären z. B. Mehrverbräuche von RSVM. In einem solchen Fall erlaubt die Druck- und Volumenüberwachung möglicherweise keine zuverlässige Aussage über den Füllungsgrad des Ringspalts, so dass zusätzliche Kontrollen mittels Bohrungen erforderlich werden.

Ein weiteres offensichtliches Warnzeichen für eine unvollständige Füllung, die eine Kontrolle durch Bohrungen erforderlich machen kann, wäre ein Minderverbrauch von RSVM.

6.2.2 Kontrolle mittels Bohrungen

Zur Kontrolle der vollständigen Füllung des Ringspalts sowie der Verfestigung des RSVM können direkte Aufschlüsse über Bohrungen durch den Tübbingausbau – auch durch spezielles Tübbingzubehör, z. B. in Form von Verpressstutzen – erfolgen. Zur nachträglichen Herstellung der Bohrungen werden verschiedene Verfahren wie Kernbohrungen mit zusätzlicher Entnahme von Bohrkernen und Schlagbohrungen eingesetzt. Eine optische Beurteilung des Verpresserfolgs kann anhand der entnommenen Bohrkerne, aber auch durch Endoskopie mit kleineren Bohrlochdurchmessern, erfolgen.

Nichtsdestotrotz muss damit gerechnet werden, dass eine Entnahme von Proben des RSVM im jungen Alter – und möglicherweise bei noch nicht weit fortgeschrittener Reaktion des Bindemittels – aufgrund der fehlenden Festigkeit nicht erfolgen kann.

Zusätzlich stellt ein anstehender Wasserdruck bei der Durchdringung des Tübbingausbaus und des eingebrachten RSVM eine weitere Herausforderung dar, einerseits bei der Herstellung und der Erkundung des Verpresserfolgs, aber auch im Zusammenhang mit einem dauerhaften, dichten Verschluss der Bohrung (Abschnitt 8).

6.2.3 Kontrolle bei der Öffnung des Tübbingausbaus

Im Bereich von Verbindungsbauwerken oder in Bereichen, in denen der Tübbingausbau rückgebaut wird, ergeben sich zusätzliche Möglichkeiten zur direkten Beurteilung des eingebrachten RSVM. Der wesentliche Vorteil liegt darin, dass hierdurch keine Beschädigung des permanenten Tübbingausbaus durch Kontrollbohrungen in Kauf genommen werden muss, sondern ausreichend Probenmaterial für mechanische Versuche zur Verfügung steht. Aufgrund des relativ großen Abstands von Verbindungsbauwerken – bei Eisenbahntunneln üblicherweise 500 m nach [1] – ist jedoch diese Möglichkeit nur in relativ großen örtlichen Abständen gegeben.

6.2.4 Verformungsbasierte Kontrolle

Indirekt kann der Erfolgsgrad der Ringspaltverfüllung über eine optische/augenscheinliche Kontrolle oder über ein geotechnisches Monitoring bzw. Verformungsmessung des Tübbingausbaus abgeleitet werden. Hierbei stellen einerseits das Aufschwimmen aufgrund nicht ausreichender Scherfestigkeit (Abschnitt 3.2) und andererseits das Ovalisieren wegen unzureichender Bettung (Abschnitt 3.3) die wesentlichen Verformungsmechanismen der Tübbingröhre dar, die in Zusammenhang mit der Ringspaltverfüllung zu sehen sind. Durch beide Mechanismen können Versätze zwischen den einzelnen Ringen auftreten (Abschnitt 3.5).

6.2.5 Kontrolle auf Basis zerstörungsfreier Prüfmethoden

Der Vollständigkeit halber, jedoch im Bereich der deutschen Eisenbahntunnel bisher nicht etabliert, soll die Kontrolle des Verpresserfolgs mit zerstörungsfreien Prüfmethoden genannt werden. Bei internationalen Forschungsprojekten wurden verschiedene innovative Verfahren auf Basis zerstörungsfreier Prüfmethoden in Form von geophysikalischen Methoden zur Kontrolle des Verpresserfolgs herangezogen. Beispielsweise wurde von [34] ein geoseismisches Verfahren – Untersuchungen auf Basis der Wellenausbreitung – zur Beurteilung des Verpresserfolgs gewählt. [35] und weiterführend [36] führten Untersuchungen mithilfe eines Georadars durch. Auf Basis der aktuellen Entwicklungen zu diesen geophysikalischen Verfahren kann eine Auswertung der Ringspaltverfüllung nur mit starken Vereinfachungen ausgeführt werden. Einige Faktoren – von der Feuchtigkeit der Materialien bis zur Bewehrung und Einbauteile der Tübbinge – können je nach gewähltem Verfahren die Messungen und somit die Aussagekraft der Untersuchungen stark beeinflussen.

6.2.6 Fazit

Die vorhandenen Kontrollmöglichkeiten der Ringspaltverfüllung lassen sich auf wenige Punkte eingrenzen. Unter den Methoden, die keinen Einfluss auf die Dauerhaftigkeit des Bauwerks aufweisen, sind die Kontrolle mittels Maschinendaten sowie die Beurteilung im Bereich der Öffnungen des Tübbingausbaus zu nennen. Erkenntnisse über die gesamte Länge des Tunnels hinsichtlich der Ringspaltverfüllung können mittels Durchführung zusätzlicher Bohrungen durch den Tübbingausbau erzielt werden. Hierbei ist der zusätzliche Erkenntnisgewinn und das Erfordernis der Überprüfung einer möglicherweise unvollständigen Ringspaltverfüllung gegenüber den Anforderungen an ein dauerhaftes Bauwerk abzuwägen. Jede Bohrung stellt eine mögliche Schadstelle dar, durch die im Betrieb Beeinträchtigungen resultieren können.

Bei der verformungsbasierten Kontrolle werden eigentlich Zustände des Ausbaus beobachtet, die nur eine mangelhafte Ringspaltverfüllung wiederspiegeln und – bei Überschreitung der vorgeschriebenen

Toleranzen – unter keinen Umständen mit den Anforderungen an ein dauerhaftes Bauwerk kompatibel sind. Umso wichtiger erscheint in diesem Zusammenhang, dass die Robustheit des Materials gegeben ist und somit die Funktionsweise des RSVM unter allen im Projekt vorhersehbaren Randbedingungen sichergestellt werden kann.

7 Technische und materialtechnologische Aspekte zur Ringspaltverfüllung bei ausgewählten TBM-Projekten

Im vorliegenden Abschnitt wird eine Auswahl von nationalen und internationalen Projekten mit TBM-Vortrieben und einschaligem Tübbingausbau – analoge Randbedingungen zu den Eisenbahntunneln in Deutschland – mit dem Fokus auf die Ringspaltverfüllung beschrieben. Ziel ist, ein Vergleich der eingesetzten RSVM sowie von daraus resultierenden technologischen Besonderheiten für die jeweiligen Projektgegebenheiten zu ermöglichen.

Grundsätzlich werden die ausgewählten Projekte hinsichtlich eingesetzter TBM, dem gewählten Ausbruchdurchmesser sowie geologischen Randbedingungen auf Basis der den Autoren zur Verfügung stehenden Unterlagen gegenübergestellt. Liegen spezielle Randbedingungen oder Herausforderungen beim jeweiligen Projekt vor, wird darauf ausführlicher eingegangen.

Zuerst wird in Abschnitt 7.1 auf umgesetzte bzw. aktuell in Umsetzung befindliche Projekte im DACH-Raum näher eingegangen, um die Vergleichbarkeit von maschinell hergestellten Eisenbahntunneln unter den drei Ländern bewerten zu können. In der Fallstudie (Abschnitt 7.2) wird eine Auswahl an bereits im Rohbau fertiggestellten Projekten auf nationaler und internationaler Ebene mit vergleichbaren Randbedingungen – zu deutschen Eisenbahntunneln – präsentiert. Die Auswahl beinhaltet zusätzlich Projekte aus anderen Infrastrukturbereichen, diese stellt aber nur eine kleine Stichprobe der ausgeführten Tunnelprojekte der letzten Jahre dar. Des Weiteren wird ausführlicher über die Erfahrungen der ersten Anwendung von 2K-RSVM bei einem TBM-Tunnel in Deutschland (Boßlertunnel – Projekt Stuttgart-Ulm) berichtet.

Abschließend erfolgt eine generelle Auswertung der aufgeführten Projekte bezüglich der Ringspaltverfüllung (Abschnitt 7.3) sowie eine Darstellung dieser Projekte in Bezug auf den Gesamtkontext der Entwicklung der Ringspaltverfüllung über die Jahre (Abschnitt 7.4).

Auf die mittels TBM aufgefahrenen Straßentunnel in Deutschland, z. B. 4. Röhre Elbtunnel, Wesertunnel, Herrentunnel, wird aufgrund der Informationslage, unterschiedlicher Randbedingungen sowie der teilweise länger zurückliegenden Projektzeiträume nicht näher eingegangen.

7.1 Vergleichbarkeit hinsichtlich Ringspaltverfüllung bei Eisenbahntunneln im DACH-Raum

Bei deutschen Eisenbahntunneln mit maschinellem Vortrieb wird – bis auf wenige Sonderfälle – ein einschaliger, druckwasserhaltender Tübbingausbau nach [1] als Standard angesehen. So wurden in den vergangenen drei Jahrzehnten u. a. die in der Tabelle 4 aufgelisteten Projekte auf Basis dieses Ausbaukonzepts im Rohbau fertiggestellt.

Tabelle 4. Aufstellung der Projekte der Eisenbahntunnel in Deutschland mit TBM-Vortrieben (Rohbau fertiggestellt)

Projekt	Ausführungszeitraum	TBM-Typ	RSVM
Fernbahntunnel Berlin (Nord-Süd-Tunnel)	Ende 1990er bis Anfang 2000er	Flüssigkeitsschild	1K-RSVM
Katzenbergtunnel	Mitte 2000er	Erddruckschild	1K-RSVM
Flughafen S-Bahn Hamburg	Mitte 2000er	Flüssigkeitsschild	1K-RSVM
City-Tunnel Leipzig	Mitte/Ende 2000er	Flüssigkeitsschild	1K-RSVM
Neuer Schlüchterner Tunnel	Ende 2000er	Erddruckschild	1K-RSVM
Finnetunnel	Ende 2000er	Flüssigkeitsschild	1K-RSVM

I. Ringspaltverfüllung bei einschaligen Tunneln mit Schwerpunkt dt. Eisenbahntunnel

Projekt	Ausführungs-zeitraum	TBM-Typ	RSVM
Neuer Kaiser-Willhelm Tunnel	Anfang 2010er	Erddruckschild	1K-RSVM
Fildertunnel	Anfang/Mitte 2010er	Erddruckschild	1K-RSVM (Spezialsystem)
Boßlertunnel	Mitte 2010er	Erddruckschild	2K-RSVM
Albvorlandtunnel	Mitte/Ende 2010er	Erddruckschild	1K-RSVM, 2K-MS

Für Eisenbahnprojekte mit maschinellem Vortrieb in Österreich kommen dagegen ein- oder zweischalige Konstruktionen zum Einsatz. Die Auswahl wird anhand von projektspezifischen Einzelfallbetrachtungen hinsichtlich des Ausbau- und Wasserhaltungskonzepts getroffen. Aufgrund der großen Überlagerung und der resultierenden hohen Wasserdrücke werden die Tunnel oft drainiert ausgebildet [37]. Somit entsteht projektspezifisch eine Vielzahl an konstruktiven Anforderungen, die einen wesentlichen Einfluss auf die Anforderungen der Ringspaltverfüllung zur Folge haben. Beispielsweise wurden beim Wienerwaldtunnel, der Tunnelkette Perschling sowie dem Semmering-Basistunnel zweischalige Konstruktionen – Tübbingausbau und Ortbetoninnenschale –, bei der Brenner Zulaufstrecke (H3/4 und H8) ein Tübbingausbau mit zusätzlichem Brandschutzgewölbe in Form einer Vorsatzschale und beim Koralmtunnel bereichsweise ein einschaliger und zweischaliger Ausbau eingesetzt [37]. Zur Ringspaltverfüllung wurden vorwiegend sowohl 1K-RSVM und Perlkies verwendet, der nach Erfordernis im Nachgang mit einer Zementsuspension verpresst wurde. In Sonderfällen wurden aktivierte RSVM eingesetzt.

In der Schweiz ist generell ein zweischaliger Ausbau bei TBM-Vortrieben vorgesehen [37, 38]. Bei den Jahrhundertprojekten in der Schweiz – Gotthard-Basistunnel, Lötschberg-Basistunnel sowie Ceneri-Basistunnel – kamen in der Regel aufgrund der vorliegenden Geologie – vorwiegend Festgestein – offene TBM mit verschiedenen

Sicherungsmethoden zum Einsatz. Infolge des Maschinentyps – ohne Tübbingausbau – wurde keine Ringspaltverfüllung durchgeführt [39, 40]. Bei den geologischen und hydrologischen Rahmenbedingungen dieser Projekte war zudem keine druckwasserhaltende Bauweise möglich. Eine Ausnahme hiervon stellt z. B. der einschalig hergestellte Grauholz Tunnel dar [40].

Wie sich in der vorherigen Gegenüberstellung zeigt, unterscheiden sich die Projekte in den einzelnen Ländern aufgrund der unterschiedlichen Randbedingungen – beispielhaft Geologie, Überlagerung in Verbindung mit den daraus abgeleiteten Anforderungen an den Ausbau sowie den Umgang mit dem anstehenden Bergwasser – stark. Darüber hinaus spielen in den jeweiligen Ländern gewisse historisch gewachsene Planungs- und Ausführungsphilosophien eine entscheidende Rolle [4, 37]. Somit ist aus Sicht der Autoren dieser Veröffentlichung ein Vergleich mit den maschinell hergestellten Eisenbahntunneln in Deutschland hinsichtlich der Ringspaltverfüllung nicht zielführend. Demzufolge werden die genannten Projekte in Österreich und der Schweiz nachfolgend nicht weiter betrachtet.

7.2 Fallstudie

Im Rahmen der vorliegenden Fallstudie werden Kenndaten und Merkmale von einzelnen Projekten der DB AG sowie auch vergleichbare internationale Projekte aufgeführt, die im Zusammenhang mit der Entwicklung der Ringspaltverfüllung stehen und als repräsentativ erachtet werden. Hierbei stehen die Geologie, die gewählte Tunnelbohrmaschine sowie das RSVM im Fokus. Zusätzlich werden öffentlich bekannte Vorkommnisse im Zusammenhang mit der Ringspaltverfüllung erläutert mit dem Ziel, die Fachwelt für bestimmte relevante planungs- und ausführungstechnische Aspekte zu sensibilisieren. Die Gliederung der Fallstudie beruht analog auf der in Abschnitt 2.1 dargelegten Systematik der RSVM.

7.2.1 1K-RSVM

City-Tunnel Leipzig (D)

Mitte bis Ende der 2000er-Jahre wurden die zwei je 2,8 km langen Röhren des City-Tunnel Leipzigs als Teil der Umgestaltung des Eisenbahnknotens Leipzig aufgefahren. Die Röhren verbinden den Bayrischen Bahnhof im Süden mit dem Hauptbahnhof im Norden. Aufgrund der Geschwindigkeit und Nutzung der Röhren für den Personennahverkehr wurden vergleichsweise kleine Ausbruchdurchmesser mit 9 m gewählt. Der zu durchfahrende Baugrund im Leipziger Stadtgebiet besteht aus quartären und tertiären Lockersedimenten – vorwiegend Geschiebemergel, Muschelschluff, Elsterschotter, Sande und silifizierte Tertiärquarzite. Im Rahmen von Pumpversuchen lagen die Durchlässigkeitsbeiwerte k_f zwischen $2,1 \cdot 10^{-4}$ m/s (GWL 1.8) und $3,6 \cdot 10^{-5}$ m/s (GWL 5.0) [41]. Für den Vortrieb kam ein Flüssigkeitsschild zum Einsatz [39] und für die Ringspaltverfüllung wurde ein 1K-RSVM angewendet.

Neuer Kaiser-Wilhelm Tunnel (D)

Zur sicherheitstechnischen Ertüchtigung des in den 1870er-Jahren erbauten Alter Kaiser-Wilhelm Tunnels wurde Anfang der 2010er-Jahre parallel dazu der Neue Kaiser-Wilhelm Tunnel mit einer Länge von 4,2 km aufgefahren [42, 43]. Der Tunnel verläuft zwischen Ediger-Eller und Cochem und ist Teil der Moselstrecke Koblenz–Perl. Der gewählte Ausbruchdurchmesser betrug 10,1 m. Der Hauptteil des Tunnels verläuft in Festgestein, nur im Bereich der (Ober-) Stadt Cochem liegen „Mixed face"-Bedingungen bzw. Lockergesteinsschichten mit unterschiedlichen Mächtigkeiten aus quartärem Hanglehm und -schutt vor. Diese Lockergesteinsschichten sind höchst setzungsempfindlich und nehmen bei Wasserzutritt Fließeigenschaften an. Für den Vortrieb wurde ein Erddruckschild für den offenen und den geschlossenen Modus gewählt.

In den meisten Bereichen wurden hohe Wasserdrücke erwartet. Aufgrund des hydraulisch relativ dichten Festgesteins – vorwiegend Kluft- und Schichtwasser – wurden jedoch nur geringe Zuflussmengen beobachtet. Zur Beherrschung des Wasserdrucks kam ein Druckbegrenzungssystem zum Einsatz. Um die Zahl der erforderlichen Bohrungen durch die Tübbingschale zu reduzieren, war die Verwendung eines drainierenden, speziell für dieses Projekt entwickelten RSVM – als flächenhafte Drainage – geplant [8]. Aufgrund von Herausforderungen bei der Verarbeitung wurde dieses Material jedoch nicht eingesetzt, sodass die ursprünglich geplante Konzeption des Druckbegrenzungssystems umgesetzt wurde.

Als Ringspaltverfüllmaterial wurden zwei unterschiedliche 1K-RSVM, ein zementfreies als Stillstandsmischung sowie ein zementöses RSVM eingesetzt.

Albvorlandtunnel (D)

Für den Albvorlandtunnel (NBS Wendlingen–Ulm) wurden zwei je 8,2 km lange Röhren zwischen Wendlingen am Neckar und Kirchheim unter Teck Mitte bis Ende der 2010er-Jahre aufgefahren. Aufgrund eines betrieblich erforderlichen Sonderbauwerks wurden die ersten 300 m der Nordröhre – vom Westportal aus – konventionell hergestellt. Der Ausbruchdurchmesser des maschinellen Vortriebs betrug rund 10,9 m [39, 44].

Der Vortrieb verlief über die gesamte Tunnellänge durch das Schwarzjura, das nahezu söhlig gelagert ist. Auch bei der Überdeckung handelt es sich um Schichten des Schwarzjuras, die meist bis zur Geländeoberfläche reichen. Die Schichten des Schwarzjuras bestehen aus bankigen Festgesteinen. Die Gesteinsfestigkeiten variieren je nach Art sehr stark. Sedimentgesteine, die meist aus gering festem bis festem Ton- und Tonmergelstein bestehen, sowie feste bis sehr feste Sand- und Kalksteine wurden angetroffen. Der Durchlässigkeitsbeiwert k_f beträgt $2 \cdot 10^{-5}$ m/s. Für den Vortrieb kamen zwei Erddruckschilde und 1K-RSVM zum Einsatz.

Aufgrund des Risikos von geologisch bedingtem Überprofil sowie wegen der sehr hohe Vortriebsgeschwindigkeiten war in vereinzelten Bereichen zur Sicherstellung einer erfolgreichen Ringspaltverfüllung ein 2K-MS – 1K-RSVM mit Zusatzmittel zur Beschleunigung der Verfestigung – projektiert. Aufgrund des nur untergeordneten Einsatzes des 2K-MS bei diesem Projekt wird dieser nicht näher behandelt.

Erkenntnisse zu den Vortrieben und damit in Zusammenhang stehenden Herausforderungen können aus [45] entnommen werden.

Zusammenfassung 1K-RSVM

Auf Basis der den Autoren zur Verfügung stehenden Unterlagen haben die verwendeten 1K-Systeme die gestellten Anforderungen in der Regel erfüllt.

Kleinere Schäden am Tübbingausbau wurden jedoch dokumentiert, die vermutlich auf die Ringspaltverfüllung zurückzuführen sind. Hierzu zählen beispielsweise Versätze in den Tübbingfugen, Abplatzungen und Risse, die höchstwahrscheinlich durch ein Aufschwimmen der Tübbingröhre im RSVM hervorgerufen wurden. Auch traten Schwierigkeiten bei der Entwässerung des 1K-RSVM in zu undurchlässigem Baugrund auf. Durch Vibrationen der TBM wurden negative Einflüsse auf den Ansteifprozess festgestellt.

7.2.2 2K-RSVM

Botlekspoortunnel (NL)

Die beiden 1,8 km Röhren des Botlekspoortunnels wurden als erster Eisenbahntunnel in den Niederlanden Ende der 1990er Jahre bis Anfang der 2000er-Jahre maschinell aufgefahren. Diese unterqueren im Gebiet von Rotterdam im Bereich von mehreren Brücken und Tunneln die Oude Maas. Der Ausbruchdurchmesser betrug 9,7 m. Der Tunnel verläuft in Sand mit Torf- und Lehmschichten; der Durchlässigkeitsbeiwert k_f beträgt $5 \cdot 10^{-5}$ bis $5 \cdot 10^{-6}$ m/s. Aufgrund der vorliegenden Geologie wurde ein Erddruckschild zum Einsatz gebracht.

Die Besonderheit bei der Wahl des RSVM bei diesem Projekt war, dass erstmalig in Europa ein 2K-RSVM für eine der Röhren zur Anwendung kam. Hierbei war die Absicht des Bauherrn, Erfahrungen mit innovativen Methoden zur Setzungsreduzierung vor dem Hintergrund zukünftiger Tunnelbauvorhaben in sensiblen innerstädtischen Bereichen zu gewinnen.

In der Nordröhre wurde 2K-RSVM, in der Südröhre konventioneller, zementhaltiger 1K-RSVM eingesetzt; die beiden Systeme konnten deshalb gut verglichen werden. Grundsätzlich haben sich laut [46] beide Systeme bei dem Projekt gut bewährt. Als Vorteile des 2K-RSVM wurden im Wesentlichen baubetriebliche Vorteile – Transport, Druckkontrolle, Verpressung durch nur zwei Firstlisenen ausreichend – genannt. Nachteilig waren die gemessenen, größeren Verpressmengen, die höheren Kosten, Schwankungen in den Mischungsverhältnissen der Komponenten A und B sowie Unsicherheiten bzw. noch fehlende Erfahrungen bzgl. des Langzeitverhaltens des 2K-RSVM [46].

Euclid Creek Tunnel (USA)

Der 5,5 km lange Euclid Creek Tunnel wurde Anfang der 2010er-Jahre als Abwasserkanal bzw. -speicher in Cleveland, USA aufgefahren. Der Tunnel verläuft vorwiegend in Schiefer und wurde aus diesem Grund mit einer Einfachschild-TBM aufgefahren. Der Ausbruchdurchmesser betrug 8,2 m.

Für das RSVM ist die Entscheidung auf ein 2K-RSVM gefallen. Als Komponente B wurde Aluminiumsulfat mit einem pH-Wert von 3 gewählt.

Der Vortrieb verlief anfänglich problemlos; jedoch zeigten sich dann zunehmende Tübbingschäden und nach einer weiteren detaillierten Untersuchung Fehlstellen im Ringspaltmaterial. Als Ursache für die Schäden wurde erhöhter Materialverschleiß an Kunststoffteilen der Verpresspumpen infolge des niedrigen pH-Werts der Komponente B vermutet [47]. Die Pumpendefekte beeinträchtigten die Pumpbarkeit und das korrekte Mischungsverhältnis des 2K-RSVM.

Crossrail London (GB)

Eines der größten Bahnprojekte Europas im 21. Jahrhundert stellt das Projekt Crossrail im Großraum London, England dar. Im innerstädtischen Bereich von London wurde eine Vielzahl von Tunneln Anfang bis Mitte der 2010er-Jahre mittels TBM-Vortrieben – Erddruck- und Flüssigkeitsschilde mit 7,1 m Ausbruchdurchmesser – aufgefahren. Die Gesamtlänge der maschinellen Vortriebe betrug über 42 km [39]. Der Baugrund ist maßgebend durch den London Clay (Ton) mit seiner geringen Durchlässigkeit – $k_f < 1 \cdot 10^{-7}$ m/s – geprägt. Bei TBM-Vortrieben mit Erddruckschilden wurde ein 2K-RSVM eingesetzt.

Bei In-situ-Kontrollprüfungen – Penetrometer-Prüfungen durch Kernbohrungen in den Tübbingen – wurde bei etwa 10 % der Tests ein nicht durchgängig verfestigtes RSVM bzw. fließendes Wasser angetroffen. Die Ursache der mangelnden Verfestigung konnte nicht abschließend geklärt werden. Die Auswertung der Vortriebsdaten legte allerdings einen Zusammenhang mit den mittels Wasser durchgeführten Leitungsspülungen am Ende des Vortriebshubs sowie bei unplanmäßigen Vortriebsstillständen nahe. Gemäß [48] bestand die Vermutung, dass aufgrund der Undurchlässigkeit des Baugrunds (London Clay) das Spülwasser im Ringspalt verblieben war und zu lokalen Fehlstellen bei der Wiederaufnahme der nachfolgenden Ringspaltverpressung führte.

Waterview Tunnel (NZ)

Für den Waterview Tunnel in Auckland, Neuseeland wurden Mitte der 2010er-Jahre zwei 2,4 km lange Tunnelröhren für die Nutzung als Straßentunnel gebaut. Nach oberflächlichen Basaltschichten verlaufen die Röhren in Sand- und Schluffstein – Waitemata Group Rock. Durch die spätere Nutzung war ein sehr großer Ausbruchdurchmesser von 14,4 m erforderlich. Als Maschinentyp wurde ein Erddruckschild gewählt.

Ein 2K-RSVM kam zum Einsatz, wobei die Komponente A aus Zement, Bentonit, Verzögerer und Wasser bestand. Seitens des Bauherrn waren Druckfestigkeitsanforderungen für den Zeitraum 6 und 24 h nach Einbau vorgegeben und in Eignungsprüfungen nachzuweisen. Die Ergebnisse der Eignungsprüfungen konnten nicht reproduziert werden [49]. Dies führte zur Neuentwicklung robusterer Rezepturen mit höherem Zementanteil.

Im Vortrieb selbst wurde über keine weiteren Probleme mit der Ringspaltverpressung berichtet.

Boßlertunnel (D)

Die beiden 8,8 km langen Röhren des Boßlertunnels wurden Anfang bis Mitte der 2010er-Jahre aufgefahren und gehören wie der vorhin genannte Albvorlandtunnel zur NBS Wendlingen–Ulm. Der Boßlertunnel als Teil des Albaufstiegs verbindet Aichelberg mit der 485 m langen Fistalbrücke. Der Hauptteil der beiden Röhren – ausgenommen von Bereichen beim Zwischenangriff Umpfental – wurde maschinell mit einem Außendurchmesser von 11,3 m aufgefahren. Beim Baugrund handelt es sich um weitgehend kurzzeitstandfeste Tonsteine, Sandsteine und Kalksteine. Das Grundwasser ist als Kluftwasser ausgebildet und weist lokal hohe Sulfationenkonzentrationen auf. Der Vortrieb wurde mit einem Erddruckschild ausgeführt und erfolgte in weiten Bereichen im offenen Modus.

Beim Boßlertunnel gelangte erstmalig ein 2K-RSVM in Deutschland zur Anwendung [50]. Beim Vortrieb im offenen Modus war der Verpressdruck auf 0,5 bar begrenzt. In Vortriebsbereichen im geschlossenen Modus war der Verpressdruck in der Firste mindestens auf den Stützdruck der Ortsbruststützung einzustellen.

Im Rahmen von Eignungsprüfungen mit und ohne Sulfatbeanspruchung wurde die zeitabhängige Entwicklung der Festigkeit und Steifigkeit des eingesetzten 2K-RSVM bestimmt, um neben dem generellen Zeitverhalten auch einen evtl. vorhandenen Einfluss der Sulfatbeanspruchung auf das Verfestigungsverhalten des 2K-RSVM zu ermitteln. Die Ermittlung der Druckfestigkeit und des Elastizitätsmoduls der Prüfwürfel und -zylinder erfolgte analog den Vorgaben der DIN EN 12390-3 [28]. Zur Ermittlung der realitätsnahen Verformungsmoduli wurde dagegen ein großformatiger Versuchsstand im 1:1-Maßstab verwendet; der Verformungsmodul E_{s1} wurde als Sekantenmodul im linear-elastischen Verformungsbereich ermittelt und entspricht näherungsweise dem Steifemodul E_s im Ödometerversuch. Die Ergebnisse der Prüfungen sind in Bild 6 dargestellt. Hieraus ist ersichtlich, dass – weitgehend unabhängig von der Sulfatbeanspruchung – die Steifigkeits- und Festigkeitsentwicklung nach einem schnellen Anstieg in den ersten Tagen nach etwa zwei Monaten ihre Endwerte erreicht haben und anschließend über den Untersuchungs-

I. Ringspaltverfüllung bei einschaligen Tunneln mit Schwerpunkt dt. Eisenbahntunnel

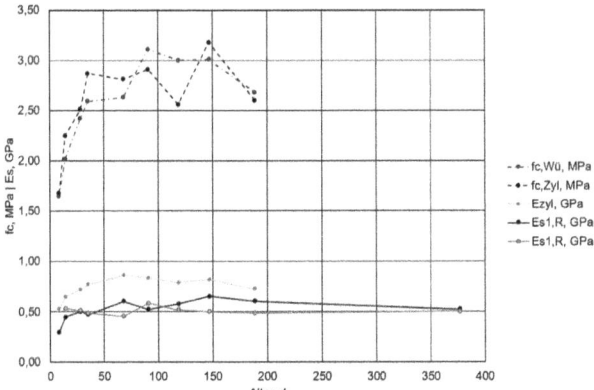

Bild 6. Zeitabhängige Druckfestigkeiten und Steifigkeiten eines 2K-RSVM am Boßlertunnel (DB-Projekt Stuttgart-Ulm). Prüfungen an Würfeln („Wü") und Zylindern („Zyl") nach DIN EN 12390-2, bzw. Ermittlung der Verformungsmoduli E_{s1} an Referenzkörpern („R") der Abmessungen 500 mm × 500 mm × 160 mm; sämtliche Prüfkörper nass gelagert

verlauf kein relevanter Abfall der Steifigkeiten und Festigkeiten stattgefunden hat [51].

Für den Einsatz von 2K-RSVM lagen weder Regelwerke noch Langzeiterfahrungen vor, um die Dauerhaftigkeit des RSVM unter den gegebenen Randbedingungen beurteilen zu können. Theoretische Überlegungen haben gezeigt, dass aufgrund des hohen Sulfatgehalts und des typischen (hohen) Porengehalts in RSVM, trotz des Einsatzes von HS-Zement eine Ettringit- und anschließend Thaumasitbildung – sowie ggf. zusätzlich eine Karbonatisierung, bspw. über das im Bergwasser gelöste CO_2 – nicht sicher ausgeschlossen werden können. Diese chemischen Prozesse können aufgrund des fehlenden Korn-zu-Korn Kontakts bzw. Stützgerüsts (keine Sandzuschläge) zu einem unzulässigen Steifigkeitsabfall des RSVM führen. Aus diesem Grund wurden von WBI und dem Materialprüfungsamt für das Bauwesen

(MPA BAU) der Technischen Universität München projektspezifische, vortriebsbegleitende Langzeitversuche durchgeführt und gutachterlich bewertet. Als Ergebnis konnte in [51] nachgewiesen werden, dass bei einem vollständig verfüllten Ringspalt und der vorliegenden Geologie der Sulfationennachschub so gering ist, dass schädliche Umwandlungsprozesse nicht zu befürchten waren.

Die vollständige Ringspaltverfüllung war durch In-situ-Tests an durchgebohrten Erektorkonen nachzuweisen. Hierbei zeigten sich im Firstbereich über große Längen durchlaufende unverfüllte Bereiche, die entsprechend nachzuverfüllen waren. Angemerkt wird, dass die Datenauswertung der Vortriebsparameter (Drücke und Verfüllmengen) keine Auffälligkeiten bei der Ringspaltverpressung ergeben hatte. Dieser Punkt wird in Abschnitt 8.2.3 nochmalig aufgegriffen und diskutiert.

Bekannt ist, dass das 2K-RSVM sich bei nicht ausreichender Feuchtigkeit, z. B. in Innenräumen, innerhalb weniger Stunden zu einem geringfesten Material umwandelt, das durch bloße Berührung zu einem Pulver zerfällt. Unsicherheit bestand, ob die vorhandene Bergfeuchte ausreichend sei, um derartige Austrocknungsprozesse zu vermeiden. Als Nachweis wurde das beim Anschlag der Verbindungsbauwerke freigelegte, z. T. mehrere Jahre alte RSVM einer visuellen Begutachtung unterzogen. Hierbei wurden in den insgesamt 17 Querschlägen (mit jeweils unterschiedlichen geologischen und hydrologischen Verhältnissen) keinerlei Hinweise auf schädliche Umwandlungsprozesse oder Fehlstellen festgestellt. Die grundsätzlich vorhandene Gebirgsfeuchte kann demnach als ausreichend angesehen werden, um Austrocknungsprozesse im eingebauten Zustand zu vermeiden.

Im Vortrieb wurden mit dem 2K-RSVM insgesamt sehr gute Erfahrungen gemacht. Insbesondere zeigten sich keine Auftriebserscheinungen, geringe Ringverformungen und eine gute Ringbauqualität mit wenigen vortriebs- und ringbaubedingten Tübbingschäden.

7.2.3 2K-MS

Fildertunnel (D)

Die beiden Röhren des 9,5 km langen Fildertunnels als Teil des Projekts Stuttgart 21 verlaufen vom neuen Hauptbahnhof im Stuttgarter Talkessel auf die Filderebene. Etwa zur Hälfte verläuft der Tunnel in anhydritführendem Gipskeuper. Der Vortrieb wurde in großen Bereichen – ausgenommen Übergangsbereiche zum quellfähigen Gebirge und Verzweigungsbauwerke – mit einer Multimode-TBM auf EPB-Basis mit einem Ausbruchdurchmesser von 10,8 m aufgefahren.

Aufgrund der Gefahr des Quellens im Bereich der anhydritführenden Schichten bei Wasserzutritt musste für diese Bereiche ein spezielles RSVM mit phosphathaltigem Additiv entwickelt werden. Dieses soll durch Ausnutzung unterschiedlicher Löslichkeitsprodukte eine Schutzschicht aus Calciumphosphat bewirken und somit die Hydratisierung des Anhydrits verhindern. Da Phosphatverbindungen üblicherweise in der Betontechnologie verzögernd wirken und das eingebrachte Phosphat vom Zement gebunden würde, war der Einsatz von Zement als Bindemittel nicht möglich. Daher wurde für dieses RSVM ein alkalisch aktiviertes Bindemittel – Hüttensand und Flugasche – und das phosphathaltige Additiv eingesetzt. Kombiniert mit dem schnellen Abbinden des RSVM, konnten die Anforderungen zur weitgehenden Verhinderung der Abgabe des im RSVM enthaltenen Wassers in den Baugrund erfüllt werden [52].

Aufgrund der Verwendung von Sand und Splitt als Zuschlag ist dieses RSVM den 2K-MS zuzuordnen. Details zu den Eignungsprüfungen sowie die Erkenntnisse aus der Verwendung des beschriebenen RSVM in den ersten Tunnelabschnitten können aus [52] entnommen werden.

7.2.4 Perlkies

Als alternatives System zur Ringspaltverfüllung wird in manchen Ländern Perlkies eingesetzt. Dagegen liegen bei deutschen Eisenbahntunneln keine Erfahrungen mit diesem Material vor. Da dies später in der Diskussion (Abschnitt 8) erörtert wird, werden hier die

Erfahrungen vom Projekt CLEM7 in Australien zusammengefasst. Dort herrschten vergleichbare Randbedingungen zu deutschen Eisenbahntunneln – einschalig, gedichteter Ausbau – vor.

CLEM7-Tunnel (AUS)

Die beiden 4,2 km langen Röhren des CLEM7-Tunnels stellen eine Verbindung von Schnellstraßen im Zentrum von Brisbane, Australien her und wurden Mitte der 2000er-Jahre aufgefahren. Der Tunnel verläuft in überwiegend standfestem Fels mit stark schwankendem Kluftwasserandrang. Für den Vortrieb wurden zwei Doppelschilde mit einem Ausbruchdurchmesser von 12,4 m verwendet. Der Tunnel wurde überwiegend im offenen Modus (Grippermodus) aufgefahren, lediglich in kurzen – hier nicht weiter behandelten Teilbereichen – erfolgte der Vortrieb im geschlossenen Modus (Einfachschildmodus). Für die Ringspaltverfüllung wurde eine Perlkiesverfüllung mit nachlaufender Verpressung mittels Zementsuspension (sog. secondary grouting) – die Nachverpressung erfolgte erst hinter den Nachläufern mit einem Abstand > 300 m nach dem Tübbingeinbau – gewählt.

Da bei der Ringspaltverfüllung mittels Perlkies bis zur Verpressung mittels Zementsuspension eine mangelnde Bettung der Tübbinge durch lockere Lagerungsdichte des unverdichtet eingebauten Perlkieses sowie ein unverfüllter Firstspalt zu erwarten waren, wurden ein umfangreiches vorlaufendes Untersuchungsprogramm der verfügbaren Perlkiesmaterialien (Größtkorn 7 bis 14 mm) sowie angepasste konstruktive Detaillösungen ausgearbeitet, vgl. [10, 53]. Große Ergebnisunterschiede zeigten sich aufgrund der Kornform und der Sieblinie der verfügbaren Materialien.

Trotz des hohen Aufwands bewährte sich die Ringspaltverfüllung mit nachverpresstem Perlkies nur bedingt. Die gemessenen Ringverformungen zeigten, sowohl in der Richtung als auch in der Größenordnung, vergleichsweise große Streuungen, lagen aber in Teilbereichen mit radialen Konvergenzen (Durchmesseränderungen) bis maximal etwa 50 mm über den rechnerisch prognostizierten Werten. Als Hauptursache für diese Verformungen wurden ungünstige Lastsituationen während der Nachverpressung identifiziert. Während die Rissbildung in den Tübbingen im üblichen Bereich lagen, wurden in Ringen mit größeren Verformungen vermehrt Abplatzungen an den Topf-Nocke-Verbindungen festgestellt. Baubetrieblich ungünstig war zudem der hohe, z. T. druckhafte Wasserandrang an den Verpressstutzen sowie der hohe Verschleiß der Verblasleitungen [10, 53].

7.3 Generelle Analyse des Projekterfolgs in Verbindung mit der Ringspaltverfüllung

Der Blick in den DACH-Raum zeigt, dass eine Vergleichbarkeit der Projekte über die Landesgrenzen hinaus aufgrund der unterschiedlichen Randbedingungen und Anforderungen nur begrenzt möglich und in der Regel nicht zielführend ist.

Allgemein kann bei der Auswertung der für diese Publikation betrachteten Projekte festgehalten werden, dass bei gängigen Rahmenbedingungen von maschinell aufgefahrenen Tunneln in der Regel keine gravierenden Schäden durch eine unzureichende bzw. mangelhafte Ringspaltverfüllung auftreten. Nichtsdestotrotz spielt die Ringspaltverfüllung u. a. eine maßgebende Rolle für den erfolgreichen und pünktlichen Projektabschluss. Selbst die modernste TBM verliert bei Schwierigkeiten im Rahmen der Ringspaltverfüllung die Vortriebsleistung sowie der hochwertigste Tübbingausbau bei ungenügender Bettung seine Funktion und Qualität. Unabhängig von der Bauzeit sind darüber hinaus während des Bauprozesses auftretende Schäden und Mängel besonders kritisch im Zusammenhang mit der Gebrauchstauglichkeit des Bauwerks über die gesamte Lebensdauer – insbesondere bei Eisenbahntunneln – zu sehen.

Aufgrund der Vielzahl der in den letzten Jahren abgewickelten Projekte konnte im Zuge dieser Publikation nur ein Bruchteil davon abgehandelt werden. Um die hier aufgeführten Projekte im Gesamtkontext der Entwicklung der Ringspaltverfüllung zu sehen, wird abschließend ein kurzer Abriss über die letzten Jahrzehnte nachfolgend gegeben.

7.4 Fazit und Zuordnung der Tunnelprojekte bezüglich der historischen Entwicklung der Ringspaltverfüllung

Aus den oberen Abschnitten wird ersichtlich, dass traditionell in Deutschland vor allem seichtliegende innerstädtische Tunnel in moderaten Durchmesserbereich (U-Bahntunnel, Versorgungs- und Spartentunnel) mit TBM-Vortrieben und einschaligem Tübbingausbau hergestellt wurden, während tiefliegende Verkehrstunnel mit großem – häufig zweigleisigen – Querschnitt überwiegend in konventioneller Spritzbetonbauweise aufgefahren wurden. Hierzu zählen die Schnellfahrstrecken Würzburg-Hannover, Köln-Rhein/Main und Ingolstadt-Nürnberg. Dies begründet den schon vorher erwähnten relativ späten Einzug von TBM-Vortrieben für Eisenbahntunnel. Bis zum jetzigen Zeitpunkt wurden TBM-Vortriebe eingesetzt bei

- Innerstädtischen Projekten – Fernbahntunnel Berlin, Flughafen S-Bahn Hamburg, City-Tunnel Leipzig,
- Bei Fernbahntunneln auf NBS und ABS durch die Umstellung des Rettungskonzepts auf ein Zwei-Röhren-Konzept und somit für TBM-Vortriebe günstigere Querschnitte – Katzenbergtunnel, Finnetunnel, Fildertunnel, Boßlertunnel, Albvorlandtunnel,
- Eingleisigen Ersatzneubauten – Neuer Schlüchtener Tunnel, Neuer Kaiser-Wilhelm Tunnel.

Beim Großteil dieser Projekte wurden 1K-RSVM eingesetzt. Erst beim Bau der NBS Wendlingen-Ulm bzw. bei Stuttgart 21 in den 2010er-Jahren wurden erstmalig 2K-RSVM und 2K-MS verwendet.

Die Ursachen für diese Entwicklung ist mannigfaltig, kann – neben über die Zeit etablierte Planungsphilosophien –jedoch auch auf die Geologie zurückgeführt werden. Die Geologie der deutschen Großstädte ist überwiegend durch (meist rollige) Lockerböden mit hohem Grundwasserstand charakterisiert. Für derartige Verhältnisse haben sich 1K-RSVM gut bewährt, und die systemspezifischen Nachteile – insbesondere mangelnde Konsolidierung bei undurchlässigem Baugrund, Auftriebserscheinungen und ungenügende Spaltverfüllung bei zu niedrigen Verpressdrücken – waren bisher nicht relevant bzw. ließen sich technisch durch geeignete Rezepturen gut beherrschen.

I. Ringspaltverfüllung bei einschaligen Tunneln mit Schwerpunkt dt. Eisenbahntunnel

Erst durch die neuen Randbedingungen der seit Anfang der 2010er-Jahre ausgeführten Projekte wurden Neuentwicklungen in Deutschland erforderlich. Diese orientierten sich generell an internationalen Erfahrungen. Beispielsweise wurden ab Mitte der 1970er-Jahren 2K-RSVM als Alternative zu 1K-RSVM entwickelt (sog. TAC-System in Japan; ab 1976) und anfänglich in Japan und Fernost, etwa ab der Jahrtausendwende dann auch zunehmend weltweit eingesetzt. Dies liegt häufig an abweichenden und für 1K-RSVM ungünstigeren Randbedingungen:

- Maschineller Vortrieb im undurchlässigen Baugrund (Tonböden, Fels): Eine Entwässerungsmöglichkeit von Überschusswasser in den Baugrund ist nicht oder nur bedingt (hohe Verpressdrücke) möglich. Die RSVM müssen so ausgelegt werden, dass schon unmittelbar nach Einbringung – d. h. vor Eintritt der Zementhydratation – ausreichende Steifigkeiten erzielt werden können, beispielsweise durch geeignete Kornzusammensetzungen (Sieblinien). In vielen Fällen stehen allerdings geeignete Zuschlagsstoffe am lokalen Markt nicht zur Verfügung.

- Große Tunneldurchmesser: Das Ringeigengewicht ist nicht ausreichend, um die Auftriebskräfte eines anfänglich noch „flüssigen" RSVM aufnehmen zu können. Die RSVM müssen so ausgelegt sein, dass schon zu einem frühen Zeitpunkt, bei dem keine ausreichende Überdrückung durch die Vortriebspressen gewährleistet ist – etwa dritter bis vierter Ring –, eine ausreichende Scherfestigkeit zur Vermeidung von Auftriebserscheinungen erzielt wird.

- Kurzzeitig standfester Baugrund, ohne Grundwasser (Fels): Die Vortriebe werden bevorzugt im offenen Modus, d. h. ohne Ortsbruststützung, durchgeführt. Dies führt zur Problematik, dass infolge der Verpressdrücke das RSVM durch den Steuerspalt der TBM in den Ortsbrustbereich gepresst werden kann, sodass ein gezielter ausreichender Druckaufbau nicht möglich ist. Hierdurch kann es zu unvollständigen Ringspaltverfüllungen – vor allem in der Firste –, bei Vortriebsstillständen auch zu einem „Einbetonieren" der Maschine und natürlich Materialverlusten kommen. Dies führt im Weiteren zu erheblichem Reinigungsaufwand und Mehrkosten.

Wie die vorherigen Projektbeschreibungen zeigen, sind diese Randbedingungen generell auch bei einigen aktuellen Projekten im Bereich der deutschen Eisenbahntunnel (Stuttgart 21, NBS Wendlingen-Ulm) angetroffen worden. Der Boßlertunnel wurde bspw. weitgehend in undurchlässigem Baugrund im offenen Modus aufgefahren, wodurch sich der Einsatz von 2K-RSVM bewährte. Beim Albvorlandtunnel war der Einsatz von 2K-MS – aktiviertem 1K-RSVM – in Bereichen mit geologisch bedingtem Mehrausbruch sowie bei sehr hohen Vortriebsleistungen projektiert. Einen Sonderfall stellt in diesem Sinne der Fildertunnel dar; dort musste aufgrund der geologischen Randbedingungen – quellfähiges Gebirge – ein 2K-RSVM eingesetzt werden, um den Eintrag von Wasser weitgehend zu verhindern.

Zusammenfassend lässt sich feststellen, dass aufgrund der unterschiedlichen Randbedingungen bei den einzelnen Projekten – von verwendeten Materialien bis hin zum ausführenden Personal – allgemeine Beurteilungen des Projekterfolgs im Zusammenhang mit der Ringspaltverfüllung generell nur bedingt getroffen werden können. Die Projekterfahrungen zeigen hierbei eine Mehrzahl von Aspekten, Herausforderungen und offenen Punkten in der Handhabung zu dieser Thematik, die einen breiten Rahmen für Weiterentwicklungen, Verbesserungen und Innovationen zulassen. Diese werden in der vorliegenden Publikation im nachfolgenden Abschnitt 8 diskutiert.

8 Diskussion bezüglich aktueller Herausforderungen

Generell hat sich bei der Ausarbeitung dieser Publikation gezeigt, dass in der Praxis ein einheitliches, projektübergreifendes Vorgehen im Bereich der Ringspaltverfüllung und des RSVM nicht immer gegeben oder möglich ist. In den folgenden Abschnitten sollen relevante Aspekte mit dem Ziel dargelegt werden, eine Diskussion zu aktuell offenen Punkten und Herausforderungen in der Projektabwicklung anzustoßen sowie eventuellen Forschungsbedarf und Verbesserungsbereiche aufzuzeigen.

Im ersten Teil (Abschnitt 8.1) wird auf überwachungsrelevante Aspekte sowie die Übertragbarkeit von Materialeigenschaften aus dem Labor auf die realen Randbedingungen eingegangen. Herausforderungen in der baupraktischen Umsetzung der Ringspaltverfüllung inkl. begleitender Prozesse werden in Abschnitt 8.2 diskutiert. Ergänzend hierzu wird im Abschnitt 8.3 die unterschiedliche Herangehensweise bei den einzelnen RSVM hinsichtlich der Umweltverträglichkeit beleuchtet. Den Abschluss dieses Abschnittes bildet der Abschnitt 8.4, in dem ein Exkurs über die Verfüllung mit Perlkies präsentiert wird sowie aktuelle Entwicklungen und Themen für die Weiterentwicklung der Ringspaltverfüllung beispielhaft aufgegriffen werden.

8.1 Überwachungsrelevante Aspekte

8.1.1 Übertragbarkeit bestehender Normen auf die Ringspaltverfüllung

Wie sich beim Teil der Kontrolle der Ringspaltverfüllung (Abschnitt 6.2) gezeigt hat, ist der Verpresserfolg stark von den Eigenschaften des RSVM abhängig. Zur Ermittlung und Bestätigung der Materialeigenschaften kommen eine Vielzahl von relativ aufwändigen Versuchen in allen Phasen in Frage. Viele dieser Prüfverfahren sind jedoch entweder nicht in Regelwerken, z. B. DIN-Normen, enthalten oder sind für andere Stoffe, z. B. Beton, Boden, ausgelegt. Durch die materialspezifischen Besonderheiten von RSVM ist eine direkte Anwendung daher nicht immer zielführend, sodass Anpassungen vorgenommen werden sollten. Speziell bei den Themen Dauerhaftigkeit und Expositionsklassen für Beton ist eine Umlegung auf RSVM nicht ohne weitere Überlegungen auf die Langzeitstabilität des RSVM sinnvoll.

8.1.2 Ermittlung von relevanten Parametern des RSVM

In diesem Zusammenhang stellt sich die grundlegende Frage, welche Parameter bei der Prüfung des RSVM ermittelt werden sollen und welche relevanten Informationen zum Materialverhalten diese mit sich bringen.

Prominentes Beispiel bei der Frage nach den erforderlichen Parametern stellt z. B. die einaxiale Druckfestigkeit des RSVM dar. Dieser

Wert hat in den meisten statischen Berechnungen keinen signifikanten Einfluss, zumal im Ringspalt ein triaxialer Spannungszustand herrscht. Somit könnte die Frage aufkommen, welchen Mehrwert die Untersuchung oder die eventuelle Forderung der einaxialen Druckfestigkeit bringt. In vielen Fällen kann diese als Indexparameter verstanden werden (Abschnitt 6). Wird eine ausreichende einaxiale Druckfestigkeit nach definierter Zeiteinheit erreicht, kann in der Regel davon ausgegangen werden, dass die weiteren mechanischen Parameter, z. B. Steifigkeit, auch erreicht werden, ohne dass die Durchführung zusätzlicher komplexerer Versuche notwendig ist.

Aus Sicht der Autoren ist daher eine projektübergreifende Vorgabe zur Entwicklung der einaxialen Druckfestigkeit des RSVM als maßgebender Parameter nicht zwingend erforderlich. Vielmehr kann durch eine starre Vorgabe einer frühzeitig zu erzielenden einaxialen Druckfestigkeit die Möglichkeit von nicht notwendigen bauverfahrenstechnischen Einschränkungen bei der Verarbeitung des RSVM entstehen. Durch die Entwicklung einer Scherfestigkeit über die Zeit kann jedoch, z. B. unter Annahme eines Materialverhaltens nach Mohr-Coulomb, eine Druckfestigkeitsentwicklung angenommen werden. Die Verwendung dieses Parameters als Index für die Kontrolle des RSVM bzw. dessen Verfestigungsverlaufs kann auf Basis des projektspezifischen RSVM daher zielführend sein.

8.1.3 Vergleichbarkeit von Projektdaten

Des Weiteren hat es sich bei der Projektauswertung gezeigt, dass einheitliche Grundlagen für die Prüfung des RSVM – angefangen vom Umfang der Prüfung, dem Zeitpunkt der Versuchsdurchführung, dem Prüfaufbau, der Lagerung bis hin zu Versuchsberichten – nicht gegeben sind. Ein Großteil der Festlegungen hierzu wurden daher projektspezifisch getroffen. Um einen aussagekräftigen Vergleich von RSVM aus verschiedenen Projekten zu ermöglichen, müssen in der Regel Abstriche in der Aussage der Parameter getroffen werden. Meist ist auch noch eine Reproduzierbarkeit gewisser Rahmenbedingungen nach Projektende nicht mehr gegeben.

8.1.4 Korrelation von Ergebnissen unterschiedlicher Prüfverfahren

Zur Beurteilung einer spezifischen Eigenschaft des RSVM stehen generell mehrere Prüfverfahren zur Auswahl. In der Praxis zeigt sich aber oft, dass die Korrelation der Prüfergebnisse für den (theoretisch) selben Parameter nicht immer gegeben ist.

Bei den Prüfverfahren zur Charakterisierung des jungen RSVM ist zusätzlich aufgrund der langen Versuchsdauer über mehrere Stunden ein wesentlicher Zeiteinfluss des Verfestigungsverhaltens auf das Ergebnis zu erwarten. Bei 2K-RSVM ist beispielsweise bei der Durchführung von Ödometerversuchen – mehrere Laststufen über viele Stunden – mit Auswirkungen auf die ermittelte Steifigkeit zu rechnen, da das Material einen raschen Festigkeits-/Steifigkeitszuwachs zeigt. Aufgrund der Versuchsdauer bis zum Erreichen der Laststufe ist die Ermittlung von Steifigkeiten bei höheren Laststufen für das junge Alter daher generell nicht möglich. Darüber hinaus müssen Laststufen projektspezifisch festgelegt werden.

8.1.5 Realistische Abbildung der Einsatzrandbedingungen mittels Versuchstechnik

Wie üblich in der Baustofftechnologie stellt sich für das RSVM zusätzlich die Frage, inwieweit die vorhandene Versuchstechnik die realen Randbedingungen eines maschinellen Tunnelvortriebs abbilden kann. Der Prozess der Verpressung erfolgt kontinuierlich: Durch das Verpressen können sowohl Entmischungsvorgänge als auch eine Filterkuchenbildung auftreten. Um diesem Sachverhalt im Labor Rechnung zu tragen, ist in den letzten Jahren eine stete Weiterentwicklung von Prüfverfahren erkennbar. So wurden bspw. zur Verbesserung der Filterpresse nach DIN 4127 – der Nachteil dieses Verfahrens liegt im mittigen Loch zur Entwässerung und daher Aufbau einer Entwässerungsgradiente – von [25] ein Drucktopf bzw. von anderen Akteuren – in der Regel Prüflaboren und Baufirmen – spezielle Prüfeinrichtungen entwickelt, um ein realistischeres Entwässerungsverhalten der Materialproben gegenüber der konventionellen Filterpresse abzubilden.

Des Weiteren können die Erkenntnisse anhand des Orts der Probenahme deutlich variieren, da der Transportprozess signifikante Einflüsse auf das Material, z. B. Pumpvorgänge bei 2K-RSVM, aufweist. Auch die Transportwege, z. B. von der TBM in ein Baustellenlabor, weisen in der Regel Einflüsse – meist durch Erschütterungen – auf die Proben auf. Nicht zuletzt spielt sinngemäß die Zeitdauer zwischen der Probenahme bis zur Versuchsdurchführung eine signifikante Rolle.

8.2 Kritische ausführungstechnische Aspekte in Zusammenhang mit dem Verfüllgrad des Ringspalts für ein dauerhaftes Bauwerk

8.2.1 Wechselwirkung zwischen Verfüllung, Lagestabilität und Bettung

Wie in Abschnitt 3 dargestellt, beschränken sich die Grundsätze und Funktion der Ringspaltverfüllung vorwiegend auf eine vollständige Verfüllung des Ringspalts sowie eine rasche Lagesicherung und ausreichende Bettung der Tübbingröhre.

Die Sicherstellung der Lagestabilität und das Erfordernis einer ausreichenden Bettung lassen sich schlüssig über mechanische bzw. physikalische Modelle im Hinblick auf die Standsicherheit und Gebrauchstauglichkeit des Tunnels erklären. Da aus statischer Sicht jedoch unter gewissen Rahmenbedingungen eine Teilbettung der Tunnelröhre ausreichend sein könnte, führt dies zur Diskussion, inwieweit eine vollständige Füllung des Ringspalts erforderlich ist und wie diese bei gewissen ungünstigen Rahmenbedingungen erreicht werden kann.

Aus dem Grund werden nachfolgend ausführungstechnische Aspekte in Zusammenhang mit der (vollständigen) Ringspaltverfüllung genannt, die sich erfahrungsgemäß (Abschnitt 7) kritisch auf den Bauablauf, die Bettung sowie auf die Langzeitstabilität auswirken können und oft ungenügend beachtet werden.

8.2.2 Besonders herausfordernde Rahmenbedingungen zur Erreichung einer vollständigen Ringspaltverfüllung

Zwar soll ein Abschluss des Ringspalts und somit dessen Verfüllung in Vortriebsrichtung mittels Federblechen bzw. der Schildschwanzdichtung gewährleistet werden (vgl. Bild 4), jedoch können generell folgende Situationen das Verpressen maßgebend beeinflussen:

– Ein nach außen nicht vollständig abgeschlossener Ringspalt,
– Ein zu niedriger oder sogar fehlender Gegendruck.

Das erste Szenario kann sich beispielsweise durch ein geologisch bedingtes Überprofil (Bild 7) im Festgestein und somit nicht anliegende

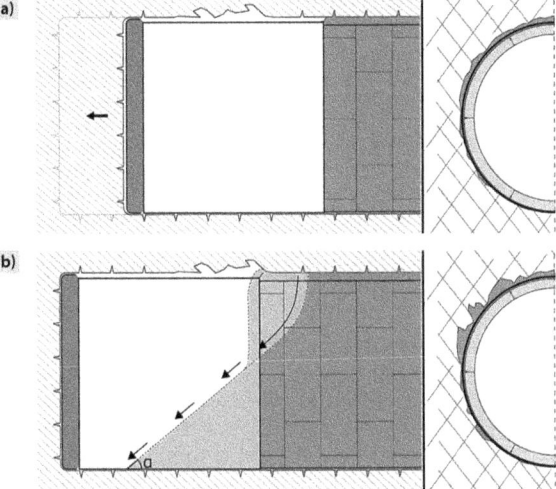

Bild 7. a) TBM inkl. Tübbingausbau bei der Verpressung mit sauber abgeschlossenen Ringspalt; b) Herausforderungen beim Verpressen mit geologisch bedingtem Überprofil, in Vortriebsrichtung Abfließen/Abrutschen des RSVM in den Bereich des Spalts zwischen Schild und Baugrund, je nach rheologischen/mechanischen Eigenschaften des RSVM ($\alpha \approx$ Reibungswinkel)

Federbleche oder sogar durch fehlende, abgerissene oder verschlissene Federbleche einstellen. Hierbei ist anzumerken, dass die Sicherstellung der Funktionstüchtigkeit der Federbleche über die gesamte Projektdauer oft in Diskussion steht.

Die zweite Situation kann sich in der Regel bei Vortrieben mit niedrigem erforderlichem Ortsbruststützdruck oder ohne Ortsbruststützdruck, z. B. im offenen Modus, ergeben. Hierbei kann vorkommen, dass der Gegendruck für die Verpressung nicht ausreicht, sodass erhebliche Mehrmengen von RSVM Richtung Ortsbrust gelangen können. Die TBM kann in diesem Zuge „einbetoniert" werden und dies kann nachfolgend zu massiven Schwierigkeiten im Vortrieb führen.

Besonderheiten bei 1K-RSVM

Der Verfestigungsprozess der 1K-RSVM wird durch die Entwässerung und Konsolidierung unter Überdruck gesteuert. Die o. g. Punkte sind daher bei 1K-RSVM relevanter als bei 2K-RSVM, da die Verfestigungsprozesse aufgrund der Aktivierung hier schneller eintreten.

Ein nicht abgeschlossener Ringspalt erschwert den Druckaufbau, der jedoch zur Konsolidierung des Materials durch die meist niedrige Durchlässigkeit im Festgestein erforderlich wird. Aus diesem Grund und in Verbindung mit dem tendenziell geringeren erforderlichen Verpressdruck sowie der nach Aktivierung höheren Viskosität kamen bei einigen Projekten in dichteren Gebirgsbereichen 2K-MS (aktivierte 1K-RSVM) sowie 2K-RSVM zum Einsatz.

Besonderheiten bei 2K-RSVM

Bei Festgestein bzw. undurchlässigem Baugrund ist bei Einsatz eines 2K-RSVM in der Regel ein höherer Verfüllungsgrad des Ringspalts zu erwarten. Allerdings können sich auch hierbei Herausforderungen ergeben. Bei nicht sauber abgeschlossenem Ringspalt bzw. fehlendem Gegendruck kann sich auch hier vorlaufend am Schild ein Keil aus 2K-RSVM aufbauen. Zudem erscheint eine vollständige Verfüllung des Ringspalts im Bereich des Schildschwanzes unter diesen geologischen Rahmenbedingungen trotz Anordnung von Lisenen im Firstbereich vorerst nur bedingt möglich (vgl. Bild 7). Der genaue Winkel, unter dem sich dieser Materialkeil einstellt, ist generell nicht bekannt, grundlegend kann davon ausgegangen werden, dass sich dieser im Bereich des Reibungswinkels bewegen wird. Somit kann grob abgeschätzt werden, bis in welchem Bereich hinter dem Schild eine vollständige Füllung des Ringspalts sichergestellt werden kann.

8.2.3 Kontrolle des Erfolgs der Ringspaltverfüllung: Zuverlässigkeit der aktuellen Methoden und Verbesserungspotenzial

Soll/Ist-Abgleich des Verpressdrucks und -volumens

Über eine sachkundige Kontrolle der Ringspaltverfüllung während der Ausführung kann der Verpresserfolg – und somit auch die Bewältigung der oben genannten Szenarien – weitestgehend sichergestellt werden. Maßgebender Bestandteil der Kontrolle ist der Soll/Ist-Abgleich des Verpressdrucks sowie des verpressten Volumens. Wesentliche Voraussetzung für eine richtige Ermittlung ist, dass die Sensorik korrekte Werte liefert und insbesondere, dass die theoretisch zugrunde gelegten Überlegungen zutreffen.

Bei richtiger Wahl des Montageorts von Drucksensoren sowie ausreichender Überprüfung und Kalibrierung erfolgt die Kontrolle des Verpressdrucks mit einer relativ geringen Komplexität. Die Berücksichtigung und Kompensation von Staudrücken aufgrund der Strömung des RSVM in Leitungen und Lisenen ist dabei essenziel.

Komplexer gestaltet sich die Bestimmung des Verpressvolumens in Abhängigkeit der geologischen Randbedingungen. Aufgrund von u. a. Mehrausbrüchen, dem evtl. Vorlaufen des RSVM bei einem nicht vollständig abgeschlossenen Ringspalt sowie ggf. zusätzlicher Porenraumverfüllung des angrenzenden Baugrunds ist oft eine realistische Ermittlung des Verpressvolumens nicht möglich. Erfahrungsgemäß können beispielsweise bei Lockerbödenvortrieben die tatsächlich eingebrachten RSVM-Mengen etwa 10 bis 40 % über dem theoretischen Volumen des Ringspalts liegen [9, 20].

Die Methoden zur maschinentechnischen Erfassung des verpressten Volumens unterscheiden sich je nach Material und verbundener

Technologie (Abschnitt 4). Bei Kolbenpumpen wird oft die Anzahl der Hübe mit dem im Vorhinein ermittelten Füllvolumen der Kolben zur Ermittlung der Verpressmenge herangezogen. Bei Schneckenpumpen wird dagegen die Drehzahl und im Vorhinein ermittelte Durchflussvolumen verwendet. Wichtige Aspekte und Arbeitsschritte in Zusammenhang mit der Verwendung der Pumpen als „Sensoren" zur Ermittlung des Verpressvolumens sind mannigfaltig und werden nachfolgend auszugsweise dargelegt:

- Schwankungen bei der Korrelation Hub-Füllvolumen bzw. Drehzahl-Durchfluss sind hierbei einzubeziehen.
- Zusätzlich ist zu beachten, dass die Fließeigenschaften vom RSVM und dessen Alter abhängen. Somit kann sich bei Kolbenpumpen der Füllungsgrad ändern.
- Sollten mehrere RSVM, z. B. zementfreie 1K-RSVM als Stillstandsmischung, bei einem Projekt eingesetzt werden, kann die Kalibrierung der Sensoren inkl. Durchfluss für jedes einzelne RSVM sinnvoll sein.
- Funktionsbedingte Randbedingungen der Pumpen, z. B. bei Schneckenpumpen der Gegendruck, bei der Ermittlung des Durchflusses sind zu berücksichtigen.
- Verschleißerscheinungen der Pumpen während des Vortriebs und Einflüsse auf den Füllungsgrad bzw. Durchfluss müssen in ausreichenden Abständen überprüft werden.
- Bei Reinigungsarbeiten oder Instandhaltungsarbeiten müssen auch nicht eingebrachte Mengen an RSVM im Soll/Ist-Abgleich ausreichend Berücksichtigung finden.

Hierdurch wird ersichtlich, dass die Ermittlung des verpressten Volumens auf vielen theoretischen Überlegungen fußt, die in der Realität nicht immer unbedingt zutreffen. Zusätzlich erfolgt die Beurteilung des Verpresserfolgs mittels Maschinendaten erst spät nachlaufend zum Vortriebsbereich. Dadurch können etwaige Fehlstellen lange Zeit unentdeckt bleiben (siehe Erfahrungen am Boßlertunnel, Abschnitt 7.2.2). Aus den genannten Gründen sind oft andere Verfahren, die eine direkte Beurteilung des Verpresserfolgs ermöglichen (z. B. Bohrungen), nicht vermeidbar.

Kontrolle über Bohrungen und großräumige Öffnungen des Tübbingausbaus

Wie in Abschnitt 6 erläutert, ergeben sich in diesem Zusammenhang Schwierigkeiten, um einen dauerhaften Verschluss von etwaigen Bohrungen bis in das Gebirge zu gewährleisten. Deshalb sollen Bohrungen auf ein möglichst kleines Maß reduziert werden. Ungeachtet dessen stellt die Herstellung der Bohrungen weitere Beeinträchtigungen im Hinblick auf die Dauerhaftigkeit dar, wenn diese im Tübbingdesign bzw. speziell beim Bewehrungslayout nicht berücksichtigt werden.

In diesem Zusammenhang ermöglichen großräumige Öffnungen des Tübbingausbaus, z. B. im Bereich von Verbindungsbauwerken, direkte Aufschlüsse zur Beurteilung des Verpresserfolgs (i.a. nur im Ulmenbereich) und die Gewinnung einer großen Probenmenge für etwaige Laborversuche. Hierbei ist jedoch zu beachten, dass einerseits Beschädigungen des RSVM beim Rückbau der Tübbinge eintreten können, z. B. Austrocknung bei 2K-RSVM, sowie zeitlich und räumlich große Abstände zwischen dem Vortrieb und der Herstellung von solchen Öffnungen bestehen. Auch können Zusatzmaßnahmen für die Herstellung der Verbindungsbauwerke, z. B. Vereisung, die Materialeigenschaften beeinflussen. Und schließlich ergeben sich entsprechende zusätzliche Erkenntnisse über das Langzeitverhalten des 2K-RSVM erst zu einem späten Projektzeitpunkt – nach Fertigstellung der Tunnelröhre.

Fazit zur Kontrolle der Ringspaltverfüllung

Wie sich zeigt, liegen nur beschränkte Möglichkeiten zur Kontrolle der Ringspaltverfüllung vor, sodass die Anwendung einzelner Methoden alleinig nicht die ausreichende Sicherheit bietet. Daher ist eine Kombination von unterschiedlichen Verfahren in Verbindung mit einer minimalen Zahl an Bohrungen erforderlich, um die Sicherstellung einer erfolgreichen Ringspaltverfüllung zu bestätigen.

8.2.4 Langfristige Auswirkungen eines nicht vollständig verfüllten Ringspalts

Auflockerung des Baugrunds, Wasserwegigkeiten und Bettungsausfall

Durch eine unzureichende Füllung des Ringspalts können im Festgestein Hohlräume verbleiben. Dagegen wird sich der Baugrund in nicht standfestem Lockergestein tendenziell auf den Tübbingausbau legen. In beiden Fällen kann auf lange Sicht die Auflockerung des darüberliegenden Baugrunds – und somit eventuelle Auswirkungen auf die Bettung des Bauwerks – nicht ausgeschlossen werden.

Des Weiteren können sich durch einen Spalt im First bzw. aufgelockertem Baugrund zusätzlich Wasserwegigkeiten (z. B. Öffnung von Klüften) ergeben, die zu Verwitterungserscheinungen des Baugrunds, aber auch des RSVM beitragen können. Nimmt dies sukzessive zu, kann im weiteren Verlauf hierdurch ein Bettungsausfall auftreten, was bei einem Tübbingausbau – als Gelenkkette – gravierendere Auswirkungen haben kann.

Sinngemäß kann ein unvollständig verfüllter Ringspalt gewisse Wasserwegigkeiten in Tunnellängsrichtung und somit die Speisung mit „frischem" Wasser begünstigen. Der Zutritt von „frischem" Wasser verstärkt in diesem Sinne etwaige Verwitterungs- und Lösungsvorgänge erneut, was im weiteren Verlauf negative Auswirkungen auf die Bettung der Tübbingröhre mit sich bringen kann.

Zweckmäßigkeit nachträglicher Nachverpressungen

Sollte eine vollständige Ringspaltverpressung – insbesondere im Firstbereich – auf Anhieb nicht erreicht werden, wird eine Nachverpressung über Verpresseinrichtungen in den Tübbingen erforderlich. Diese Lösung hat jedoch für Eisenbahntunnel aus Sicht der Autoren auch Nachteile und soll nur in Ausnahmefällen einer unzureichenden Bettung herangezogen werden.

Analog zu den Kontrollöffnungen muss hierbei ein dauerhaft dichter Verschluss der Verpressöffnungen für einen unterbrechungsfreien Eisenbahnbetrieb sichergestellt sein. In diesem Zusammenhang ist zu berücksichtigen, dass für solche Einbauteile – meist aus Kunststoff – nur begrenzte Lebensdauern durch die Hersteller garantiert werden. Zwar kann durch den Austausch von Dichtungen u.dgl. die Funktionstüchtigkeit wiederhergestellt werden, der Eingriff in den Eisenbahnbetrieb – Gleissperren, Abschaltung der Oberleitung – ist aber hierbei maßgebend und zwingend zu vermeiden, vgl. [54].

Des Weiteren kann die Verträglichkeit der eingesetzten RSVM eine kritische Rolle spielen. Daher sollte vorab ausführlich die Wechselwirkung dieser Materialien mit dem RSVM, dem Tübbingausbau und dem Tübbingzubehör – Dichtung, Einbauteile wie Verpressstutzen – untersucht werden.

8.3   Langzeitstabilität und Umweltverträglichkeit des RSVM

Im Hinblick auf die Langzeitstabilität (Abschnitt 5.2.3) werden in der Regel projektspezifische Anforderungen – vorwiegend beim Einsatz von 2K-RSVM – definiert. Vermutlich ist der Grund hierfür, dass bei 1K-RSVM auch bei Einwirkungen auf die hydraulische Bindung durch den Korn-zu-Korn Kontakt der enthaltenen Gesteinskörnung zu rechnen ist, wohingegen 2K-RSVM (mit im Regelfall sehr großem Hohlraumgehalt im Bereich von 70 bis 80 %) keine Rückfallebene zu der chemischen Bindungsreaktion aufweisen. Allerdings liegen bisher nach Kenntnisstand der Autoren dieser Veröffentlichung keine negativen Erkenntnisse beim Einsatz von 2K-RSVM in Bezug auf die Langzeitstabilität vor. Nichtsdestotrotz gehören diesbezügliche spezifische Langzeituntersuchungen zur üblichen und fachgerechten Baupraxis.

Durch die Interaktion des Baugrunds inkl. Bergwasser mit dem RSVM steht die Langzeitstabilität in enger Wechselwirkung mit der Umweltverträglichkeit (Abschnitt 5.2.3). Meist werden Untersuchungen zu beiden Aspekten kombiniert. Zur Bestimmung der Umweltverträglichkeit lässt sich im Rahmen der Projektauswertung jedoch keine einheitliche Herangehensweise ableiten. Tendenziell werden für 1K-RSVM wenige bis gar keine Anforderungen in diesem Zusammenhang gestellt. Gut bekannte sowie bauaufsichtlich geregelte Ausgangsstoffe sprechen als Gründe hierfür. Durch die chemische Natur des 2K-RSVM erfolgten dagegen aufwändige Versuche zur Untersuchung bestimmter Szenarien und komplexer chemischer Prozesse, deren versuchstechnische Abbildung sich mit der vorhandenen Versuchstechnik nicht trivial zeigte.

8.4 Alternativsysteme und -ansätze zur Ringspaltverfüllung

8.4.1 Perlkies

Aus Sicht der Autoren ist eine Anwendbarkeit von Perlkies (Abschnitt 2 und 7) unter den Randbedingungen der deutschen Eisenbahntunnel aus nachfolgend dargestellten Gründen zu hinterfragen.

Durch das Verblasen des Materials über Tübbingöffnungen kann die Ringspaltverfüllung erst weit nach dem Verlassen des Schildmantels erfolgen; vgl. [6]. Zudem stellt sich im Ringspalt der natürliche Böschungswinkel des unverdichteten, rolligen Kiesmaterials ein; der First bleibt dabei systembedingt weitgehend unverfüllt. Eine vollständige Kiesverfüllung ist, wenn überhaupt, somit nur sehr spät gegeben. Zusätzlich kann sich der Perlkies durch die mangelnde Verdichtung beim Einblasen nachsetzen bzw. nachverdichten, sodass ungünstige Bettungszustände eintreten können; vgl. [4]. Eine Nachinjektion ist zwingend erforderlich, sie stellt sich allerdings baubetrieblich, statisch und wirtschaftlich ungünstig dar.

Eine verzögerte Bettung, das erhöhte Risiko von Abplatzungen und Rissen stellen eine nicht vertretbare Herausforderung für ein dauerhaftes Bauwerk mit endgültigem, einschaligem Tübbingausbau ohne jegliche Abhilfe durch eine nachfolgende Innenschale dar.

Innovative Ansätze zum Verblasen von Sand-/Kiesmischungen horizontal in den Ringraum, z. B. durch in den Schildschwanz integrierte Lisenen oder Rohrleitungen, wurden bisher aus baupraktischen Gründen (z. B. hoher Leitungsverschleiß, Platzbedarf) nicht weiterverfolgt.

8.4.2 Notwendige Entwicklungen

Auf Basis der vorherigen Abschnitte wird ersichtlich, dass in einigen Bereichen ein Optimierungspotenzial vorherrscht bzw. innovative

Entwicklungen wünschenswert sind. Einige Vorschläge und Ansätze werden nachfolgend beispielhaft genannt.

Realitätsnahe Versuchstechnik

Vorgaben zu Anforderungen, Nachweisen und Prüfverfahren hängen stark mit dem zum Einsatz kommenden RSVM zusammen. Hier zeigt sich, dass aufgrund der Komplexität bei der Funktionsweise bei 2K-RSVM maßgebliche Unterschiede der Forderungen gegenüber 1K-RSVM bestehen. Einen wesentlichen Beitrag zur Sicherstellung der Anforderungen kann aus Sicht der Autoren durch eine umfangreiche Eignungsprüfung geliefert werden, wobei die Anwendung realitätsnaher Verpresseinrichtungen bereits in frühen Stadien der Eignungsprüfung stattfinden soll. Hierbei wäre bspw. zum Nachweis der Verarbeitbarkeit die Entwicklung einer von der TBM entkoppelten Lisene für die Versuchsdurchführung im Labor denkbar (vgl. [55]). Die „Versuchslisene" sollte analog mit Pumpen und Leitungen wie die vorgesehene Verpresseinrichtung auf der TBM ausgestattet werden.

Weiterentwicklung zerstörungsfreier Prüfmethoden

Die Kontrolle des Verpresserfolgs mit zerstörungsfreien Prüfmethoden hat bis zum heutigen Tag noch keinen maßgebenden Durchbruch erfahren, kann jedoch für die Sicherstellung eines dauerhaften Bauwerks durch den möglichen Entfall/Verringerung von Durchbohrungen des Tübbingausbaus einen maßgebenden Teil beitragen. Hierfür ist jedoch eine starke Weiterentwicklung der aktuell vorhandenen Methoden notwendig.

Weiterentwicklung in der Maschinentechnik

Im Bereich der Maschinentechnik ist die Schaffung von zusätzlichen Möglichkeiten zur Kontrolle des Verpresserfolgs sowie die Verbesserung der Probenahme aus dem Ringspalt ohne Durchbohrungen des Tübbingausbaus zu untersuchen. Des Weiteren sollten Methoden zur (systematischen) Nachverpressung in Bereichen mit erhöhtem Risiko einer nicht vollständigen Füllung des Ringspalts konzeptioniert und getestet werden. Als Anstoß könnte z. B. eine im Ringspalt nachlaufende Einrichtungen/Lisene betrachtet werden.

9 Zusammenfassung und Fazit

Bei maschinell aufgefahrenen Tunneln mit Tübbingausbau spielt die Ringspaltverfüllung eine essenzielle Rolle zur Sicherstellung einer ausreichenden und früh stattfindenden Bettung der Tübbingröhre. Damit werden Risiken hinsichtlich evtl. Versätze und Beschädigungen aufgrund ungünstiger Lastkombinationen weitgehend verhindert. Somit ist ein essenzieller Beitrag für ein dauerhaftes und instandhaltungsarmes Bauwerk zu erwarten. Aus diesem Grund werden mannigfaltige und oft stark variierende Anforderungen an die Ringspaltverfüllung gestellt. Aufgrund des rasanten Fortschritts bei der Weiterentwicklung der dahinterstehenden Technologie in Kombination mit dem weiten Spektrum an Projektrandbedingungen treten in diesem Zusammenhang vermehrt Herausforderungen in der Projektabwicklung auf. Hinzu kommt, dass allgemein gültige Regelungen oder Leitlinien rar sind. Um eine Grundlagenermittlung zu ermöglichen, wurde in dieser Veröffentlichung eine Analyse des aktuellen Erfahrungsstands zu dieser Thematik mit dem Schwerpunkt auf einschalige, gedichtete deutsche Eisenbahntunnel präsentiert.

Nach einer ausführlichen literaturbasierten Aufstellung von Grundsätzen sowie Zielen und Funktionen der Ringspaltverfüllung wurden verschiedene bisher eingesetzte RSVM (1K- und 2K-RSMV sowie 2K-MS) aufgezeigt. Daraus ableitend wurden Anforderungen für die jeweiligen Materialien hinsichtlich des Zeitpunkts der Ringspaltverpressung definiert und mögliche Methoden zur materialtechnologischen Prüfung und Kontrolle dargestellt.

Bei der Gesamtanalyse wurden Erfahrungen aus DB- und internationalen Projekten der letzten Jahre mit ähnlichen Rahmenbedingungen betrachtet. Damit konnten Vor-/Nachteile sowie Einsatzbereiche in Verbindung mit relevanten technologischen und ausführungstechnischen Merkmalen diskutiert werden. Eine ähnliche Mannigfaltigkeit ist bei den zum Einsatz kommenden RSVM zu sehen. In der Auswertung der Projekte hat sich gezeigt, dass eine Vergleichbarkeit zwischen einzelnen Projekten oft nicht trivial ist. Grundsätzlich zeigte sich hierbei, dass 1K-RSVM – solange die geologischen Rahmenbedingungen eine Entwässerung des Überschusswassers sicherstellen –

eine vergleichsweise höhere Robustheit gegenüber 2K-RSVM aufweisen. Dagegen stellt sich der Einsatz von 2K-RSVM und 2K-MS bei bestimmten (immer anspruchsvolleren) Rahmenbedingungen sinnvoll dar. Darunter zählen bspw. Vortriebe in undurchlässigen Baugründen (Tonböden oder Fels) oder kurzzeitig standfesten Baugründen, die keinen ausreichenden Druckaufbau ermöglichen sowie große Tunneldurchmesser in Verbindung mit erhöhten Auftriebskräften. Generell hat sich gezeigt, dass unter den vorherrschenden Randbedingungen mit der gewählten Ringspaltverfüllung im Bereich der DB Netz AG keine gravierenden Schäden durch eine unzureichende bzw. mangelhafte Ausführung aufgetreten sind.

Besonders herausfordernd stellt sich die gesamte Überwachung der Ringspaltverfüllung dar. Diese beinhaltet sowohl die Prüfung des RSVM als auch die Kontrolle des Erfolgsgrads der Ringspaltverfüllung während der Bauausführung. Zur Ersten ist festzuhalten, dass selbst wenn hinsichtlich der Versuchstechnik eine Vielzahl von Verfahren zur Verfügung steht, oft eine Korrelation zwischen diesen nicht gegeben ist. Zudem ist eine Reproduzierbarkeit einiger Versuche nach Projektende in der Regel nicht mehr möglich, sodass der Wissens- und Erfahrungstransfer zwischen Projekten nur begrenzt erfolgen kann. Bei der Kontrolle der Ringspaltverfüllung wurde ersichtlich, dass meist eine Kompromisslösung zwischen den üblich angewendeten Maßnahmen (z. B. Maschinendaten, vortriebsbegleitendes Monitoring) und der Durchdringung des Tübbingausbaus zur direkten Kontrolle und ggf. Probenahme gefunden werden muss. Dabei ist die Sicherstellung einerseits der Dauerhaftigkeit und andererseits eines möglichst geringen Instandhaltungsaufwands über die gesamte Lebensdauer bereits in frühen Projektstadien zu beachten. Um die Robustheit des gesamten Prozesses zu erhöhen, gleichzeitig aber die Anzahl von Durchdringungen des Tübbingausbaus zu verringern, zeigt sich eine umfangreiche Eignungsprüfung des RSVM als zweckmäßige Lösung. Darüber hinaus ist eine Abstimmung des RSVM auf die eingesetzte TBM, Tübbingausbau, Bauprozess und geologischen Rahmenbedingungen nicht außer Acht zu lassen.

Basierend auf den gesamten Erkenntnissen wurde als letzter Punkt eine Diskussion zu aktuellen Herausforderungen präsentiert. Hier wurden verschiedene kritische Aspekte u. a. hinsichtlich der Übertragbarkeit von Materialeigenschaften aus den Laborergebnissen auf die realen Rahmenbedingungen, Schwierigkeiten zur baupraktischen Umsetzung der Ringspaltverfüllung sowie der Zuverlässigkeit der aktuellen Kontrollmöglichkeiten thematisiert. Des Weiteren wurden nicht einheitliche Herangehensweisen bzgl. der Langzeitstabilität und Umweltverträglichkeit für die jeweiligen RSVM festgestellt, die generell auf die unterschiedlichen Funktionsweisen der Materialien zurückzuführen sind. Zusätzlich spielt hierbei ein unterschiedlicher „Wissens- und Erprobungsstand" hinsichtlich 2K-RSVM noch eine wichtige Rolle für diese unterschiedliche Herangehensweise.

Abschließend wurde ein Ausblick bzgl. potenziellem Forschungsbedarfs dargestellt. Hierunter zählen die Weiterentwicklung realitätsnaher Versuchstechnik, notwendige Fortschritte in den zerstörungsfreien Prüfmethoden sowie eine Weiterentwicklung in der Maschinentechnik. Der kurzfristige Fokus soll dabei primär auf die Kontrolle des Verpresserfolgs, die Probenahme aus dem Ringspalt ohne Durchbohrungen des Tübbingausbaus sowie auf neue Methoden zur (systematischen) Nachverpressung in Bereichen mit erhöhtem Risiko einer nicht vollständigen Füllung des Ringspalts gelegt werden.

Zusammengefasst erfordert eine erfolgreiche Ringspaltverfüllung aufgrund der Einzigartigkeit jedes Projekts und der komplexen Wechselwirkungen ein großes Maß an ingenieurmäßigem Denken sowie – ab Projektbeginn (möglichst bereits in der Entwurfsphase) – eine durchgehende Abstimmung zwischen allen Projektbeteiligten. Als Hilfestellung zum Projekterfolg lassen sich Leitlinien in einem gewissen Maß definieren, die einen durchaus einheitlichen Standard in der Ausführungsqualität sowie einen effizienten projektübergreifenden Know-how-Transfer fördern können. Dies, in Kombination mit den erwähnten Weiterentwicklungen zu dieser Thematik, kann zu einer Erhöhung der Lebensdauer und insbesondere zu einer Verringerung des Instandhaltungsaufwands der Tunnelbauwerke führen. Im Hinblick auf die betrieblichen Rahmenbedingungen von Eisenbahntunneln mit sehr geringen verfügbaren Zeitfenstern für jegliche Instandhaltungsarbeiten ist daher die Erhöhung der Aufmerksamkeit auf die Ringspaltverfüllung geboten.

Danksagung

Diese Veröffentlichung ist das wissenschaftliche Ergebnis einer Forschungskooperation der DB Netz AG – Tunnel- und Erdbau Technik, I.NAI 431, der Ruhr-Universität Bochum – Lehrstuhl für Tunnelbau, Leitungsbau und Baubetrieb sowie Lehrstuhl für Baustofftechnik, dem Ingenieurbüro Büchting + Streit sowie der Technischen Universität München – Lehrstuhl für Massivbau. Im Rahmen dieser Kooperation ist sowohl eine Masterarbeit [56] als auch ein Entwurf einer neuen Richtlinie für die DB-Ril 853 [1] zum Thema der Ringspaltverfüllung entstanden.

Für die Erstellung der neuen DB-Richtlinie wurden Abstimmungen mit Experten aus verschiedenen Bereichen der Bauwirtschaft durchgeführt. Für den sehr wertvollen und vielfältigen Input, der auch im Rahmen dieser Publikation verarbeitet wurde, möchten sich die Autoren dieser Veröffentlichung bei Herrn L. Babendererde (BabEng GmbH), Herrn Dr.-Ing. I. Kaundinya (Bundesanstalt für Straßenwesen), Herrn M. Geiger, Herrn Dr.-Ing. H. Neher, Herrn I. Helbig (Ed. Züblin AG), Herrn Prof. Dr.-Ing. D. Mähner (Fachhochschule Münster), Herrn J. Blersch (Herrenknecht AG), Herrn A. Schaab (Hochtief Infrastructure GmbH), Herrn Dr.-Ing. D. Handke (IMM – Maidl & Maidl Beratende Ingenieure), Herrn D. Edelhoff (BUNG-PEB Tunnelbau-Ingenieure GmbH), Herrn K. Grimm, Herrn Dr.-Ing. E. Tirpitz, Herrn M. Nicklas (Implenia Construction GmbH), Herrn Prof. Dr.-Ing. D. Kirschke (Prof. Dr.-Ing. Kirschke GmbH & Co. KG), Herrn P. Kuhnhenn (Kuhnhenn – Ingenieurbüro für Baustofftechnologie), Herrn Dr.-Ing. U. Maidl, Herrn S. Hintz (Maidl Tunnelconsultants GmbH & Co. KG), Herrn L. Bayer, Herrn Dr.-Ing. T. Weiner, Herrn Dr.-Ing. J. Budnik (Porr GmbH und Co KGaA), Herrn Dr.-Ing. C. Thienert (STUVA e.V.), Herrn Prof. Dr.-Ing. C. Budach (Technische Hochschule Köln), Herrn Prof. Dr.-Ing. J. Fillibeck (Technische Universität München), Herrn G. Tintelnot (TPH Bausysteme GmbH), Herrn Prof. Dr.-Ing. C. Boley (Universität der Bundeswehr München), Herrn M. Weber (Wayss & Freytag Ingenieurbau AG) sowie Herrn

Prof. Dr.-Ing. W. Wittke, Herrn Dr.-Ing. M. Wittke, Frau Dr.-Ing. B. Wittke-Schmitt, Frau Dr.-Ing. P. Wittke-Gattermann (WBI GmbH) bedanken.

Weiterhin gilt ein großer Dank den Kollegen Herrn J. Hallfeldt, Frau S. Roth, Herrn T. Berner (DB PSU GmbH) sowie Herrn B. Tauch, Herrn M. Chrometz und Herrn W. Schade (DB Netz AG) sowie auch Herrn S. Dresel (ehe. DB Netz AG, aktuell OPB München).

Literatur

[1] Richtlinie 853 (2018): *Eisenbahntunnel planen, bauen und instand halten.* DB Netz AG, Frankfurt

[2] BASt (2018) *Zusätzliche Technische Vertragsbedingungen und Richtlinien für Ingenieurbauten – Tunnelbau.* Bundesanstalt für Straßenwesen, Bergisch Gladbach

[3] DAUB (2010) *Empfehlung zur Auswahl von Tunnelvortriebsmaschinen.* Deutscher Ausschuss für unterirdisches Bauen e. V., Köln

[4] DAUB (2013) *Empfehlungen für den Entwurf, die Herstellung und den Einbau von Tübbingringen.* Deutscher Ausschuss für unterirdisches Bauen e. V., Köln

[5] DAUB (2021) *Empfehlungen zur Auswahl von Tunnelbohrmaschinen.* Deutscher Ausschuss für unterirdisches Bauen e. V., Köln

[6] ÖBV (2009) *Tübbingsysteme aus Beton.* Österreichische Bautechnik Vereinigung, Wien

[7] Thewes, M.; Budach, C. (2009) *Mörtel im Tunnelbau – Stand der Technik und aktuelle Entwicklungen zur Verfüllung des Ringspalts bei Tunnelvortriebsmaschinen* in Bau-Portal, S. 706–711

[8] Könemann, F.; Tauch, B. (2010) *Entwicklung eines durchlässigen Ringspaltverpressmaterials für den Schildvortrieb – Stand der Entwicklung* in DGGT (Hrsg.): Taschenbuch für den Tunnelbau 2011, S. 337–364. Essen: VGE

[9] Thienert, C. (2010) *Zementfreie Mörtel für die Ringspaltverpressung beim Schildvortrieb mit flüssigkeitsgestützter Ortsbrust.* Dissertation, Bergische Universität Wuppertal

[10] Behnen, G.; Nevrly, T.; Fischer, O. (2012) *Bettung von Tunnelschalen* in DGGT (Hrsg.): Taschenbuch für den Tunnelbau 2013, S. 235–282. Essen: VGE

[11] Maidl, B.; Herrenknecht, M.; Maidl, U.; Wehrmeyer, G. (2011) *Maschineller Tunnelbau im Schildvortrieb*, 2. Auflage. Berlin: Ernst & Sohn.

[12] ITAtech (2014) *ITAtech Guidelines on Best Practices For Segment Backfilling* ITAtech Activity Group Excavation, Longrine

[13] Bezuijen, A.; Talmon, A.; Kaalberg, F.; Plugge, R. (2004) *Field measurements on grout pressures during tunnelling of the Sophia Rail Tunnel*, Soils and Foundations, Jg. 44, Nr. 1

[14] Bezuijen, A.; Talmon, A. (2006) *Grout properties and their influence on back fill grouting*, [online] https://www.semanticscholar.org/paper/Grout-properties-and-their-influence-on-back-fill-Bezuijen/ffd67e24f7fc0e33c0e e23b7ffa9fdabcb34b4e9#citing-papers

[15] Edelhoff, D.; Berner, T. (2017) *Schäden am Tübbingausbau von Tunneln in der Bauphase – Ursachen und Vermeidungsstrategie* in Georesources, Heft 3

[16] Schwarz, J.; Behnen, G. (2003) *Gekoppelte Tübbingfugen unter Verwendung thermoplastisher Elastomere und Thermoplaste für den einschaligen Tübbingausbau* in Forschung + Technik 40.

[17] Pellegrini, L.; Peruzza, P. (2009) *Sao Paulo Metro Project – Controll of Settlements in Variable Soil Conditions through EPB Pressure and Bicomponent Backfill Grout*, Rapid Excavation and Tunneling Conference

[18] Oh, J. Y. (2013) *Interaktion der Ringspaltverpressung mit dem umgebenden Baugrund und der Tunnelauskleidung*, Dissertation, RWTH Aachen

[19] Babendererde, L.; Holzhäuser, J.; Babendererde, S. (2001) *Verpressen der Schildschwanzfuge hinter einer Tunnelvortriebsmaschine mit Tübbingausbau* in DGGT (Hrsg.): Taschenbuch für den Tunnelbau 2002, S. 228–254. Essen: VGE

[20] Jancsecz, S.; Frietzsche, W.; Breuer, J.; Ulrichs, R. (2000) *Minimierung von Senkungen bei Vortrieben mit flüssigkeitsgestützter Ortsbrust in kohäsiven Böden"* in DGGT (Hrsg.) Taschenbuch für den Tunnelbau 2001. Essen: VGE

[21] Schulte-Schrepping, C. (2020) *Materialkonzepte zur Aktivierung von Ringspaltverfüllmaterial im maschinellen Tunnelbau*, Dissertation, Ruhr-Universität Bochum

[22] DBV-Merkblatt (2007) *Besondere Frischbetonprüfungen*, Deutscher Beton- und Bautechnik-Verein, Berlin

[23] DAfStb-Richtlinie (2003) *Selbstverdichtender Beton*, Deutscher Ausschuss für Stahlbeton, Berlin

[24] DIN EN 1015-3 (2007) *Prüfverfahren für Mörtel und Mauerwerk – Teil 3: Bestimmung der Konsistenz von Frischmörtel (mit Ausbreittisch)*. Berlin: Beuth

[25] Youn Cale, B. Y. (2016) *Untersuchung zum Entwässerungsverhalten und zur Scherfestigkeitsentwicklung von einkomponentigen Ringspaltmörteln im Tunnelbau*, Dissertation, Ruhr-Universität Bochum

[26] DIN 4094-4 (2002) *Felduntersuchungen – Teil 4: Flügelscherversuche*. Berlin: Beuth

[27] DIN EN ISO 17892-5 (2017) *Geotechnische Erkundung und Untersuchung – Laborversuche an Bodenproben – Teil 5: Ödometerversuch mit stufenweiser Belastung*. Berlin: Beuth

[28] DIN EN 12390-3 (2019) *Prüfung von Festbeton – Teil 3: Druckfestigkeit von Probekörpern*. Berlin: Beuth

[29] DIN 4127 (2014) *Erd- und Grundbau – Prüfverfahren für Stützflüssigkeiten im Schlitzwandbau und für deren Ausgangsstoffe*. Berlin: Beuth

[30] ASTM C940-16 (2016) *Standard Test Method for Expansion and Bleeding of Freshly Mixed Grouts for Preplaced-Aggregate Concrete in the Laboratory*. ASTM, West Conshohocken

[31] Antunes, P. (2012) *Testing Procedures for Two-Component Annulus Grouts* in Proceeding North American Tunneling, pp. 14–22

[32] Weber, M. (2021) *GE-TI-ME das neue Prüfverfahren zur Gelzeit-Bestimmung für den Zwei-Komponenten-Mörtel* in DGGT (Hrsg.) Taschenbuch für den Tunnelbau 2022. Berlin: Ernst & Sohn

[33] DIN EN 12390-13 (2014) *Prüfung von Festbeton – Teil 13: Bestimmung des Elastizitätsmoduls unter Druckbelastung (Sekantenmodul)*. Berlin: Beuth

[34] Aggelis, D.; Shiotani, T.; Kasai, K. (2008) *Evaluation of grouting in tunnel lining using impact-echo* in Tunnelling and Underground Space Technology, Vol. 23

[35] Xie, X.; Liu, Y.; Huang, H.; Du, J.; Zhang, F.; Liu, L. (2007) *Evaluation of grout behind the lining of shield tunnels using ground-penetrating radar in the Shanghai Metro Line, China* in Journal of Geophysics and Engineering, 4, No. 3

[36] Zhang, F.; Xie, X.; Huang, H. (2010) *Application of ground penetrating radar in grouting evaluation for shield tunnel constructions* in Tunnelling and Unterground Space Technology, Vol. 25

[37] Strappler, G.; Vigl, A.; Scheutz, R. (2012) *Two-layer lining for ÖBB railway tunnel projects with TBM / Ein- und zweischalige Auskleidung bei Tunnelbauprojekten der ÖBB mit kontinuierlichem Vortrieb* in Geomechanics and Tunnelling 5, No. 1, pp. 72–88

[38] Amberg, F. (2020) *Entwicklung im Untertagebau – Rückblick und Ausblick*, Swiss Tunnel Congress

[39] Herrenknecht AG (2021), https://www.herrenknecht.com/de. [Online]. [Zugriff am 25 02 2021]

[40] FGU (2021) https://www.swisstunnel.ch/de/tunnelbau-schweiz/tunnel datenbank. [Online]. [Zugriff am 24 02 2021]

[41] Scheffler, H.; von den Berg, M.; Mißling, K.; Spang, R. M. (2004) *Geotechnische Verhältnisse im Zentrum von Leipzig und deren Bedeutung für Planung und Ausführung des Bauvorhabens City-Tunnel Leipzig*, Baugrundtagung Leipzig

[42] Tauch, B. (2013) *Kaiser-Wilhelm-Tunnel: Von der Planung bis zur Ausführung* in Tunnel, Heft 1

[43] Tauch, B.; Handke, D.; Reith, M. (2012) *Kaiser-Wilhelm-Tunnel: Unterfahrung der Oberstadt Cochems im EPB-Modus* in Tunnel, Heft 4

[44] Stegbauer, S.; Kresse, K. (2019) *Der Albvorlandtunnel – Herausforderungen einer Großbaustelle hinsichtlich Arbeitssicherheit* in BauPortal, Heft 3

[45] Hallfeld, J.; Frahm, M.; Kirschke, D.; Groten, A. (2019) *Tunnelbau im Schwarzjura – Besondere Herausforderungen beim Vortrieb des Albvorlandtunnels* in DGGT (Hrsg.): Taschenbuch für den Tunnelbau 2020, S. 203–234. Berlin: Ernst & Sohn

[46] Jonker, J. (2003) *Last experiences with tunnelling in the Netherlands*, Vortrag Danish Tunneling Society, Kopenhagen.

[47] Metzger, C. (2018) *TBM Grouting / Case Studies, lessons learned Euclid*, unveröffentlicht

[48] BFK (2013) *Crossrail, Projektunterlagen „In-situ grout testing"*, unveröffentlicht

[49] Waterview Connection (2013) *Projektunterlage 2 Component Grout Mix Development Report*, unveröffentlicht

[50] Behnen, G.; Boley, C.; Fischer, O.; Meier, C.; Nevrly, T.; Müller, J. (2017) *Design and Optimization of the 8.800 m long Bossler Tunnel for the Highspeed Railway Line Stuttgart* in Proceedings of the World Tunnel Congress, Bergen

[51] Wittke, W.; Fischer, O.; Heinz, D. (2016) *Projektunterlage "Untersuchungen zur Dauerhaftigkeit des Ringspaltmaterials für den TVM-Vortrieb*, unveröffentlicht

[52] Bayer, L.; Berner, T.; Wittke, M. (2018) *Anwendung eines phosphatbasierten Ringspaltmörtels beim Bau des Fildertunnels in anhydritführenden Gebirge* in DGGT (Hrsg.) Taschenbuch für den Tunnelbau 2019, S. 97–121, Berlin: Ernst & Sohn

[53] Fischer, O.; Behnen, G.; Hestermann, U. (2010) *Innovative Lösungen im internationalen Tunnelbau am Beispiel des Infrastrukturprojekts NSBT in Brisbane, Australien* in VDI Bautechnik, Jahresausgabe 2009/2010.

[54] Hammer, A.L.; Camós-Andreu, C.; Kosak, E.; Thewes, M. (2020) *Abdichtung druckwasserhaltender Eisenbahntunnel mit Kunststoffdichtungsbahnen in Deutschland – Diskussionsbeitrag zu einer planmäßigen Blockhinterlegung* in DGGT (Hrsg.): Taschenbuch für den Tunnelbau 2021, S. 26–105, Berlin: Ernst & Sohn

[55] Bäppler, K. (2007) *Entwicklung eines Zweikomponenten-Verpresssystems für Ringspaltverpressung beim Schildvortrieb* in DGGT (Hrsg.): Taschenbuch für den Tunnelbau 2008, S. 263–304. Essen: VGE

[56] Zougou, D. (2020) *Anforderungen an das Materialverhalten von Ringspaltverfüllungen bei maschinell aufgefahrenen Eisenbahntunneln*, Masterarbeit, Ruhr-Universität Bochum

II. GE-TI-ME – das neue Prüfverfahren zur Gelzeit-Bestimmung für den Zwei-Komponenten-Mörtel

Maik Weber

Dieser Beitrag stellt ein Prüf- und Auswertungsverfahren vor, das durch einfaches Handling und hohe Genauigkeit die sogenannte Gelzeit von Zwei-Komponenten-Mörteln bestimmt. Für die Bestimmung der Gelzeit, zur Feststellung der eintretenden Gelierung nach Zugabe des Aktivators eines Zwei-Komponenten-Mörtels, fehlt es bislang an einem einfachen und zugleich einheitlichen Nachweisverfahren. Die bekannteste Vorgehensweise durch händisches Vermischen mit zwei Bechern (Komponente A und B) ist nicht zeitgemäß und der Einflussfaktor Mensch ist als hoch einzustufen. Mit dem Prüfverfahren GE-TI-ME (Gel-Time-Measurement) wird eine effiziente und einfache Vorgehensweise zur Ermittlung der Gelzeit (Phasenwechsel von flüssig zu weich/steif) aufgezeigt. Mit handelsüblichen Geräten lässt sich eine 3-Punkt-Messung ohne großen Zeitaufwand durchführen und liefert als Ergebnis die Gelzeit in Abhängigkeit der Aktivatormenge mit einer Präzision von über 95 %. Mit der Bestimmung der Gelzeit mittels GE-TI-ME können Stoffabhängigkeiten erkannt und bewertet werden. Die Reproduzierbarkeit auf der Baustelle konnte bestätigt werden. Daher empfiehlt es sich, dieses Prüfverfahren auch zur Eigenüberwachung auf der Baustelle zu verwenden. Es ist damit ein Werkzeug zum Messen, Optimieren, Forschen und Überwachen bei der Herstellung von Zwei-Komponenten-Mörteln.

GE-TI-ME the new method to determine the geltime of the two component grout

The article presents a test and evaluation method that determines the so-called gel time by simple handling and high accuracy. For a long time, there has been a lack of a simple and at the same time uniform detection method for determining the gel time up to the point of gelation of a two-component grout (2CG). The best-known procedure by pouring e. g. two cups (component A and B) back and forth is not up to date and the human influence factor is to be classified as high. The GE-TI-ME (Gel-Time-Measurement) test method demonstrates an efficient and simple procedure for determining the gel time (state form from liquid to soft/stiff). With commercially available devices, a 3-point measurement can be carried out without much time expenditure and provides the gel time as a result, taking into account the activator quantity, with a precision of over 95 %. With the determination of the gel time by means of GE-TI-ME, material dependencies can be recognised and evaluated. The reproducibility on the construction site could be confirmed. Therefore, it is recommended to use this test method also for self-monitoring on the construction site. It is thus a tool for measuring, optimising, researching and monitoring of two component grouts.

1   Einleitung

Im Jahr 1976 wurde in Japan das Zwei-Komponenten-System als sogenanntes TAC-Verfahren entwickelt [1]. In Europa wurde 1998 ein Joint Venture E-TAC gegründet, welches 1999 das TAC-Verfahren beim Projekt Botlekspoor-Tunnel, an dem auch Wayss & Freytag Ingenieurbau AG als Joint-Venture-Partner vertreten war, auf ca. 255 m als Testbereich anwendete [2]. Unabhängig von ersten Berührungspunkten bei dem Projekt Botlekspoor-Tunnel war das damalige Interesse an Zwei-Komponenten-Mörtel in Deutschland eher von geringer bzw. gar keiner Bedeutung. Darüber hinaus war der Zwei-Komponenten-Ringspaltmörtel in Deutschland nicht zugelassen und somit bestanden auch keine Erfahrungen. Bereits im Jahr 2002 gab es für die w&f Baustofftechnologie erste Berührungspunkte beim Projekt CTRL 250 mit Zwei-Komponenten-Mörtel [3]. Im Jahr 2012 erfolgte auf Grundlage der zahlreichen Erfahrungen mit Ein-Komponenten-Ringspaltmörteln (1KM) eine weitere Anfrage eines Joint Ventures, an dem auch Wayss & Freytag Ingenieurbau AG beteiligt war. Dies war der Beginn für die eigene marktunabhängige Entwicklung von Zwei-Komponenten-Mörteln bei Wayss & Freytag Ingenieurbau AG. Eine Literaturrecherche ergab zu diesem Zeitpunkt, dass solche Zwei-Komponenten-Mörtel-Rezepturen von anderen Baustellen entweder adaptiert oder z. B. durch Zusatzmittelhersteller vorgegeben wurden. Anhand der eigenen langjährigen Erfahrungen mittels konventioneller 1K-Ringspaltmörtelentwicklung und der Entwicklung von Bentonitsuspensionen war eine solche Vorgehensweise denkbar.

Ein Zwei-Komponenten-Mörtel besteht üblicherweise aus einer Komponente A und einer Komponente B. Die Entwicklung der sogenannten Komponente A war und ist anspruchsvoll und ergibt mit der Komponente B die Gelierung (Zeitpunkt ab Zugabe des Aktivators bis zum Verlust der Fließfähigkeit) und gleichzeitig die Festigkeitsbildung. Bei der Entwicklung der Komponente A ergaben sich Fragen in Verbindung mit der sogenannten Gelzeit, die nicht ohne Weiteres beantwortet werden konnten. Üblicherweise wird die Gelzeit dazu verwendet, um zu beschreiben, welche Zeit ab dem Mischvorgang der beiden Komponenten bis zur Gelierung bzw. Verlust der Fließfähigkeit benötigt wird. Indirekt wird somit ein Verarbeitungsfenster (Übergang von der Verarbeitungsphase zur Verfestigungsphase hin zur Gelphase [4]) ab Vermischen beider Komponenten definiert. Die wesentlichen Fragen waren dabei:

- Wie wird die Gelzeit geprüft?
- Gibt es z. B. eine Norm oder Richtlinie?
- Wovon ist die Gelzeit abhängig?

Das parallel durchgeführte Literaturstudium zeigte übereinstimmend, dass die Bestimmung der Gelzeit nach dem Vermischen der Komponenten A und B im Wesentlichen durch Hin-und-Her-Schütten zweier Becher bestimmt wird. Dieses Verfahren warf Fragen auf, z. B.:

- Welche Prüfmengen an Komponente A + B sind für die Versuche notwendig und sinnvoll?
- Welche Gefäße (Art, Größe etc.) sind notwendig?
- Ist die Methode repräsentativ und reproduzierbar?
- Welche Einwirkung hat der Mensch auf die Genauigkeit?
- Wann beginnt die Messung und wann ist das Ende definiert?
- Was bedeuten z. B. 10 Sekunden Gelzeit?

Da diese Fragen zum damaligen Zeitpunkt kaum oder gar nicht beantwortet werden konnten, wurde nach Methoden geforscht, die Antworten auf diese Fragen erlaubten. Das Ergebnis ist eine Prüfmethode, die zwar nicht vollständig automatisiert abläuft, aber dennoch so genau ist, dass mit einfachen Gerätschaften im Labor und vor Ort auf den Baustellen die Gelzeit unter vergleichbaren Prüfbedingungen bestimmt werden kann.

Im Folgenden wird die Entwicklung der Gelzeit-Messung mittels der Methode GE-TI-ME (Gel-Time-Measurement) erläutert und beschrieben.

2 Übersicht von Prüfarten zur Bestimmung der Gelzeit

Die Gelierung beginnt nach Vermischung der Komponenten A und B. Die Bestimmung der Gelzeit beginnt somit mit Zusammentreffen der beiden Komponenten. Die ausgelöste chemische Reaktion zwischen beiden Komponenten zeigt sich zunächst in einer Verflüssigung des Materials, bis einige Sekunden später ein rascher Anstieg der Viskosität folgt. Das bedeutet, dass das Stoffgemisch von einer flüssigen Phase in eine weiche/steife Zustandsform übergeht. Die Gelierung erfolgt üblicherweise innerhalb weniger Sekunden. Es konnten folgende Prüfarten zur Bestimmung der Gelzeit in Erfahrung gebracht werden.

2.1 Becher-in-Becher-Variante durch Hin-und-Her-Schütten

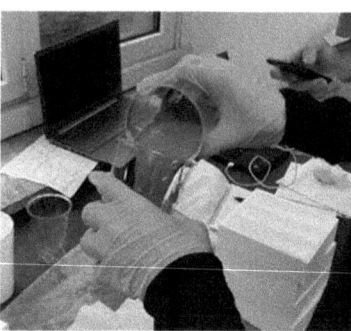

Bild 1. Gelzeit-Bestimmung von Zwei-Komponenten-Mörtel aus [5]

II. GE-TI-ME – Prüfverfahren zur Gelzeit-Bestimmung für Zwei-Komponenten-Mörtel

2.2 Eimer-in-Eimer-Variante durch Hin-und-Her-Schütten

Bild 2. Gelzeit-Bestimmung von Zwei-Komponenten-Mörtel [6]
a) während des Mischens; b) am Ende bei erfolgter Gelierung

2.3 Eimer-Variante durch Mischen beider Komponenten mittels einer Bohrmaschine mit Rührquirl

Bild 3. Gelzeit-Bestimmung von Zwei-Komponenten-Mörtel [7] während des Mischens mit dem Rührquirl und nach dem Ende

2.4 Drehmomenterfassung zur Bestimmung der Gelzeit

Bild 4. Gelzeit-Bestimmung von Zwei-Komponenten-Mörtel mithilfe eines Dispergiergerätes mit Drehmomenterfassung zur Bestimmung der Viskositätsänderung [4]

Die Methode nach Bild 4 stellte einen Versuch nach Schulte-Schrepping [4] dar, der aber wieder verworfen wurde.

2.5 Vertikal angeordnete Mischvorrichtung

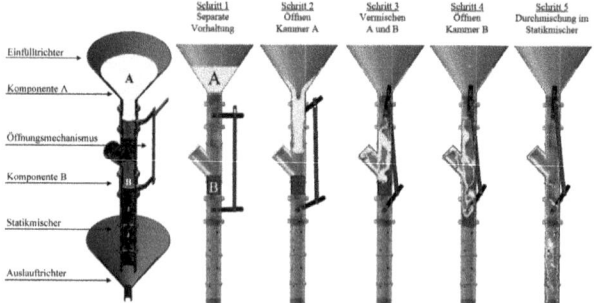

Bild 5. Prüfmethode zur Bestimmung der Gelzeit von Zwei-Komponenten-Mörteln und Visualisierung des Mischprozesses von Mörtel [4]

Der Versuch nach Bild 5 stellt nach Schulte-Schrepping [4] eine sehr geeignete Messmethode zur Bestimmung der Gelzeit dar.

3 Mischbarkeit von Stoffen

Für die Bestimmung der Gelierung der Komponente A und B müssen beide Stoffe gemischt werden. Beim Zusammentreffen beider Komponenten reagieren diese unmittelbar miteinander. Mit Blick auf die Förder- und Mischtechnik eines Zwei-Komponenten-Systems auf der Tunnelbohrmaschine (TBM) ist dies von großer Bedeutung. Es ist also besonders wichtig, dass sowohl unter Laborbedingungen als auch im Baustelleneinsatz vergleichbare Ergebnisse erzielt werden. Es wird aus diesem Grund zunächst auf die Mischbarkeit von Stoffen eingegangen.

Unter einem Gemisch versteht man eine Substanz, die aus mindestens zwei Stoffen besteht. Ein Gemisch aus zwei reinen Bestandteilen wird binäres Gemisch genannt. Ein ideales Gemisch ist homogen, also einphasig. Es bildet sich ein einheitliches Aussehen, man kann nicht sofort erkennen, dass eine Stoffmischung vorliegt. Im Gegensatz dazu sind heterogene Gemische nicht vollends vermischt, da die verwendeten Stoffe in klar abgegrenzten Phasen vorliegen. Man erkennt es daran, dass die beiden Bestandteile getrennt sichtbar sind.

Die abzuleitende Grundbedingung ist, dass sich die Komponente A mit der Komponente B so mischen lässt, dass es weder zu einer Trennung kommt noch Agglomerate entstehen oder eine unvollständige Vermischung stattgefunden hat. Bis zum heutigen Zeitpunkt erfolgt das Mischen im Labor und auf der Baustelle üblicherweise händisch, wohingegen das Zusammentreffen beider Materialien auf der TBM infolge der druckbedingten Eindüsung des Aktivators (Komponente B) in den Volumenstrom der Komponente A automatisiert erfolgt. Das Eindüsen erfolgt in einem vorgegebenen Volumenverhältnis in einer Mischkammer. Es stellt sich die Frage, ob das händische Mischen mit den Vorgängen auf einer TBM grundsätzlich vergleichbar ist, bzw. inwieweit die Laborergebnisse auf die TBM übertragen werden können.

3.1 Komponente A als Stoffgemisch

Derzeit werden Zwei-Komponenten-Mörtel noch immer rein empirisch entwickelt. Dies liegt daran, dass von den unterschiedlichsten Anforderungen, Voraussetzungen und Erfahrungswerten ausgegangen wird. Üblicherweise wird ein Zwei-Komponenten-Mörtel, der eigentlich eine aktivierte Suspension ist, folgendermaßen zusammengesetzt:

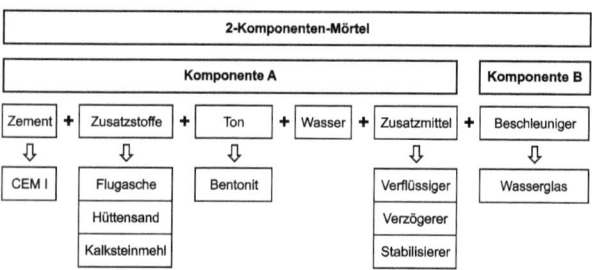

Bild 6. Allgemeine Zusammensetzung eines Zwei-Komponenten-Mörtels

Die Komponente A wird aus mehreren Stoffen zusammengesetzt und mittels Zugabe von Zusatzmitteln bis auf die gewünschte Materialeigenschaft, z. B. Marsh-Trichterauslaufzeit, sowie die Verarbeitbarkeitszeit eingestellt. Einfluss darauf haben u. a. das rheologische Verhalten der Suspension, der eingesetzte Bentonit, die zugegebenen Feststoffe sowie die Menge des Wassers. In Summe ergibt die Suspension je nach Zusammensetzung und Fließeigenschaften ein Fluid mit einer Fließgrenze.

3.2 Komponente B als Einzelstoff

In Komponente B kommt als Aktivator in der Regel Wasserglas zum Einsatz. Als Wasserglas werden aus einer Schmelze erstarrte glasartige, also amorphe, wasserlösliche Natrium-, Kalium- und Lithiumsilicate oder ihre wässrigen Lösungen bezeichnet [8]. Je nachdem, ob überwiegend Natrium-, Kalium- oder Lithiumsilicate enthalten sind, spricht man von Natronwasserglas, Kaliwasserglas oder Lithiumwasserglas. Zur Anwendung kommt meist flüssiges Natronwasserglas. Wasserglas dient allgemein als Aktivator für Bindemittel und Zusatzstoffe und fördert die Festigkeitsbildung. In der Vergangenheit wurde Wasserglas z.b. als flüssiger Erstarrungsbeschleuniger für Spritzbeton verwendet. Wassergläser besitzen je nach Art und Zusammensetzung Eigenschaften gemäß folgender Tabelle 1.

Tabelle 1. Eigenschaften von Wasserglas

Parameter	Grenzwerte	Dyn. Viskosität	Feststoffgehalt
Dichte bei 20 °C	1,32–1,36 g/cm³	50–100 mPa*s	~ 45 M.-%

Vergleichend dazu besitzt Wasser bei 20 °C eine dynamische Viskosität von 1,008 mPa*s.

4 Mischverfahren

Um mindestens zwei Stoffe miteinander zu vermischen, bedarf es üblicherweise Hilfsmittel bzw. geeigneter Geräte. Stoffe können z.B. wie folgt in Abhängigkeit von Viskosität, Konzentration, Temperatur etc. homogen gemischt werden:

- Rührstab handgeführt
- diverse Rührpaddel
- Rührquirl
- diverse Dissolverscheiben
- Magnetrührstäbe

Bei den genannten Möglichkeiten ist immer eine Mischenergie notwendig, um die jeweiligen Stoffe zu mischen. Betrachtet man nun die Eigenschaften von Komponente A und B eines Zwei-Komponenten-Mörtels, könnten alle genannten Möglichkeiten zum Einsatz kommen. Einzeln betrachtet fällt der handgeführte Rührstab weg, da hier keine ausreichende Mischwirkung bzw. Homogenisierung erzielt würde. Rührpaddel und Dissolverscheiben kommen eher in Betracht,

Maschineller Tunnelbau

da diese Gerätschaften durch Maschinen angetrieben werden und auch für kleine Mengen eingesetzt werden können. Ein Rührquirl je nach Ausführung ist eher für größere Mengen geeignet. Allerdings haben alle drei Methoden den Nachteil, dass die Mischwerkzeuge durch die Gelierung, die innerhalb kürzester Zeit einsetzt, im Material verbleiben oder schnell herausgezogen werden müssten. Übrig bleibt der Magnetrührstab, der mittels eines Magnetrührers angetrieben wird. Dabei ist von Vorteil, dass zum einen eine definierte Drehzahl zum Mischen eingestellt werden kann und zum anderen ist es möglich, das Magnetstäbchen im Nachgang aus der gelierten Masse zu entfernen. Hier liegt der Ansatz für ein Prüfverfahren.

5 Mischverfahren mittels Magnetrührtisch

Das Mischen der beiden Komponenten sollte möglichst gut definiert und mittels einfacher Abläufe erfolgen. Hierfür bietet sich ein handelsüblicher Magnetrührtisch an. Es galt die Frage zu klären, welcher Mischeraufbau des Magnetrührtischs für Handling und Reproduzierbarkeit vorteilhaft ist. Nach einigen Vorversuchen wurde passend dazu der handelsübliche standardisierte Becher zur Prüfung der Fließgrenze von Bentonitsuspensionen nach Soos gemäß DIN 4126 [9]

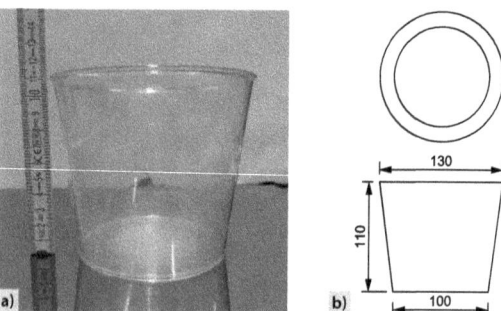

Bild 7. a) Standardisierter Becher z. B. für Bentonitsuspensionen; b) Abmessungen

ausgewählt (Bild 7). Für die Auswahl eines geeigneten Magnetrührtischs und -stäbchens mussten vergleichende Prüfungen durchgeführt werden.

5.1 Auswahl geeigneter Prüfgeräte

Um für ein Prüfverfahren sicherstellen zu können, dass gleiche Ergebnisse auf unterschiedlichen Magnetrührtischen erzielt werden, wurden vier verschiedene Varianten gegenübergestellt.

Tabelle 2. Technische Eigenschaften Magnetrührtische (Herstellerangaben)

Handelsname	IKA Maxi MC	IKA Midi MR 1	IKA RCT basic	Thermofisher Scientific Variomag Maxi Direct
Baujahr	1987	2020	2020	2021
Magnetrührtisch-Nr.	1	2	3	4
Abmessung (B x T x H) mm	250 x 250 x 135	360 x 430 x 110	160 x 270 x 85	215 x 180 x 35
Aufstellfläche in mm	250 x 250	350 x 350	⌀ 135	180 x 170
Drehzahlbereich U/min	0–1000	0–1000	50–1500	80–2000
Antriebsart	Motor	Motor	Motor	Induktion
Motorleistung Abgabe	6,5 Watt	19 Watt	9 Watt	–
Wirkleistung	–	–	–	5/10/15/20 Watt
Magnetstäbchengröße (Länge) (Empfehlung)	≥ 40 bis ≤ 80 mm	≤ 80 mm	≥ 20 bis ≤ 80 mm	Länge ≤ 80 % vom Gefäßdurchmesser

Die Drehzahleinstellung ist meist stufenlos oder beträgt mind. 10 U/min. Für eine genaue Ablesung und auch Dokumentation besitzen alle Magnetrührtische eine digitale Drehzahlanzeige.

Der Magnetrührtisch 1 (IKA Maxi MC) wurde bisher für alle Untersuchungen im w&f Baustofflabor verwendet und gehört zur alten Generation Magnetrührtische. Gebaut wird der IKA Maxi MC nicht mehr. Die Magnetrührtische 2 bis 4 wurden zusätzlich untersucht und repräsentieren die neuste Generation von Magnetrührtischen. Die Auswahl von Magnetrührstäbchen ist nicht ohne Weiteres möglich. Es bedurfte in diesem Falle Versuche, um zeigen zu können, welche Abmessungen am geeignetsten erscheinen. Darüber hinaus hängt die Wahl vom Magnetrührtisch und den Becherabmessungen ab. Für die späteren Untersuchungen an der Suspension (Komponente A) werden folgende Rührstäbchen verwendet:

– zylindrisch, rund, glatte Oberfläche, PTFE-ummantelt
– $\varnothing$ = 7 mm L = 60 mm
– $\varnothing$ = 8 mm L = 50 mm
– $\varnothing$ = 9 mm L = 70 mm
– $\varnothing$ = 10 mm L = 80 mm

5.2 Untersuchungen zum Mischverhalten

Bei diesem Schritt ging es darum zu untersuchen, wie sich Leitungswasser bewegen lässt, wenn es durch unterschiedliche Drehgeschwindigkeiten und unter Beeinflussung von Magnetrührstäbchen mit einem definierten Wasservolumen rotiert. Dabei war von Bedeutung, bei welcher Umdrehungsgeschwindigkeit und mit welchem Magnetrührer es zu einer sogenannten Wirbelbildung mit Strudel kommt. Grundgedanke hierbei war, die Umdrehungsgeschwindigkeit so einzustellen, dass ein sichtbarer Strudel bis zur Oberfläche des Magnetrührstäbchens erzeugt wird. Beispielhaft ergaben sich im Vergleich zwischen Magnetrührtisch 1 und 4 die folgenden Ergebnisse beim Rühren von Leitungswasser und unterschiedlichen Magnetrührstäbchen (Tabelle 3).

II. GE-TI-ME – Prüfverfahren zur Gelzeit-Bestimmung für Zwei-Komponenten-Mörtel

Tabelle 3. Ergebnisübersicht von Prüfungen mit unterschiedlichen Magnetrührstäbchen und definiertem Becher samt Inhalt

Magnetrührtisch	1			4	
Magnetrührstäbchen Ø/L	8/50	7/60	10/80	8/50	7/60
Prüfflüssigkeit	Wasser				
Prüfmenge [g]	500				
Skizze	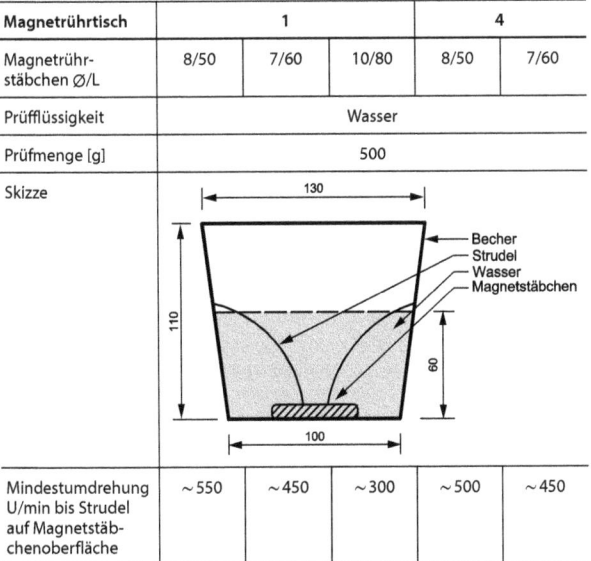				
Mindestumdrehung U/min bis Strudel auf Magnetstäbchenoberfläche	~550	~450	~300	~500	~450

Aus den Versuchen lässt sich ableiten bzw. erkennen, dass die unterschiedlichen Magnetrührer nur einen geringfügigen Einfluss auf das Mischergebnis haben. Den entscheidenden Einfluss hat dagegen die Dimension des Magnetrührstäbchens. Je kleiner das Stäbchen, desto größere Umdrehungsgeschwindigkeiten sind notwendig, um den Wirbel bis zur augenscheinlichen Magnetrührstäbchenoberfläche anwachsen zu lassen.

Physikalisch gesehen ergibt sich ein Schergeschwindigkeitsgefälle durch die schnellere erzwungene Bewegung im Zentrum des Wirbels als an den Außenseiten. Folglich müsste es durch die Strudelwirkung bei einer definierten Umdrehungsgeschwindigkeit möglich sein, durch das Injizieren eines zweiten Stoffes direkt in das Zentrum des Strudels eine sehr schnelle Vermischung bzw. Homogenisierung zu erreichen. Durch die Zugabe von Farbstoff in Wasser konnte die Wirkweise bestätigt werden.

Darauf aufbauend kam bei einem nächsten Versuch wieder das Grundmedium Wasser zum Einsatz und zusätzlich ein Aktivator (Wasserglas). Anhand der Versuchsergebnisse wurde auch hier deutlich, dass eine grundsätzliche Mischbarkeit bzw. Homogenisierung zweier Stoffe unter einer aufgezwungenen Bewegung mittels Magnetrührmethode möglich ist.

Um an einer Suspension diese Mischwirkung und Homogenisierung sichtbar zu machen, wurde ein transparenter Stoff gesucht, dessen Viskosität und Fließgrenze in etwa einer Suspension (Komponente A) entspricht. Als Empfehlung wurde Ultraschallgel als Modellsuspension ausgewählt. Ultraschallgel lässt sich durch Beimischung von Wasser auf die erforderlichen Eigenschaften wie Viskosität bzw. Fließgrenze einstellen, welche im Vorfeld bereits an der Suspension (Komponente A) ermittelt werden konnte. Um technisch ähnliche Eigenschaften wie die Suspension (Komponente A) zu erreichen, wurde das Trichterauslaufverfahren gemäß DIN 4126 [9] angewendet. Auch bei diesem Versuch konnte aufgezeigt werden, dass eine grundsätzliche Mischbarkeit bzw. Homogenisierung beider Stoffe schnell möglich ist.

5.3 Untersuchung zum Einfluss unterschiedlicher Magnetrührstäbchen

Mit Blick auf die spätere Mischbarkeit einer hergestellten Suspension (Komponente A) und einem Aktivator (Komponente B) war zu überprüfen, inwiefern sich unterschiedliche Größen von Magnetrührstäbchen auf die Wirbelbildung und dessen Strudel auswirken. Ziel war es, sicherstellen zu können, dass mit einer definierten Bandbreite an Magnetrührstäbchen gearbeitet werden kann und ein möglichst gleiches Ergebnis zu erzielen ist. Für diese Versuchsdurchführung wurden die Magnetrührstäbchen gemäß Abschnitt 5.1 verwendet.

II. GE-TI-ME – Prüfverfahren zur Gelzeit-Bestimmung für Zwei-Komponenten-Mörtel

Es zeigte sich ein deutlicher Einfluss der einzelnen Magnetrührstäbchen, um den Strudel bis auf die Oberfläche des jeweiligen Magnetrührstäbchens zu erzeugen. Außerdem war erkennbar, dass je größer das Magnetrührstäbchen ist, desto weniger Umdrehungen je Minute notwendig sind, um den Wasserwirbel samt Strudel zu erzeugen.

Aus den Ergebnissen lässt sich ableiten, dass eine Mindestumdrehung in Abhängigkeit der Magnetrührstäbchen notwendig ist.

6 Plakative Darstellung der einzelnen Versuchsreihen

6.1 Grundsätzliches zur Vorgehensweise

Durch die Prüfung der Gelzeit mittels der Becher-Variante ist bekannt, dass es nach Zugabe eines Aktivators zur Komponente A nach einer kurzen Zeit zu einer Gelierung und damit zu einer weiterführenden Verfestigung kommt. Die Bestimmung der Gelzeit steht in Abhängigkeit mit der Zusammensetzung der Komponente A und der Dosiermenge des Aktivators als Komponente B. Auf Basis der umfangreichen Untersuchungen konnte zunächst ein Ansatz zur Bestimmung der Gelzeit gefunden werden.

Um die Erkenntnisse aus den Voruntersuchungen umsetzen zu können, wurden die weiterführenden Untersuchungen bzw. Versuchsreihen wie folgt vorbereitet:

- Magnetrührtisch Nr. 1 der Firma IKA
- 1-Liter-Suspensionsbecher
- 500 g Suspension (Komponente A)
- Magnetrührstäbchen Ø/L = 7/60 mm
- Aktivator (Komponente B)

Für die nachfolgenden Untersuchungen wurde eine bereits ausgeführte Projektrezeptur (Komponente A) mit den Suspensionseigenschaften nach Tabelle 4 verwendet.

In das Prüfgefäß wurden 500 g Suspension gefüllt und durch langsames Rotieren des Magnetrührstäbchens die Geschwindigkeit so weit gesteigert, bis sich ein Wirbel bildete, dessen Strudel optisch bis auf die Magnetrührstäbchenoberfläche nach Bild 8 reichte. Hierbei war

Maschineller Tunnelbau

Tabelle 4. Suspensionseigenschaften der Komponente A

Prüfungen	Einheit	Prüfwert
Suspensionstemperatur	°C	19–22
Suspensionsdichte	kg/dm³	1,242–1,246
Marsh-Trichter-Auslaufzeit	s	32–34

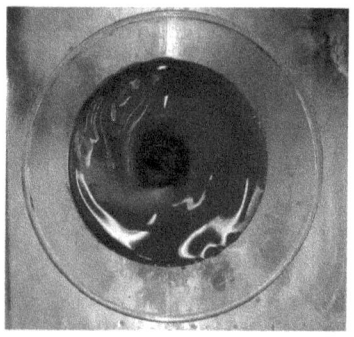

Bild 8. Suspension in Bewegung mit sichtbarem Strudel im Zentrum

bereits zu erkennen, dass eine höhere Umdrehungsgeschwindigkeit im Vergleich zu Wasser notwendig war, um einen Strudel zu erzeugen.

Für die folgenden Untersuchungen wurde die Zusammensetzung der Komponente A nicht verändert. Für die Mischversuche selbst wurden unterschiedliche Mengen an Aktivator (Komponente B) dosiert. Für die Dosierung wurde eine handelsübliche Spritze mit Katheteransatz (Bild 9) in der Bestellgröße 50 ml verwendet.

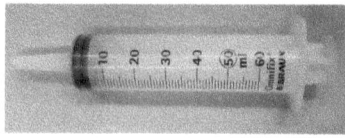

Bild 9. Verwendete Spritze zur Dosierung von Wasserglas

6.2 Versuchsreihe 1 – Tastversuche zum Aktivatorgehalt

In dieser Versuchsreihe soll herausgefunden werden, wie sich die Suspension (Komponente A) verhält, nachdem der Aktivator in den Strudel injiziert wird. Im ersten Versuchsdurchgang sollte nur der Mischprozess beobachtet werden. Es zeigte sich, dass nachdem der Aktivator injiziert wurde, binnen weniger Sekunden die rotierende Suspension flüssiger wurde, bis kurz im Anschluss danach die rotierende Suspension (Komponente A + B) von unten her anfing, sich zu schließen (Gelbildung) und schlussendlich mit den kreisenden Bewegungen sich eine durchweg geschlossene steife Oberfläche bildete (Bild 10 a, b, c). Dieser Versuch wurde mehrmals mit unterschiedlichen Aktivatorgehalten wiederholt.

Die gelierte Masse war visuell nach den Versuchen als homogen und stabil einzustufen. Nach dem erfolgreichen Vermischen beider Komponenten A + B wurde die Zeit ab Beginn (Erstkontakt) der Injektion

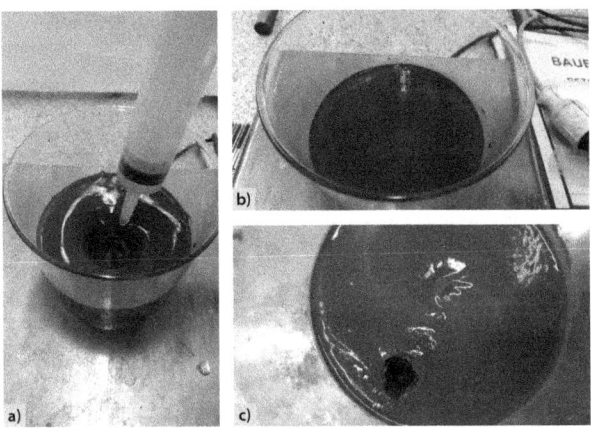

Bild 10. a) Rotierende Komponente A mit Dosierung der Komponente B; b) Komponente A + B nach dem Mischen fertig geliert; c) Steife Konsistenz nach dem Mischen am Beispiel eines Fingereindrucks

des Aktivators bis zu dem Zeitpunkt gestoppt, an dem sich eine visuell geschlossene Oberfläche ohne Bewegung bildete. Für die Versuchsreihe 1 wurden gemäß Tabelle 5 folgende Ergebnisse ermittelt:

Tabelle 5. Ergebnisse der Messungen aus der Versuchsreihe 1

Komponente A Suspension	Komponente B Aktivatorgehalt	gemessene Gelzeit	Aktivatorgehalt berechnet
[g]	[g]	[sec.]	[kg/m^3]
500	30	8,5	69
	35	11,0	81
	45	15,0	104
	50	17,5	115
	55	19,0	127
	60	21,5	138

Durch den gewählten Aktivatorgehalt ergeben sich umgerechnet Mengen, die über einen Kubikmeter hinausgehen und etwas darunter liegen. Die Auswertung der Tabelle 5 ergibt folgendes Diagramm gemäß Bild 11.

Anhand der ermittelten Zeit vom Injizieren des Aktivators bis zum sich schließenden homogenen Körper (Gelbildung) ergibt sich für die Regressionsgerade dieser Messreihe ein sehr gutes Bestimmtheitsmaß von 0,997. Das zeigt, dass der hier gewählte Ansatz zum Mischen zweier Stoffe bzw. Systeme mittels Rührens in Abhängigkeit der Umdrehungsgeschwindigkeit grundsätzlich möglich ist.

Eine Regressionsgerade benötigt mindestens drei Punkte, um eine Aussagewahrscheinlichkeit ableiten zu können. Mit Blick auf einen baustellenspezifischen Gelzeitbereich ist es nun möglich, diesen zu definieren und den Aktivatorgehalt zu berechnen. Die gewünschte Gelzeit ist so zu wählen, dass mindestens drei Dosiermengen der

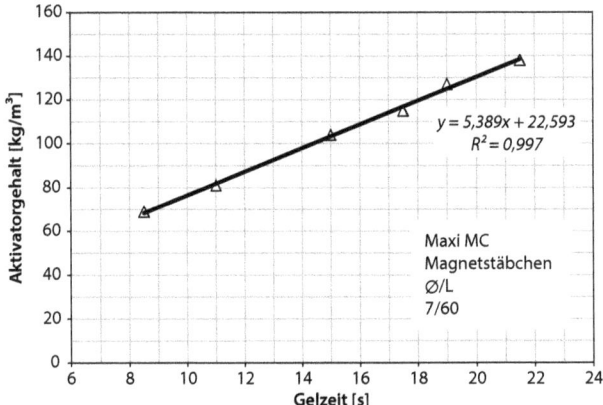

Bild 11. Gemessene Gelzeit in Abhängigkeit der umgerechneten Menge an Aktivatorgehalt, bezogen auf 1 m³ ± 0,025 m³

Komponente B betrachtet werden. Damit wird auch die grundsätzliche Vergleichbarkeit zwischen den jeweiligen Rezepturzusammensetzungen und Aktivator ermöglicht.

6.3 Versuchsreihe 2 – Untersuchung unterschiedlicher Magnetrührstäbchen

Mit der Versuchsreihe 2 wurde der Einfluss unterschiedlicher Magnetrührstäbchen detailliert untersucht. Ziel war es dabei, mit möglichst unterschiedlichen Magnetrührstäbchen die gleiche Verbrauchsmenge an Aktivator zu erhalten. Als Vergleichsmessung diente die Versuchsreihe 1. Es kamen mehrere zylindrische Magnetrührstäbchen zum Einsatz.

Im Bild 12 sind die ermittelten Gelzeiten grafisch dargestellt. Das Ergebnis zeigt eine sehr gute Korrelation, wobei die geringste Dosier-

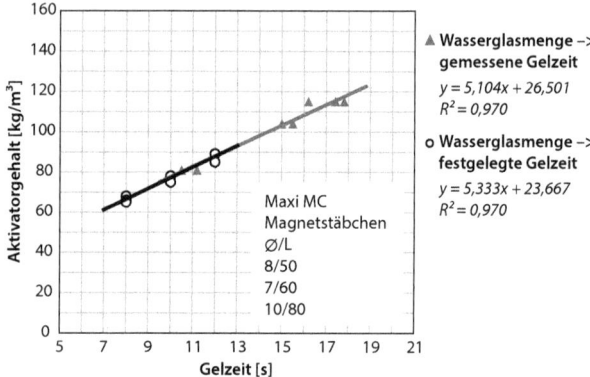

Bild 12. Darstellung gemessener Gelzeiten mittels drei unterschiedlicher Magnetrührstäbchen und resultierende Berechnung des Aktivatorgehaltes für drei definierte Gelzeiten

menge von 30 g wegen inhomogenen Materials nicht mitberücksichtigt wurde.

In dieser Versuchsreihe besteht kein signifikanter Unterschied in der Ermittlung der Aktivatorgehalte bei Anwendung unterschiedlicher Magnetrührstäbchen und Umdrehungsgeschwindigkeiten. Die gemessenen Gelzeiten ermöglichen es, durch die Regressionsgerade den gewünschten Gelzeit-Bereich mit zugehörigem Aktivatorgehalt zu berechnen. Dieser kann im Bild 12 anhand der Ausgleichgeraden für die festgelegte Gelzeit entnommen werden.

Nach der Becherentleerung des gelierten Materials zeigte sich allerdings eine Auffälligkeit. Das Material war – bis auf die Dosierung von 30 g und zum Teil 35 g Aktivator – durchgehend visuell homogen geliert. Der nicht vollständig gelierte Bereich am Becherboden zeigte sich gemäß Bild 13 bei allen drei Magnetrührstäbchen bis in ca. 1 cm Tiefe.

Bild 13. Suspension mit 30 g Wasserglas und einer ungelierten Menge am Becherboden

Dieser Bereich war nicht geliert bzw. hatte keine steife Konsistenz. Ab einer Zugabemenge von 45 g je 500 g Suspension waren ausnahmslos alle Gemische unter Verwendung der drei Rührstäbchen homogen geliert (Bild 14).

Bild 14. Alle Suspensionen sind von unten nach oben homogen geliert; v. l. n. r.: 10/80, 7/60, 8/50

6.4 Versuchsreihe 3 – Vergleich der Magnetrührtische und Magnetrührstäbchen

Nach erfolgter Auswahl eines geeigneten Bechers und möglicher Magnetrührstäbchen wird in dieser Untersuchungsreihe die Vergleichbarkeit am Markt erhältlicher Magnetrührtische herausgearbeitet. Die Entwicklung des hier vorgestellten Verfahrens liegt bereits einige Jahre zurück und wurde ausschließlich bei Projekten für Wayss & Freytag Ingenieurbau AG angewendet. Ein Vergleich ist notwendig, da der vorhandene Magnetrührtisch 1 nicht mehr gebaut wird und damit am Markt nicht mehr käuflich erworben werden kann. Hierdurch kommt es nun zwangsläufig zu einem Vergleich zwischen der alten und der neuen Generation von Magnetrührtischen.

Die nachfolgenden Untersuchungen wurden auf Grundlage der Mörtelzusammensetzung mit den Eigenschaften aus Abschnitt 6.1 durchgeführt. Infolge erster Tastversuche zeigte sich, dass nicht alle

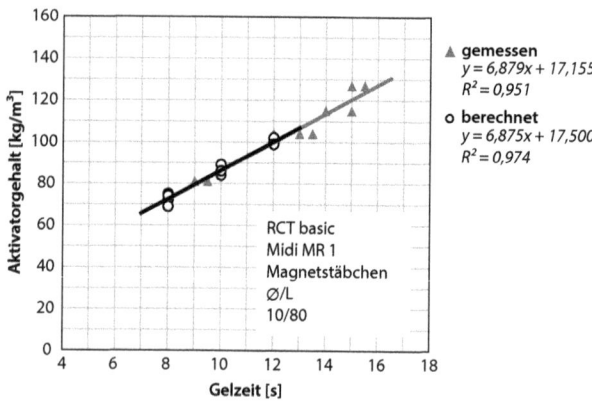

Bild 15. Auswertung der gemessenen und daraus berechneten Gelzeiten in Abhängigkeit der Magnetrührtische 2 und 3 sowie des Magnetrührstäbchens 10/80 mit zugehörigem Aktivatorgehalt

Magnetrührtische geeignet waren, um die üblicherweise fließfähige Suspension (Komponente A) in Bewegung zu setzen.

Die für die Auswertung durchgeführten Untersuchungen zeigen, dass es prinzipiell mit den Magnetrührstäbchen 7/60, 9/70 und 10/80 möglich ist, die Gelzeit zu bestimmen. Schließlich empfiehlt es sich, das Rührstäbchen 10/80 in Verbindung mit den Rührtischmodellen Nummer 2 (IKA Midi MR 1) und 3 (IKA RCT basic) anzuwenden. Die Auswertung der Modelle durch die Messung der Gelzeit sowie die Berechnung des Aktivatorgehaltes ergibt gemäß Bild 15 ein sehr gutes Ergebnis hinsichtlich der Korrelationskoeffizienten.

Es wurden folgende Ergebnisse erzielt:

- 3 Punkt Messreihen ergeben nahezu immer ein Bestimmtheitsmaß > 0,95, nur vereinzelt > 0,90
- die Magnetrührtische 2 und 3 gemäß Tabelle 2 sind geeignet für die Bestimmung der Gelzeit
- das handelsübliche Magnetrührstäbchen ⌀10/L80 mm liefert die genauesten Ergebnisse bei der Bestimmung der Gelzeit unter Einhaltung geringer Streubreiten
- der vorgeschlagene 1-Liter-Becher zum Rühren und Mischen der Suspension in Kombination mit Magnetrührtisch und dem Rührstäbchen ist ebenfalls optimal geeignet

7 Untersuchung der Vergleichbarkeit zwischen Bechermethode und Magnetrührmethode

Die allgemein übliche Methode, die Gelzeit von Zwei-Komponenten-Mörteln zu bestimmen, ist das Zusammenschütten der Komponente A und Komponente B mittels z. B. zweier Glas- oder Plastikbecher. Die Hypothese an dieser Stelle war, dass zum einen der Mensch als auch die Methodik selbst zu einem unsicheren Ergebnis führen und die Reproduzierbarkeit als gering einzustufen ist. Wenn man beachtet, dass immer dieselbe Prüfperson mit immer derselben Methode die Gelzeit ermittelt, wird es zu einer immer wiederkehrenden Übereinstimmung führen. Sobald aber wechselnde Prüfpersonen die Methode durchführen, so kann bzw. wird es auch zu abweichenden Ergebnissen kommen. Ziel war es daher, stichprobenartig diese Methode zu überprüfen und dem Magnetrührverfahren gegenüberzustellen.

7.1 Prüfbedingungen

Als Grundrezeptur diente die projektspezifische Zusammensetzung mit den Eigenschaften gemäß Abschnitt 6.1 Tabelle 4. Zum Umschütten der Stoffe wurden zwei Glasbecher mit einem Volumen von 400 ml verwendet. Für den Versuch wurden vier Personen mit dem Verfahren vertraut gemacht. Für die Umsetzung wurden die Proben abgewogen und jeweils in das Becherglas einzeln gefüllt. Eine unabhängige Person stoppte die Zeit. In Tabelle 6 wird der Mischablauf beschrieben.

Tabelle 6. Ablaufbeschreibung mit Bildern zur Bestimmung der Gelzeit mittels Becher-in-Becher-Methode

Ablaufbeschreibung	Bilddokumentation
Die gefüllten Becher jeweils in die rechte und in die linke Hand nehmen	
Die Stoppuhr wird gestartet, wenn Komponente A auf B trifft	

II. GE-TI-ME – Prüfverfahren zur Gelzeit-Bestimmung für Zwei-Komponenten-Mörtel

Ablaufbeschreibung	Bilddokumentation
Komponente A zuerst in die Komponente B schütten, anschließend zügiges Hin-und-Her-Schütten,	
bis das Gemisch nicht mehr aus dem Becher fließt	
Stoppuhr anhalten und Zeit notieren	

In Tabelle 7 sind die entsprechenden Prüfwerte der vier Prüfer mit jeweils drei Aktivatorgehalten dokumentiert.

Maschineller Tunnelbau

Tabelle 7. Ergebnisse der Gelzeit-Messung durch vier unterschiedliche Prüfer

Komponente A	Komponente B		Prüfer 1	Prüfer 2	Prüfer 3	Prüfer 4
Suspension	Aktivatorgehalt		gemessene Gelzeit			
[g]	[g]	[kg/m³]	[sec.]			
	15	69	8,2	9,8	9,0	12,0
250	20	92	11,0	12,0	12,2	16,8
	25	115	15,5	15,5	15,0	20,2

Die entsprechenden Mengen an Aktivator wurden zur Auswertung auf 1 m³ umgerechnet und für jeden einzelnen Prüfer grafisch ausgewertet.

Das Bild 16 a) zeigt recht deutlich, dass jeder einzelne Prüfer bei drei unterschiedlichen Aktivatorgehalten eine sehr hohe Prüfgenauigkeit aufweist. Untereinander ist zu erkennen, dass Prüfer 1, 2 und 3 bei der geringsten Dosierung den größten zeitlichen Unterschied besitzen und sich bei der höchsten Dosierung nahezu gleichen. Prüfer 4 hingegen weicht komplett von den anderen Prüfern ab. In Bild 16 b) wurden alle vier Prüfer in einem Diagramm linear ausgewertet. Dieses Ergebnis wäre wahrscheinlich in der Realität zu erwarten, wenn in einem Labor die Gelzeit bestimmt wird und ein anderer Prüfer später auf der Baustelle diese Prüfung ausführen muss bzw. bei dessen Ersatz bei z. B. Urlaubsvertretung. Insofern kann festgehalten werden, dass hier durch die stichprobenartige Auswertung eine hohe Abhängigkeit der Ergebnisse von den Prüfern vorhanden ist. Würde derselbe Prüfer die Messungen durchführen, ergäbe dies wahrscheinlich immer ähnliche Ergebnisse.

Anhand der Beobachtung, wie die einzelnen Prüfer die beiden Komponenten mischten, lässt sich folgende Erkenntnis bzw. Abhängigkeit angeben:

– wie weit voneinander weg bzw. wie nah zueinander hin die Gläser während des Hin-und-Her-Schüttens gehalten werden

II. GE-TI-ME – Prüfverfahren zur Gelzeit-Bestimmung für Zwei-Komponenten-Mörtel

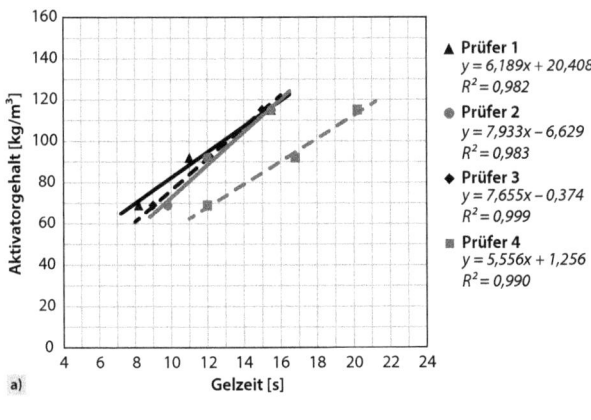

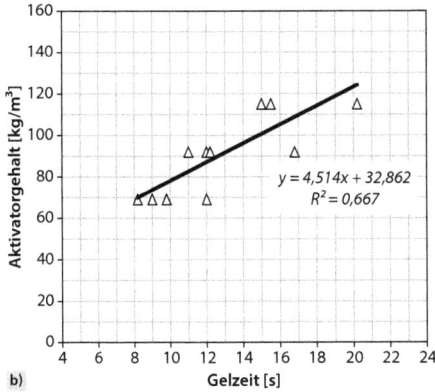

Bild 16. a) Einzelauswertung der Gelzeit der vier Prüfer; b) Gesamtauswertung der Gelzeit aller vier Prüfer

Maschineller Tunnelbau

- wie schnell oder wie langsam die beiden Komponenten von einem in das andere Glas geschüttet werden
- es bilden sich beim Hin-und-Her-Schütten kleine Verklumpungen, also keine homogene Masse
- individuelle Fähigkeiten/Geschicklichkeit der Probanden
- auch wenn die Ergebnisse der Probanden 1–3 dicht beieinander liegen, zeigt sich, dass mit deutlichen Abweichungen gerechnet werden muss
- wann die visuelle Gelierung wahrgenommen wird und
- es sind zwei Personen notwendig (eine prüfende Person und eine Person, die die Zeit stoppt)

Im Bild 17 ist die Gelzeit-Bestimmung mittels Bechermethode im Vergleich zur Magnetrührmethode aufgetragen.

Zusammenfassend lässt sich anhand der stichprobenartigen Untersuchung aussagen, dass die Becher-zu-Becher-Prüfung zwar einfach in der Handhabung, das Ergebnis allerdings nur eingeschränkt zu werten ist. Für eine fundierte Bestimmung der Gelzeit ist diese Me-

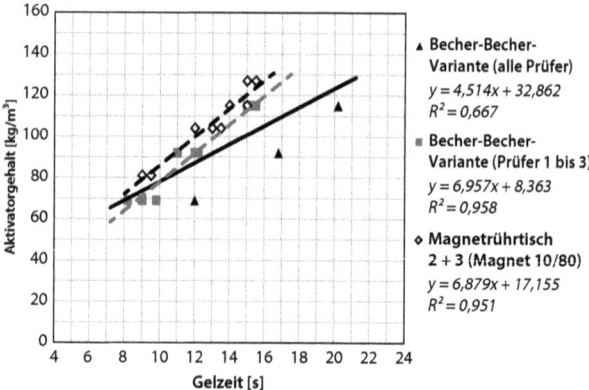

Bild 17. Vergleich der zwei Prüfmethoden zur Bestimmung der Gelzeit im Vergleich zum Aktivatorgehalt

thode – je nach Genauigkeit der Prüfer – genau oder ungenau, da ein hoher Unsicherheitsfaktor berücksichtigt werden muss. Die Prüfung mittels des hier vorgestellten Magnetrührverfahrens zeigt die jeweiligen Korrelationsfaktoren und unterstreicht die genauere Prüfmethode unter Beachtung von Unsicherheiten der Becher-Variante.

8 Anwendung des GE-TI-ME-Prüfverfahrens

Nachdem das Magnetrührverfahren durch diverse Voruntersuchungen und Vergleiche ausgewertet und bestätigt werden konnte, wird in diesem Abschnitt die Übertragbarkeit des Verfahrens beschrieben. Für die technische Beschreibung des Magnetrührverfahrens wurde der Name GE-TI-ME gewählt, der in seiner Abkürzung für Gel-Time-Measurement steht und die Gelzeit-Messung mittels Magnetrührverfahren beschreibt. Die nachfolgenden Ergebnisauszüge stammen aus abgeschlossenen Projekten der Wayss & Freytag Ingenieurbau AG und basieren auf der Messung mit dem Magnetrührtisch 1 und dem Magnetrührstäbchen 6/70 bzw. 10/80.

8.1 Untersuchung unterschiedlicher Wassergläser

Anhand der vorangegangenen Untersuchungen konnte herausgearbeitet werden, dass die Magnetrührmethode zur Bestimmung der Gelzeit angewendet werden kann. Demnach galt es herauszufinden, wie sich unterschiedliche Aktivatoren auf eine vorgegebene Rezeptur (Komponente A) gemäß Abschnitt 6.1 auswirken. Für diese Untersuchungen kamen sechs unterschiedliche Lieferanten zur Anwendung.

Mit Bezug auf die Praxis werden Anforderungen an die Gelzeiten und die Frühfestigkeiten gestellt [10]. Beide Anforderungen hängen direkt voneinander ab. In der folgenden Untersuchungsreihe wurde beispielhaft eine Mindestdosierung von 80 kg/m^3 Aktivator vorgegeben und soll damit die Mindestscherfestigkeit [10] oder eine projektspezifische Frühfestigkeitsanforderung darstellen. Weiterhin wurde zwecks Vergleichbarkeit eine Gelzeit von 8, 10 und 12 Sekunden zur Berechnung des Aktivatorgehaltes verwendet. Aus Sicht des Autors sowie aus den gesammelten Erkenntnissen scheint die größte Abhängigkeit mit Blick auf die Gelzeit darin zu bestehen, wie groß die Tunnelbohrmaschine bezogen auf den Bohrdurchmesser ist und wie viele Lisenen zur Injektion des Ringspaltmörtels über den Umfang des Schildes verteilt sind. Hinzu kommt die Zeit vom Zusammentreffen der Komponente A+B in der Lisene bis zum Zeitpunkt des Austritts. Es muss in jedem Fall sichergestellt werden, dass die Mindestgelzeit so gewählt wird, dass ein sicheres Fließen nach Austritt aus der Lisene und Füllen des Ringraumvolumens möglich ist und die notwendige Druckfestigkeit infolge der Belastung durch den ersten TBM-Nachläufer erreicht wird. Eine sichere Bettung der Tübbingröhre durch einen vollgefüllten Ringspalt hat einen hohen Stellenwert.

Mittels des durchgeführten Vergleiches nach Bild 18 an derselben Zwei-Komponenten-Mörtel-Zusammensetzung zeigte sich die unterschiedliche Auswirkung der verwendeten Aktivatorprodukte 1 bis 6. Anhand dieser Auswertung ist erkennbar, dass nur die Produkte 1 und 2 die gestellten Anforderungen bei der gleichzeitig zu erfüllenden

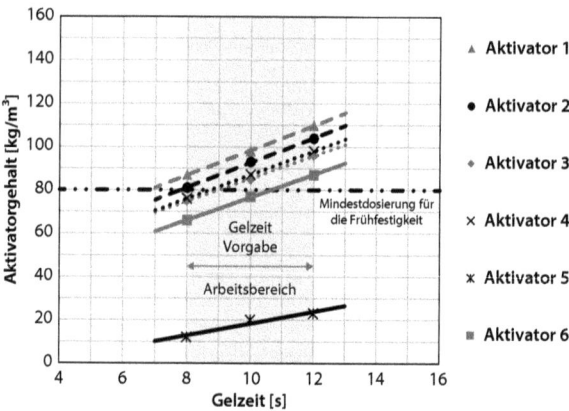

Bild 18. Auswertung der Aktivatorgehalte bezogen auf die Gelzeit einer Grundmischung (Komponente A) in Abhängigkeit vom eingesetzten Produkt

Mindestgelzeit von 8 Sekunden sicherstellen können. Die Produkte 3, 4 und 6 zeigen erst ab einer 10-Sekunden-Gelzeit die Erfüllung der Mindestanforderung (80 kg Wasserglas je m³), während Produkt 5 die Mindestanforderung im Bereich der vorgegebenen Gelzeiten überhaupt nicht erfüllen konnte und auch für die geforderte Frühfestigkeit keinesfalls ausreichen würde.

8.2 Untersuchungen unterschiedlicher Rezepturen und Aktivatoren

Bei der Untersuchung in Abschnitt 8.1 wurden Unterschiede in der Gelzeit bei unterschiedlichen Aktivatoren aufgezeigt. In dieser Versuchsreihe 8.2 wurden aus einem Ausführungsprojekt unterschiedliche Rezepturzusammensetzungen und ein Aktivator miteinander verglichen. Auf die einzelnen Rezepturunterschiede wird hier nicht eingegangen. Als Vergleichsgrundlage diente hierbei wieder der Gel-

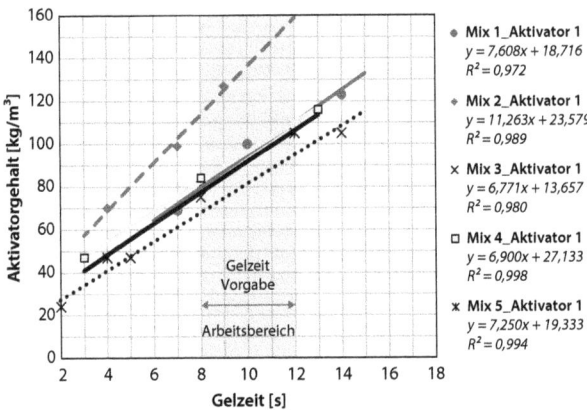

Bild 19. Auswertung und Vergleich unterschiedlicher Zwei-Komponenten-Mörtelrezepturen in Verbindung mit einem Aktivator

zeit-Bereich zwischen 8 und 12 Sekunden. Die Ergebnisdarstellung in Bild 19 zeigt zum einen, wie groß die Unterschiede in den Rezepturen sein können, aber es wird auch gezeigt, wie gleichmäßig die Gelzeit durch GE-TI-ME ermittelt werden kann. Würde man zusätzlich noch den Mindestanteil an Aktivator berücksichtigen, wären weitere Bewertungen wie z. B. Scherfestigkeit solcher Ergebnisse möglich.

8.3 Untersuchungen zum Einfluss der Temperatur und des Alters eines Zwei-Komponenten-Mörtels

Entwicklungen von geeigneten Rezepturen finden üblicherweise bei definierten Umgebungsbedingungen in einem Labor statt. Als Referenz wird regelmäßig 20 °C angegeben, was im Wesentlichen der Vergleichbarkeit dient. Die Übertragbarkeit auf die Baustelle und damit in die Realität sieht anders aus und die Herstellung von Zwei-Komponenten-Ringspaltmörtel unterliegt produktionstechnischen Schwankungen. Einflüsse können z. B. sein:

- Suspensionsmischer und Mischreihenfolge,
- die Umgebungstemperatur,
- Frischsuspensionstemperatur der Komponente A und
- die Umgebungsbedingungen bei Verwendung auf der Tunnelbohrmaschine
- Alter der Suspension zum Zeitpunkt des Mischens mit dem Aktivator
- Transporteinflüsse (Behälter, Rohrleitung)
- Vorhaltung (z. B. Rührbehälter).

Aus diesem Grund werden in diesem Abschnitt Beispiele aufgezeigt, wie mittels GE-TI-ME diese Randbedingungen ebenfalls sichtbar gemacht werden können. Anhand einer Zwei-Komponenten-Rezeptur wird in Bild 20 der Einfluss des Suspensionsalters nach Herstellung im Labor bei 20 °C Suspensionstemperatur (Komponente A) beispielhaft aufgezeigt.

Zu erkennen ist, dass der Verbrauch an Aktivator 8 Stunden nach Herstellung der Komponente A sich gegenüber der sofortigen Her-

II. GE-TI-ME – Prüfverfahren zur Gelzeit-Bestimmung für Zwei-Komponenten-Mörtel

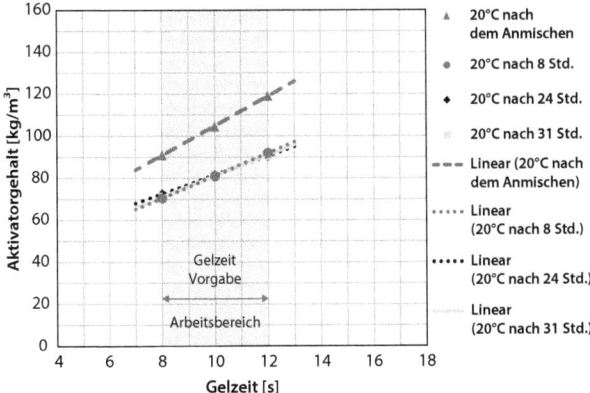

Bild 20. Auswertung über den Einfluss der Verarbeitbarkeitszeit der Komponente A unter Laborbedingungen

stellung um 20 kg/m³ verringert. Dieses Ergebnis wird bis 31 Stunden nach Herstellung der Komponente A beibehalten.

Mit Blick auf sommerliche Temperaturen bedeutet das, hohe Suspensionstemperaturen sowie eine hohe Temperatur auf der Tunnelbohrmaschine und im Umkehrschluss niedrige Temperaturen bei winterlichen Bedingungen. Die Ergebnisse im Zusammenhang mit unterschiedlichen Suspensionstemperaturen sind in Bild 21 dargestellt.

Die Auswirkungen unterschiedlicher Randbedingungen eines Zwei-Komponenten-Mörtels hängen – analog zu einem zementgebundenen System – von der Temperatur ab. Das bedeutet, dass z. B. hohe Temperaturen der Frischsuspension die Gelzeit beschleunigen und niedrige Temperaturen verzögern. Die Auswertung gemäß Bild 21 zeigt aber auch, dass bedingt durch höhere Temperaturen der Frischsuspension (Komponente A) der Aktivatorgehalt steigt und dieser bei

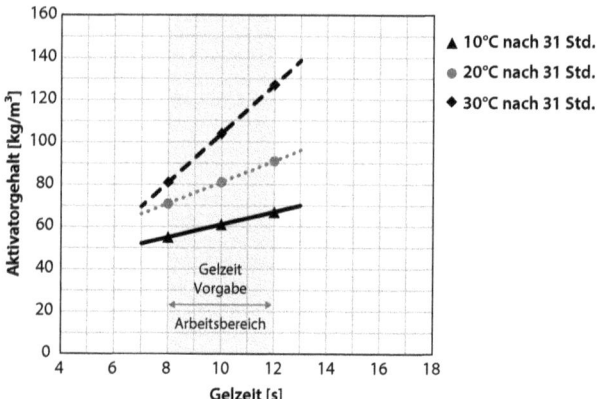

Bild 21. Auswertung über den Einfluss der Suspensionstemperatur der Komponente A unter Laborbedingungen nach 31 Stunden Verarbeitbarkeitszeit

geringen Suspensionstemperaturen sinkt. Es wird von chemischen Prozessen zwischen dem Zement und dem verwendeten Aktivator ausgegangen, die jedoch nicht Gegenstand dieser Veröffentlichung sind. Damit geht einher, dass sich die Materialausgangstemperaturen auf die Gelzeit und die Frühfestigkeit erheblich auswirken können. Diese Beispiele sollen verdeutlichen, dass es wichtig ist, die Auswirkungen unterschiedlicher Randbedingungen zu kennen. Es ist jedoch auch darauf hinzuweisen, dass sich Eigenschaften und Abhängigkeiten mit der Rezepturzusammensetzung ändern können.

8.4 Untersuchungen zur Vergleichbarkeit von GE-TI-ME im Labor und auf der Baustelle

Das hier vorgestellte Prüfverfahren soll dazu dienen, nicht nur im Labor, sondern auch auf der Baustelle z. B. in der Eigenüberwachung eingesetzt werden zu können. Mit diesem Abschnitt wird auf die Übertragbarkeit eingegangen, stichpunktartig werden die Ergebnisse dargestellt. Wird berücksichtigt, dass das Prüfequipment gleich – zumindest vergleichbar – ist und nur der Bediener ein anderer, sollte eine Übertragbarkeit möglich sein. Letztlich ist aber daran zu denken, dass die angemischte Suspension (Komponente A) im Labor auf das Gramm genau eingewogen und optimal aufgeschlossen wird. Dies ist unter Baustellenbedingungen nicht immer gegeben. Die Komponente A (Suspension) wird mittels unterschiedlichen Herstellungsprozessen gemischt. Zu nennen wären die ideale kolloidale Suspensionsaufbereitung oder die möglichen Abweichungen in der Ausgangsstoffverwiegung. Das alles bedeutet, dass das Prüfverfahren noch immer das gleiche ist, sich aber die Suspension anders verhalten kann. Aus diesem Grund ist es von Bedeutung, dass Parameter wie Suspensionsdichte, Marsh-Trichterauslaufzeit, eine korrekte Mischreihenfolge und Dosierung etc. kontrolliert und eingehalten werden. Im folgenden Bild 22 wird ein Vergleich von Ergebnissen zwischen Labor und Baustelle beispielhaft aufgezeigt.

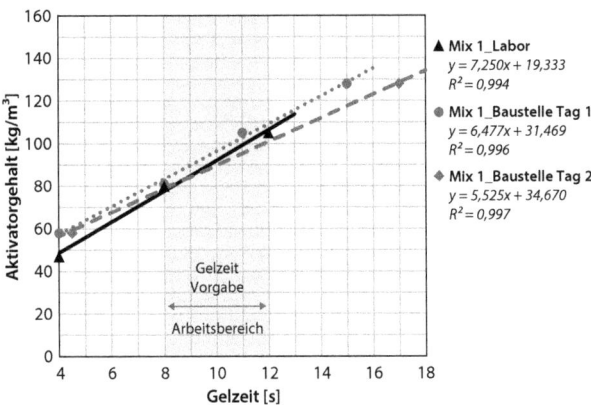

Bild 22. Darstellung der Vergleichbarkeit zwischen einer Laborprüfung und einer Baustellenprüfung anhand einer vorgegebenen Zwei-Komponenten-Mörtelrezeptur

Das Ergebnis zeigt, dass gegenüber der Erstprüfung im Labor unter definierten Bedingungen die Messung der Gelzeit mittels GE-TI-ME auf der Baustelle möglich ist und der Einfluss der umgesetzten Rezeptur sichtbar wird. Dem Grunde nach sind keine größeren Unterschiede erkennbar, wenn man wie in diesem Fall ausschließlich einen definierten Arbeitsbereich vergleicht. Die einzelnen Regressionsgeraden sind mit hohen Bestimmtheitsmaßen ausreichend genau und die Abweichungen zwischen den drei Messungen um ± 5 kg/m³ vom Laborwert ebenfalls. Mit diesem Beispiel soll verdeutlicht werden, dass zum einen das neue Prüfverfahren GE-TI-ME umgesetzt wird, aber auch eine gewisse Kontrolle stattfinden kann. Somit wäre bzw. ist es möglich, Abweichungen zu erkennen, aber auch in die Produktionslenkung einzugreifen. Vor allem aber kann der Verbrauch eines Aktivators mit dem Vortrieb auf der Tunnelbohrmaschine abgeglichen werden. Beispielhaft wurde an einem Produktionstag die Komponente A (Suspension) im Umlauf kontrolliert. Das bedeutet, wie verhalten sich die Suspensionseigenschaften auf dem Weg von der Mischanlage

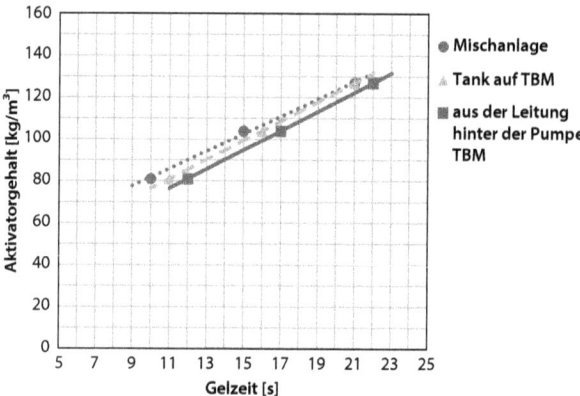

Bild 23. Suspensionseigenschaften hinsichtlich Gelzeit und Aktivatorgehalt auf der Mischanlage und der TBM

bis zur TBM. Im folgenden Bild 23 wird dies beispielhaft, jedoch mit zeitlichem Abstand der Messungen untereinander, verdeutlicht.

Letztlich geht mit der Gelzeit nicht nur die Gelierung einher, sondern die Entwicklung der Scherfestigkeit, welche für die frühe Bettung der Tübbingröhre von besonderer Bedeutung ist.

Für die Eigenüberwachung ist die Bestimmung der Gelzeit idealerweise in einem Baustellencontainer/Labor nahe der Mischanlage durchzuführen. Es empfiehlt sich, noch vor Vortriebsbeginn die Gelzeiten anhand der Dosierungsvorgaben zu analysieren. Zu Beginn der ersten Vortriebsmeter erfolgt dann produktionsbegleitend die Kontrolle der Gelzeit. Anschließend kann auf die entsprechende Tag- und Nachtschicht mit je einer Kontrolle umgestellt werden. Werden Auffälligkeiten bekannt, ist die Intensität wieder zu erhöhen. Bei Anlieferung neuer Ausgangsstoffchargen empfiehlt es sich, auch eine Zwischenkontrolle in Form einer Kontrollmessung durchzuführen. Letztlich hängen Eigenüberwachungen davon ab, welche Ziele und Anforderungen durch das QS-System erfüllt werden müssen. Zusätzlich sind die Anforderungen des Auftraggebers zu berücksichtigen.

9 Vergleich der ermittelten Gelzeit mittels Großversuch auf der Baustelle

Der Autor hatte bei einem Projekt in England die Möglichkeit, die im Labor ermittelte Gelzeit auf der Baustelle im Großversuch zu überprüfen. Die Frage war, ob die labortechnisch erfasste Gelzeit zum einen vergleichbar mit der Realität ist und zum anderen generell ausreichend ist, um den Ringspalt vollständig zu füllen. Die für die Baustellenversuche zur Verfügung gestellte Versuchsanlage (Bild 24) ist durch die Firma Herrenknecht AG gebaut worden und soll die Realität des Verpressvorgangs darstellen. Mit den gleichen Dosierpumpen, wie sie auf der TBM eingesetzt werden, sowie einer identischen Mischeinrichtung wird der Dosier- und Mischvorgang simuliert.

Mittels dieser Versuchseinrichtung ist es möglich, die Komponente A und B anzuschließen und durch den Steuerschrank die Vorgabe an

Bild 24. Baustellenversuchseinrichtung für den Zwei-Komponenten-Mörtel der Fa. Herrenknecht AG

den Aktivatorgehalt und den Verpressdruck einzustellen. Die Komponente A wurde in ausreichender Menge vorproduziert und der Aktivator mittels IBC (1000 Liter) angeschlossen.

Die im Versuchsstand vorhandene Lisenenlänge betrug ca. 1,10 m und die der Vortriebsmaschine ca. 1,50 m. Die Maße beziehen sich auf die Stelle der Eindüsung des Aktivators bis zum Austritt der Ringspaltverfüllmasse, Bild 25.

Um sich anfangs mit der Versuchseinrichtung vertraut zu machen, wurde das Zwei-Komponenten-System mit unterschiedlichen Aktivatorgehalten getestet und visuell beobachtet, wie die Ringspaltverfüllmasse am Ende des Hohlraumes ankam. Anhand einer festgelegten Dosiertabelle für den Aktivator in Vol.-% und der bekannten Gelzeit wurde während des simulierten Verpressvorgangs überprüft, ob die Gelierung vor oder nach dem Verlassen des an die Lisene anschließenden Hohlraumes stattfand. Idealerweise musste bei vorgegebenen Aktivatorgehalt und Gelzeit eine noch ausreichend fließfähige Ringspaltverfüllmasse aus der Lisene austreten. Dies sollte sicherstellen, dass während eines Vortriebs mit simultaner Ringraumverpressung auch der Hohlraum vollständig gefüllt wird.

Basierend auf den Kennwerten der Injektionspumpen, der Lisenengeometrie und den Durchflussgeschwindigkeiten ergaben sich für die Testmaschine in etwa rechnerisch 5 Sekunden ab dem Zeitpunkt der Vermischung von Komponente A + B bis zum Zeitpunkt des Austritts am Schildschwanz. Für die Tunnelbohrmaschine des Projektes ergaben sich rechnerisch ca. 6 bis 7 Sekunden. Diese Überschlagsberechnung machte deutlich, dass die Zeit bis zur Gelierung

Bild 25. a) Versuchseinrichtung mit Blick auf die Lisene und deren Aktivatorzuführung mit Auslauf in einen großen Rohrhohlraum; b) TBM-Schild mit Blick auf die Lisene und deren Aktivatorzuführung bis zum Schildschwanz

größer sein musste als die rechnerische Zeitdauer des Durchfließens der Lisene ab dem Zeitpunkt der Vermischung der beiden Komponenten. Somit musste ein Aufschlag kalkuliert werden, um ein sicheres Fließen des Mörtels zum Füllen des Ringspalts zu ermöglichen. Demzufolge waren Gelzeiten von mindestens 8 Sekunden zu kalkulieren. Für die Untersuchungen am Versuchsaufbau wurden Aktivatorgehalte von 4, 6, 8 und 10 Vol.-% vorgenommen. Dies entsprach einer gemessenen Gelzeit zwischen 4 und 18 Sekunden. Die Versuchsergebnisse an der Testmaschine zeigten, dass 4 Vol.-% (ca. 4,5 sec. Gelzeit) nicht akzeptabel waren, da sofort nach Austritt aus der Lisene gelierter Zwei-Komponenten-Mörtel beobachtet wurde. Erst ab einer Dosierung von 6 Vol.-% Aktivator (ca. 8 sec. Gelzeit) trat flüssiger Mörtel aus der Lisene aus. Die zeitliche Verlängerung der Gelzeit konnte bezogen auf den Aktivatorgehalt bis 10 Vol.-% bestätigt werden.

Die gewonnenen Erkenntnisse zeigten drei wichtige Punkte auf:

- Eine Gelzeit von < 8 Sekunden sollte nicht angewendet werden. Im Versuchsstand zeigte sich, dass bei Austritt keine flüssige Ringspaltverfüllmasse ankam, sondern eine bereits gelierte Masse. Bezieht man dies auf einen möglichen Verpressvorgang unter realen Bedingungen, so ist mit einer zu schnellen Gelierung der Ringspaltverfüllmasse zu rechnen und damit wäre ein erhöhtes Risiko durch eine unvollständige Ringraumfüllung vorhanden. Die Gelzeit ist mit der Maschinentechnik und den Randbedingungen der TBM abzustimmen.

- Die Gelzeit ist am Versuchsstand nicht direkt messbar, zeigt aber aufgrund der Einstellungen für die Aktivatorgehalte die annähernde Richtigkeit der geprüften Gelzeiten. Eine ausreichend lange Fließfähigkeit des Zwei-Komponenten-Mörtels nach Austritt aus der Lisene geht einher mit der eingestellten Gelzeit durch die Zugabe vom entsprechenden Aktivatorgehalt.

- Die Einstellungen des volumetrischen Aktivatorgehaltes an der Dosierautomatik der Ringspaltmörtelverpressanlage sollte 0,5 bis 1 Vol.-% höher eingestellt werden. Dies dient einem gewissen Vorhaltemaß zur Sicherstellung der Mindestgelzeit bei eventuellen

Dosierabweichungen oder dazu, Schwankungen der Zementdruckfestigkeit nach unten auszugleichen. Aus diesem Grund ist die Eigenüberwachung unerlässlich.

Aus Sicht des Autors konnte somit nachgewiesen werden, dass es einen Zusammenhang zwischen der ermittelten Gelzeit durch das GE-TI-ME-Verfahren und einem simulierten Vortrieb mittels des Herrenknecht-AG-Versuchsstandes gibt.

10 Empfehlung zum Prüfverfahren GE-TI-ME

Auf Basis der durchgeführten Untersuchungen und deren Ergebnissen sowie den Erfahrungen aus Projekten werden Empfehlungen in Tabelle 8 abgeleitet, um einen möglichst einheitlichen Prüfstandard zu erreichen.

Tabelle 8. Grundausstattung zum Messen der Gelzeit

Magnetrührtisch	mit Motor; Abgabeleistung ≥ 6,5 Watt; Anzeige digital; 0–1000 U/min
Magnetrührstäbchen	Material: PTFE; zylindrisch ⌀/L 10/80 mm
Becher	H = 110 mm ⌀ u = 100 mm ⌀ o = 130 mm V = 1000 ml
Zubehör	Spritze 50 (60) ml; Stoppuhr

Eine definierte Versuchsreihe besteht aus mindestens drei Messungen. Im Allgemeinen müssen Erstprüfungen bei einer frisch hergestellten Suspension (Komponente A) zwischen 18°C und 22°C durchgeführt werden. Zur Messung der Gelzeit beträgt die Suspensionsmenge 500 g. Die Suspension (Komponente A) kann durch eine entsprechend große Charge hergestellt werden, um drei Einzelmessungen innerhalb einer kurzen Zeit (ca. 15 Minuten) durchführen zu können. Von jeder Charge der Komponente A sind die Suspensionseigenschaften (Dichte, Temperatur, Marsh-Trichterauslaufzeit) zu prüfen und zu dokumentieren.

Der zu verwendende Aktivatorgehalt wird mit mindestens 35 g empfohlen. Mehr als 55 g Aktivatorgehalt sind nicht notwendig, da mittels einer Regressionsgeraden die Berechnung der weiteren Aktivatorgehalte möglich ist. Kleinere Dosierschritte sind möglich, allerdings sind die zeitlichen Differenzen zwischen den Dosierschritten zu gering und es kann zu größeren Messungenauigkeiten führen. Daher werden die gemäß Tabelle 9 aufgelisteten Dosierschritte empfohlen.

Tabelle 9. Versuchsreihe zur Bestimmung der Gelzeit und einer Regressionsgeraden

Einwaage		Ergebnis
Komponente A Suspension	Komponente B Aktivatorgehalt	Gelzeit
500 g	35 g	... sec
	45 g	... sec
	55 g	... sec

Die notwendigen Umdrehungsgeschwindigkeiten zur Erzeugung eines sichtbaren Strudels bis auf das Magnetrührstäbchen sind vorab zu prüfen, sie hängen von den Suspensionseigenschaften sowie vom verwendeten Magnetrührstäbchen ab. Innerhalb einer festen Versuchsreihe dürfen keine Parameter geändert werden. Werden die Versuchsparameter variiert – z. B. zur Überprüfung des Einflusses der Suspensionstemperatur – ist zu kontrollieren, ob die Umdrehungsgeschwindigkeit noch ausreichend ist. Demnach ist für die Versuche und deren Nachvollziehbarkeit eine detaillierte Dokumentation unerlässlich.

Mittels einzelner Messungen in einer Versuchsreihe soll eingegrenzt werden, in welchem Bereich die Gelzeit mit dem ausgewählten Aktivatorprodukt und/oder der gewählten Suspensionszusammensetzung liegt. Darüber hinaus sind diese Ergebnisse mit den ggf. geforderten Gelzeiten aus dem Projekt zu vergleichen. Um später auf der Baustelle die Eigenüberwachung durchzuführen, muss das gleiche Prüfequipment vorhanden sein. Im Folgenden wird zur Bestimmung der Gelzeit die Versuchsdurchführung beschrieben:

Versuchsdurchführung zur Bestimmung der Gelzeit:

- Suspension herstellen
- Suspension und gewählten Aktivatorgehalt abwiegen
- Magnetrührstäbchen in den Becher legen
- Suspension in den Becher füllen
- Gefüllten Becher auf den Magnetrührtisch stellen
- Langsam die Umdrehung steigern, bis der erzeugte Strudel auf die Oberfläche des Magnetrührstäbchens reicht
- die gefüllte Spritze mit dem Aktivator kurz über dem Strudel positionieren
- Stoppuhr zur Hand nehmen
- mit Beginn (Erstkontakt) des schnellen Einspritzens des Aktivators wird die Stoppuhr gestartet
- die Stoppuhr wird gestoppt, wenn sich die rotierende Suspensionsoberfläche vollständig geschlossen hat
- Gelzeit auf 0,5 sec. genau ablesen und dokumentieren

Für die Versuchsdurchführungen hat sich nach kurzer Einarbeitungszeit gezeigt, dass nur eine Person notwendig ist. Auf die persönliche Schutzausrüstung ist zu achten.

Für eine Prüfberichterstellung ist es notwendig, alle wesentlichen Randbedingungen, Prüfequipment und Suspensionseigenschaften zur Nachvollziehbarkeit zu dokumentieren.

11   Zusammenfassung und Ausblick

Die vorliegenden Erfahrungen zur Gelzeit-Bestimmung am Zwei-Komponenten-Mörtel wurden vor allem durch die eigenen Ringspaltmörtelentwicklungen und deren intensive Projektbegleitung gesammelt. Durch die Verwendung eines Magnetrührtisches und eines Magnetrührstäbchens konnte die Mischbarkeit von Komponente A und B untersucht und bewiesen werden. Grundsätzlich ist festzustellen, dass es durch die vorgestellte Versuchsdurchführung möglich ist, die Gelzeit sehr genau zu ermitteln. Dabei zeigte sich, dass eine Mindestumdrehungsgeschwindigkeit notwendig ist, um einen zentrischen Wirbel in der Suspension (Komponente A) für die Dosierung des Aktivators zu erzeugen. Es hat sich bewährt, den Strudel bis auf die Magnetrührstäbchenoberfläche einzustellen. Durch die Anwendung unterschiedlicher Magnetrührstäbchen sind angepasste Umdrehungsgeschwindigkeiten notwendig. Es ist anhand der Ergebnisse zu empfehlen, dass ein Aktivatorgehalt nicht unter 35 g je 500 g Suspension erfolgen sollte. Ein Aktivatorgehalt über 55 g je 500 g Suspension ist nicht erforderlich. Der Prüfbereich zwischen 35 g und 55 g deckt einen üblichen Gelzeit-Bereich ab. Mithilfe ermittelter Regressionsgeraden ist es zudem möglich, die gewünschten Gelzeiten festzulegen und den benötigten Aktivatorgehalt zu ermitteln.

Damit decken sich die gesammelten Erfahrungen aus den vergangenen Jahren, welche zudem mit den neuen Magnetrührtischen verifiziert werden konnten. Der größte Unterschied besteht darin, dass sich mit dem alten Rührgerät IKA Maxi MC die Rührstäbchen 7/60 und 10/80 in ihrer Wirkweise kaum unterschieden, währenddessen das Rührstäbchen 10/80 besser für die heutigen neuen Modelle geeignet ist. Nach heutigem Stand der Erkenntnisse ist mit einer Streubreite unter sonst gleichen Bedingungen bei der Bestimmung der Gelzeit mittels GE-TI-ME von ± 0,5 sec bezogen auf den Mittelwert der Messungen auszugehen und in etwa ± 4 kg/m^3 bei der Berechnung des Aktivatorgehaltes.

Eine Ermittlung der Gelzeit z. B. durch Hin-und-Her-Schütten zweier Becher hat sich stichprobenartig zwar als möglich erwiesen, aber die Streuungen und die vielen Abhängigkeiten machen diese Vorgehensweise recht ungenau. Der Vergleich mittels Prüfverfahren GE-TI-ME zeigt eine wesentlich genauere Ermittlung der Gelzeit mit zudem wesentlich geringeren Streuungen und Abhängigkeiten.

Die mittels GE-TI-ME festgestellten Gelzeiten konnten anhand eines Baustellenversuchs mit einer Herrenknecht-Testanlage bestätigt werden. Hierfür diente die rechnerische Ermittlung der Durchflusszeit

II. GE-TI-ME – Prüfverfahren zur Gelzeit-Bestimmung für Zwei-Komponenten-Mörtel

des Zwei-Komponenten-Mörtels ab dem Zeitpunkt der Vermischung bis zum Austritt aus der Lisene zuzüglich eines Aufschlages für ausreichendes Fließen im Ringraum. Für den Anwendungsfall auf der Baustelle ergab sich eine Mindestgelzeit von größer 8 Sekunden.

Baustellenerfahrungen zeigen auch, dass GE-TI-ME durch Anwendung gleicher Prüfausrüstung ein Mittel zur Eigenüberwachung darstellen kann. Die Methodik ist weitgehend unabhängig vom Anwender. Eine kurze Einweisung ist notwendig, um sich mit dem Prüfablauf vertraut zu machen. Die Durchführung der Prüfung ist durch eine Person möglich.

GE-TI-ME ist ebenfalls zum Optimieren und Forschen geeignet. Es wird gebeten, Erfahrungen mit diesem neuen Prüfverfahren dem Autor unter maik.weber@wf.bam.com mitzuteilen.

Literatur

[1] TAC Corporation (2021) *Backfill Grout Injection [online]*. TAC Corporation. http://www.tac-co.com/enoutline/TAC%20Presentation.pdf [Zugriff am: März 2021].

[2] Wayss & Freytag Ingenieurbau AG (2000) *Ringspaltmörtel-ETAC*. Ort: Wayss & Freytag Ingenieurbau AG. Internes Dokument.

[3] Wayss & Freytag Ingenieurbau AG (2002) *Verpressmörtel*. Ort: Wayss & Freytag Ingenieurbau AG. Internes Dokument.

[4] Schulte-Schrepping, C. (2020) *Materialkonzepte zur Aktivierung von Ringspaltverfüllmaterialien im maschinellen Tunnelbau* [Dissertation]. Ruhr-Universität Bochum.

[5] Shah, R. (2017) *numerical study on backfilling of the tail void with two-component grout based on laboratory* [Thesis]. Politecnico di Torino.

[6] Simem Underground (2021) *Expertise Technical Case Studies* [online]. Abbotsford, BC – Canada: Simem Underground. https://simemug.com/technical-case-studies/testing-procedures-for-two-component-annulus-grouts [Zugriff am: März 2021].

[7] Peila, D.; Bori, L.; Pelizza, S. (2021) *The behaviour of a two component Back-filling grout used in a tunnel-boring machine* [online]. https://www.researchgate.net/publication/272480903_The_behaviour_of_a_two-component_backfilling_grout_used_in_a_tunnel-boring_machine [Zugriff am: März 2021].

[8] Wikimedia Foundation Inc. (2021) *Wasserglas* [online]. San Francisco: Wikimedia Foundation Inc., https://de.wikipedia.org/wiki/Wasserglas [Zugriff am: März 2021].

[9] DIN 4126:2013-09 (2013) *Nachweis der Standsicherheit von Schlitzwänden* (September 2013). Beuth, Berlin.

[10] Schulte-Schrepping, C.; Youn-Cale, B.-Y.; Breitenbücher, R. (2018) *Festigkeitsentwicklung von Zwei-Komponenten-Mörteln für die Ringspaltverpressung* in: Tunnel 3/2018, S. 24–33.

Deutsche Gesellschaft für Geotechnik e.V. (Hrsg.)

Empfehlungen des Arbeitskreises „Baugrunddynamik"

- Bereitet ein schwer zu überblickendes Fachgebiet praxisgerecht auf
- Fasst den aktuellen Stand der Technik zusammen
- Praxisnahe Anwendungsbeispiele

Die „Empfehlungen des Arbeitskreises Baugrunddynamik" erläutern die Wellenausbreitung im Untergrund, zeigen wie die Bodenkennwerte für dynamische Berechnungen ermittelt werden und behandeln dynamisch belastete Fundamente und Pfahlgründungen sowie bleibende Verformungen.

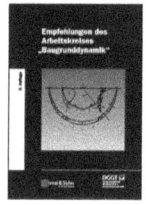

2018 · 174 Seiten · 71 Abbildungen · 20 Tabellen

Hardcover
ISBN 978-3-433-03198-8
€ 59*

eBundle (Print + PDF)
ISBN 978-3-433-03287-9
€ 79*

BESTELLEN
+49 (0)30 470 31-236
marketing@ernst-und-sohn.de
www.ernst-und-sohn.de/3198

* Der €-Preis gilt ausschließlich für Deutschland. Inkl. MwSt.

III. Entwicklung eines Vorauserkundungssystems zur frühzeitigen Erkennung der Bodenverhältnisse im Lockergestein beim maschinellen Vortrieb

Gerhard Wehrmeyer, André Heim, Maximilian Merl

Um die Bodenverhältnisse während eines Tunnelvortriebs mit einer Tunnelbohrmaschine (TBM) zu beobachten und beurteilen zu können, sind Systeme erforderlich, die sich möglichst nahtlos in den Vortriebsprozess einfügen und deren Ergebnisse gut interpretierbar sind. Bauausführenden Unternehmen und Projektpartnern stehen heute für alle Maschinentypen Möglichkeiten der Vorauserkundung zur Verfügung. Für Hartgesteinsmaschinen, Einfach- und Doppelschilde sowie Gripper-TBM bietet Herrenknecht das Integrated Seismic Prediction (ISP-) System an. Das Sonic Softground Probing EPB (SSP-E), zunächst für den Einsatz auf Erddruckschilden (Earth Pressure Balance, EPB) konzipiert, wurde inzwischen für Vortriebe mit Mixschilden oder Multi-Mode-TBMs weiterentwickelt. Im Vergleich zu dem bereits seit vielen Jahren bekannten seismischen Herrenknecht-Vorauserkundungssystem SSP speziell für Mixschilde sind beim SSP-E keine Komponenten innerhalb des Schneidrads notwendig. Mit SSP-E ist die Baustellencrew in der Lage, für den TBM-Vortrieb relevante Hindernisse oder geologische Wechselzonen frühzeitig zu detektieren. Das System ermöglicht den Verantwortlichen vor Ort ein vorausschauendes Handeln und die Optimierung des TBM-Vortriebs. Das System nutzt die Methode der Reflexionsseismik. Mit speziell konfigurierten Systemkomponenten und einem hohen Automatisierungsgrad wird die Vorauserkundung einfach in die üblichen Arbeitsabläufe auf der TBM integriert. SSP-E detektiert Unterschiede in der seismischen Impedanz des Baugrunds vor der TBM, die durch signifikante und abrupte Änderungen der geologischen Situation sowie durch künstliche Hindernisse wie Bohrpfahl- oder Spundwände verursacht werden. Im folgenden Beitrag werden Ergebnisse des Einsatzes der Prototypen sowie des zwischenzeitlich zur Marktreife entwickelten Systems vorgestellt. Außerdem werden Adaptionen für den Einsatz auf Mixschilden und Multi-Mode-TBMs wie beispielsweise einer Variable Density TBM aufgezeigt. Die Kombination der SSP-E-Ergebnisse mit zusätzlich verfügbaren Daten beispielsweise aus Schneidrollen-Überwachungssystemen bietet dem TBM-Fahrer eine noch bessere Handlungsgrundlage. Zusammengeführt kön-

nen die aus verschiedenen Quellen stammenden Informationen als eine Art Ortsbrust-Monitoring fungieren.

Development of an advance exploration system for the early detection of soil conditions in unconsolidated rock during mechanized tunnelling

To be able to observe and assess the ground conditions during tunnelling with a tunnel boring machine (TBM), systems are required that fit as seamlessly as possible into the boring process and whose results can be easily interpreted. Today, construction companies and project partners have access to advance exploration options for all machine types. For hard rock machines, such as Single and Double Shield TBM as well as Gripper TBM, Herrenknecht offers the Integrated Seismic Prediction (ISP). The Sonic Softground Probing EPB (SSP-E), initially designed for use on EPB Shields, has since been further developed for tunnel drives done with Mixshields or Multi-mode TBMs. Compared to the seismic Herrenknecht prediction system SSP specifically for Mixshields, which has been known for many years, SSP-E does not require any component installed inside the cutting wheel. With SSP-E, the construction site crew is able to detect obstacles or changing geological zones relevant to TBM tunnelling at an early stage. The system enables those responsible on site to act with foresight and optimize TBM tunnelling. The system uses the method of reflection seismics. With specially configured system components and a high degree of automation, advance exploration is easily integrated into the usual workflow on the TBM. SSP-E detects differences in the seismic impedance of the ground in front of the TBM caused by significant and abrupt changes in the geological situation as well as by artificial obstacles such as bored pile or sheet pile walls. In this paper, results from the operation of the prototypes as well as from the system meanwhile developed to market maturity are presented. In addition, adaptations for use of SSP-E on Mixshields and Multi-mode TBMs such as Variable Density TBM are shown. Combining the SSP-E results with additionally available data, for example from disc cutter monitoring systems, provides the TBM operator with an even better basis for action. Merged, the information coming from different sources can act as a kind of tunnel face mapping.

1 Hintergrund/Einführung

Der moderne maschinelle Tunnelbau ermöglicht es, Tunneltrassen exakt dort zu realisieren, wo sie benötigt werden. Denn in den letzten Jahrzehnten wurden im Hinblick auf das Spektrum an Projektpara-

III. Vorauserkundungssystem zur frühzeitigen Erkennung der Bodenverhältnisse

metern, die sicher beherrscht werden können, immense Fortschritte erzielt: Vorauserkundungs- und/oder Überwachungssysteme, die relevante Veränderungen der Geologie erkennen können, unterstützen auf herausfordernden Trassen einen sicheren und gleichzeitig möglichst schnellen Tunnelvortrieb.

Im Projektvorfeld erhobene Baugrundinformationen können während des Tunnelvortriebs durch seismische Vorauserkundungssysteme sowie Systeme, die Informationen über die Verhältnisse an der Ortsbrust bieten, systematisch konkretisiert werden. Diese Systeme tragen dazu bei, den Vortrieb zu optimieren, indem sie den TBM-Fahrer und die Projektingenieure auf sich verändernde geologische Verhältnisse und auf daraus folgende mögliche Risiken für den Tunnelvortrieb aufmerksam machen. Auf diese Weise liefern die Vorauserkundungssysteme zusätzliche Informationen für einen erfolgreichen Projektabschluss. Darüber hinaus kann ein derartiges Detektionssystem dazu beitragen, Bohrungen zur Vorauserkundung von der TBM aus (die unter Umständen einen längeren Stillstand der TBM erfordern) zu reduzieren und somit Zeit zu sparen.

Für den Tunnelbau im Hartgestein unter atmosphärischen Bedingungen steht von Herrenknecht das Integrated Seismic Prediction (ISP-) System für Gripper- und Schildmaschinen zur Verfügung. ISP detektiert mit einer Reichweite bis zu 120 m vor der TBM Anomalien mit einer Größe ab 5 bis 10 m.

In Projekten mit nicht kohäsiven, rolligen Böden und hohen Wasserdrücken wurde bisher das Sonic Softground Probing (SSP) für Mixschildvortriebe genutzt. Mit dem SSP können Anomalien ab 0,5 m Größe bis zu 40 m vor der Maschine detektiert werden.

Für den TBM-Vortrieb in weichen, meist kohäsiven Böden mit einem hohen Feinkornanteil werden überwiegend Erddruckschilde (Earth Pressure Balance, EPB) eingesetzt. Für diese Anwendungen wurde das neue Sonic Softground Probing EPB System (SSP-E) entwickelt.

Beim SSP-E sind alle Komponenten innerhalb des Schilds im atmosphärischen Bereich installiert und somit leicht zugänglich. Dieser Vorteil war mit ausschlaggebend für die weitere Entwicklung und die

Adaption des Systems für Mixschilde und Multi-Mode-Maschinen. Durch die Nutzung gleichartiger Senderhardware wie beim etablierten System für Mixschilde werden mit SSP-E in Bezug auf die Detektionsleistung ähnliche Ergebnisse erwartet.

Seit Beginn der Entwicklung und dem Einsatz zweier Prototypen wurde das SSP-E-System bis heute in sieben weiteren TBM integriert, für Tunnelvortriebe in Deutschland und Frankreich sowie in China und Südkorea.

2 Ziele

In diesem Beitrag wird die Entwicklung des SSP-E vom Prototyp bis zum Einsatz des marktreifen Systems auf Herrenknecht-TBM beschrieben. In Fallstudien wird die Funktionalität anhand erfolgreicher Detektionen von Geologieänderungen und Baukörpern in der Tunneltrasse dargestellt. Diese beinhalten Ergebnisse aus Prototypeinsätzen beim Bau des Albvorlandtunnels (Deutschland) und beim französischen Großprojekt Grand Paris Express sowie Erfahrungen aus dem Einsatz der nächsten Generation, des marktreifen Systems, ebenfalls im Rahmen von Grand Paris Express.

Für die Weiterentwicklung bzw. Verifizierung des Systems boten sich im Rahmen der ersten und dritten Fallstudie ideale Gegebenheiten: Entlang der Tunneltrassen trafen die Vortriebe auf künstliche, vertikal ausgerichtete Hindernisse mit großen reflektierenden Oberflächen in Tunnelrichtung, wie Bohrpfahlwände oder Jet-grouting-Zonen. Deren Position war bereits im Voraus bekannt, ebenso die Ausrichtung, wodurch sie als „ideale" Hindernisse für die Kalibrierung und Verifizierung des SSP-E-Systems verwendet werden konnten.

3 Methodik

Frühere Erfahrungen mit dem SSP-Vorauserkundungssystem in Mixschilden zeigten, dass Wartungsarbeiten während des Vortriebs nur schwierig durchzuführen sind. Die Hauptmesskomponenten Sender und Empfänger waren im Schneidrad installiert und dadurch im Verlauf des Tunnelvortriebs, insbesondere bei einer mit Druck beaufschlagten Abbaukammer, nur mit erheblichem Aufwand zugänglich.

Maßgabe für die Entwicklung eines Vorauserkundungssystems für den Einsatz auf EPB-Schilden war daher, dass keine Komponenten im Schneidrad installiert werden müssen und alle Bestandteile mit einfachen Mitteln ausgewechselt werden können.

3.1 Hardware

Die Hauptkomponenten von SSP-E sind ein Sender und drei Empfängerzylinder (Bild 1), positioniert im atmosphärischen Bereich des Schilds der TBM. Somit ist die gesamte Messhardware ohne großen Zusatzaufwand erreichbar und austauschbar.

Der Sender befindet sich radial im Sohlbereich des Schilds. Er ist bündig mit dessen Außendurchmesser und hat dadurch direkten Kontakt zur umgebenden Geologie. Die Empfängerzylinder sind an der Druckwand montiert. Sie befinden sich während des Vortriebs hinter schützenden Absperrschiebern und werden während jeder

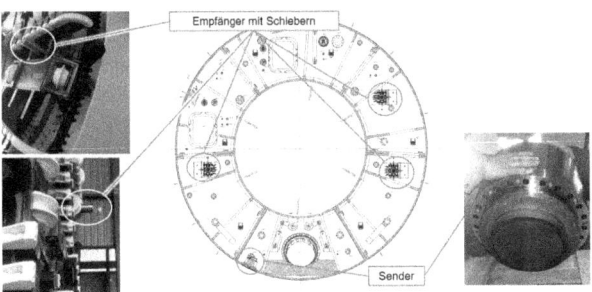

Bild 1. Übersicht über die Messhardware. Das SSP-E-System besteht aus drei ausfahrbaren Empfängerzylindern (Fotos links sowie obere Markierungen im Querschnitt, dort mit Absperrschiebern) sowie einem Sender (Foto rechts sowie Markierung unten links im Querschnitt).

Ringbauphase durch die Abbaukammer und das Schneidrad nach vorne geschoben und an die Ortsbrust gepresst.

Weitere Bestandteile des SSP-E-Systems sind die zur Erzeugung des Sendesignals, des sogenannten Sweeps, notwendige Hardware sowie die zur Aufzeichnung, Verarbeitung und Visualisierung der gewonnenen Daten erforderliche Software.

3.2 Messablauf

Das System ist vollständig in den Betriebszyklus der TBM integriert. Der kontinuierliche Einsatz des Vorauserkundungssystems SSP-E führt daher zu keiner Verzögerung des Vortriebs.

Die Empfänger des SSP-E-Systems sind während des Bohrens der TBM eingefahren. Sobald die Baustellencrew den Bohrhub beendet hat und in den Ringbau-Modus wechselt, aktiviert der TBM-Fahrer im Steuerstand mit zwei Knopfdrücken den automatischen Ablauf für einen SSP-E-Messdurchgang.

Dabei wird zunächst das Schneidrad automatisch so positioniert, dass alle Empfängerzylinder durch die Abbaukammer und das Schneidrad hin zur Ortsbrust ausgefahren werden können. Anschließend wird der Sender aktiviert und sendet ein seismisches Sweep-Signal in den Boden. Die von eventuell in der Bohrtrasse liegenden Anomalien reflektierten seismischen Wellen werden von den ausgefahrenen Empfängern an der Ortsbrust aufgezeichnet. Danach werden die Empfänger wieder eingefahren und die Absperrschieber geschlossen. Das dadurch an die SPS der TBM gesendete Signal über den Abschluss der Messung erteilt dem TBM-Fahrer die Freigabe, dass, zumindest vonseiten des SSP-E-Systems aus, der nächste Vortriebszyklus gestartet werden könnte.

Dieser automatische Messablauf beansprucht ca. 6 min und liegt somit erheblich unter den durchschnittlichen Ringbauzeiten. So wird eine kontinuierliche, ringweise, vortriebsbegleitende Vorauserkundung ermöglicht. Das System verursacht keinerlei zusätzliche Stillstände oder Ausfallzeiten der TBM. Bei Bedarf kann der Messablauf

III. Vorauserkundungssystem zur frühzeitigen Erkennung der Bodenverhältnisse

zudem jederzeit manuell unterbrochen werden, die TBM ist dann innerhalb von ca. 30 s vortriebsbereit.

Das SSP-E wird von der Steuerkabine aus bedient. Im Normalbetrieb wird der Automatikmodus (Bild 2a) genutzt. Zusätzlich steht ein manueller Modus zur Verfügung, der erweiterte Interaktionsmöglichkeiten mit der Messhardware bietet (Bild 2b). In diesem können Emp-

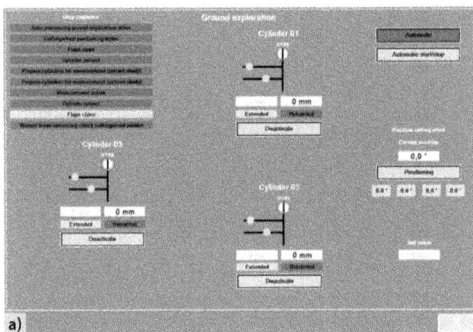

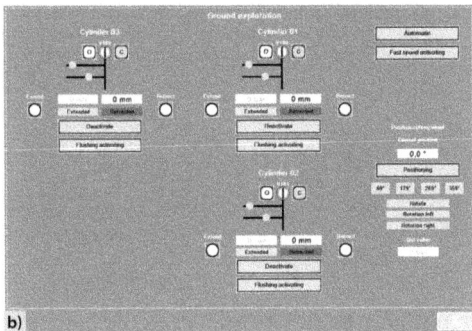

Bild 2. SSP-E Bedienungsvisualisierung:
a) Automatikmodus; b) manueller Modus

fängerzylinder, Absperrschieber sowie Spülvorgänge sowohl zum Freispülen des Schieberflansches vor als auch zur Reinigung des Empfängerzylinders nach der Messung bei dessen Rückzug einzeln aktiviert bzw. deaktiviert werden.

Bild 3. Bildschirm für die Darstellung der Ergebnisse der SSP-E-Messungen im Steuerstand der Tunnelbohrmaschine

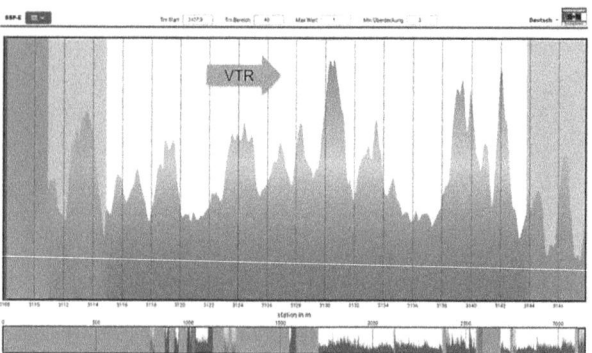

Bild 4. Browserbasierte Ergebnisdarstellung des Reflexionsvermögens (y-Achse) des Bereichs vor der TBM. Position des Schneidrades ganz links. Verfügbar innerhalb des TBM- und des Baustellen-Netzwerks (VTR: Vortriebsrichtung)

Die Datenverarbeitung, die Erstellung eines Ergebnisberichts zu jeder Messung und die Visualisierung der Ergebnisse erfolgen vollautomatisch auf dem im Steuerstand eingebauten Server für das SSP-E-System. Jedes neue Ergebnis ist nach wenigen Minuten für den Schildfahrer im Steuerstand der TBM verfügbar (Bild 3).

Zudem ist die Darstellung der Messergebnisse via Browser im Baustellenbüro bzw. weltweit für die jeweiligen Projektfachleute zugänglich (Bild 4). PDF-Berichte mit den Ergebnissen jeder Messung können täglich per E-Mail den verantwortlichen Personen zugeleitet werden.

3.3 Geophysik

Das SSP-E beruht auf dem Prinzip der Reflexionsseismik. Der Sender bringt ein Signal, den sogenannten Sweep, in den Baugrund ein, wodurch seismische Wellen – Kompressions-, Scher- und Oberflächenwellen – induziert werden (Bild 5). Von diesen wird die Kompressionswelle für die Auswertung der SSP-E-Daten genutzt.

Das Signal breitet sich mit der jeweiligen geologie-typischen Schallgeschwindigkeit im Untergrund aus und wird von jeder auftretenden geologischen oder künstlichen Grenzfläche reflektiert, die ausreichend große Unterschiede in der seismischen Wellengeschwindigkeit und der Materialdichte, seismische Impedanz genannt, aufweist. Die

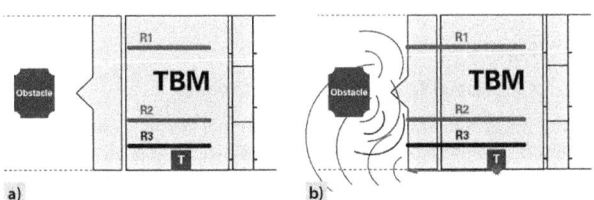

Bild 5. Funktionsprinzip des SSP-E: a) Während des TBM-Vortriebs: SSP-E deaktiviert, Sender T inaktiv, Empfänger R1 bis R3 eingefahren; b) Während der Ringbauphase: SSP-E in Messposition, Sender T aktiv, Empfänger R1 bis R3 ausgefahren

reflektierten Signale werden von den drei Empfängerzylindern aufgenommen, deren Messspitzen an die Ortsbrust gedrückt werden. In jeder dieser Messspitzen sind triaxiale Beschleunigungssensoren verbaut, die das eingehende Signal aufzeichnen.

Zur Auswertung werden die Daten über mehrere Einzelmessungen und mehrere Messpositionen hinweg überlappend prozessiert. Dadurch fokussiert sich das Ergebnis auf die ortsfesten Anomalien vor der TBM: Nur die reflektierten Signale dieser Anomalien werden bei der seismischen Datenprozessierung konstruktiv überlagert. Durch kontinuierliche Messungen und durch die automatische Auswertung entsteht eine einem Tunnelband ähnliche Visualisierung des Reflexionsvermögens des Untergrunds entlang der Tunneltrasse. So wird kontinuierlich die Reflektivität der Geologie bis 40 m vor der aktuellen Position der TBM dargestellt (vgl. Bild 4).

Reflexionsspitzen und Änderungen des Reflexionsniveaus deuten auf Veränderungen in der seismischen Impedanz und damit auf sich verändernde Verhältnisse in der Tunneltrasse hin. Das können Veränderungen der geologischen Bedingungen sein, beispielsweise abrupte geologische Schichtwechsel, Felsblöcke oder Hohlräume/Verkarstungen mit mindestens 1,5 m Durchmesser, künstliche Hindernisse und Bauwerke wie Spundwände oder im Vorfeld durchgeführte Bodenverbesserungsmaßnahmen. Die Processing-Parameter des Systems werden während eines Projekts für die jeweiligen Bedingungen verfeinert.

4 Ergebnisse

4.1 Fallbeispiel 1: S-1024 Albvorlandtunnel

Beim Projekt Albvorlandtunnel, einem rund 8 km langen Eisenbahntunnel der Neubaustrecke Stuttgart–Ulm, wurde das SSP-E-System erstmalig als Prototyp installiert. Vorgestellt wird hier eine Visualisierung des SSP-E-Systems kurz vor dem Durchbruch des Tunnelvortriebs, in dem die Tunnelbohrmaschine durch tonige Mergel mit einer Überdeckung von weniger als einem TBM-Durchmesser fuhr.

III. Vorauserkundungssystem zur frühzeitigen Erkennung der Bodenverhältnisse

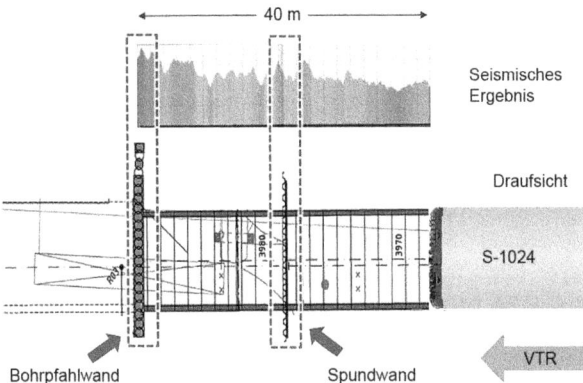

Bild 6. SSP-E Ergebnis (oben), korreliert mit den Bauwerken der Durchbruchsituation. Das Ergebnis zeigt starke Reflektivitäten (Spitzen in der y-Achse) an den Positionen von Bohrpfahlwand und Spundwand. (VTR: Vortriebsrichtung)

Im geotechnischen Längsschnitt (Bild 6) sind zwei Bauwerke zu erkennen: zum einen die Stahlspundwand (rechts), die von der Oberfläche bis nahe an die Firste des geplanten Tunnels gerammt worden war, zum anderen die Bohrpfahlwand aus Betonsäulen (links), die sich über den gesamten Durchmesser des Tunnels erstreckt. Mehrere Meter vor der Bohrpfahlwand wurden Bodenverbesserungsmaßnahmen in der oberen Hälfte des Tunnels ausgeführt.

Die im seismischen Ergebnis dieses Streckenabschnitts deutlich erkennbaren Peaks der Reflektivitäten ließen sich somit mit den Positionen der beiden Hindernisse korrelieren.

4.2 Fallbeispiel 2: S-1079 Paris Line 15 Sud Lot 5

Diese Fallstudie zeigt das Ergebnis eines weiteren SSP-E-Prototyps, der beim Vortrieb eines 5 km langen Metrotunnels in Paris zum Einsatz kam.

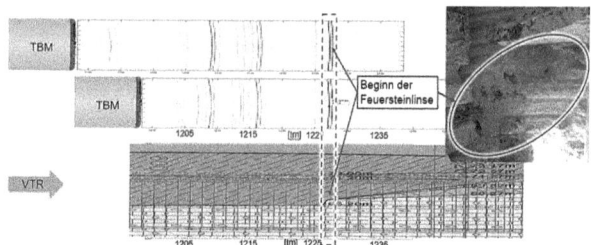

Bild 7. Zwei aufeinanderfolgende SSP-E-Ergebnisse (oben links); Ortsbrust mit Feuersteinlinse (rechts); geotechnischer Längsschnitt (unten)

Die Tunnelbohrmaschine fuhr durch eine Formation mit heterogenen geologischen Bedingungen. Die obere Hälfte der Trasse besteht in diesem Abschnitt aus Mergel, die untere Hälfte aus Kalkstein, in den Feuersteinlinsen eingelagert sein können. In Bild 7 werden die ortsfesten Reflektivitäten aufeinanderfolgender SSP-E-Messungen visualisiert. Diese werden durch die unterschiedliche Dichte der Feuersteinlinsen zu der umgebenden Geologie verursacht. Die Feuersteinlinse bei Tunnelmeter 1227 konnte bei einer Begehung der Ortsbrust nachgewiesen und in Augenschein genommen werden.

4.3 Fallbeispiel 3: S-1195 Paris Line 16 Lot 1

Beim dritten Beispiel, einem 3,3 km langen Metrotunnel in Paris, wurde unter anderem eine seismische Anomalie, verursacht durch ein anthropogenes Hindernis, detektiert. Die TBM fuhr größtenteils durch sandige, teils kalkige Geologie. Bei dem Hindernis, genauer: der Untergrundveränderung, handelte es sich um den Beginn einer Bodenverbesserungsmaßnahme mittels Düsenstrahlverfahrens. Im Anschluss an diesen Bereich und die darauf folgende Dichtwand fuhr die TBM in die Baugrube einer U-Bahnstation ein.

Die abrupte vertikale Veränderung der Bodenverhältnisse beim Vordringen aus der eher homogenen Geologie hinein in den Bereich der

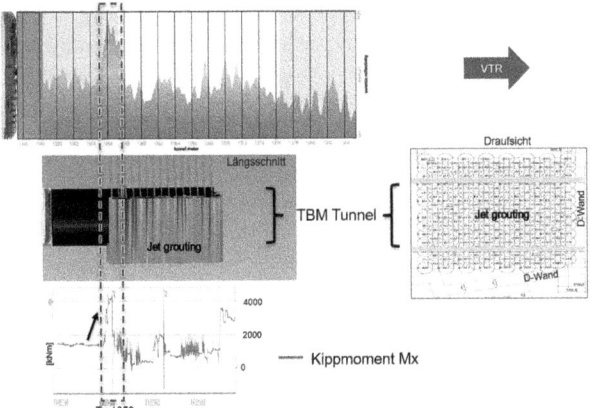

Bild 8. Das vollautomatisch erstellte SSP-E-Ergebnis korreliert mit dem geotechnischen Längsschnitt und den spezifischen TBM-Daten (hier dargestellt ist ein Kippmoment des Schneidrads)

Jet-grouting-Zone konnte eindeutig mit einer signifikanten Reflektivitätsspitze des SSP-E-Ergebnisses korreliert werden (Bild 8).

Bei Erreichen dieses Bereichs zeigte die TBM eine deutliche Reaktion, die anhand der Veränderungen der Maschinendaten, speziell des Kippmoments des Schneidrads, nachvollzogen werden kann. Einem starken und abrupten Anstieg des Kippmoments folgte nach einigen weiteren Metern Vortrieb ein Absinken auf ein mit dem Bereich vor der Jet-grouting-Zone vergleichbares Niveau. Erklären lässt sich dies damit, dass sich das komplette Schneidrad nun vollflächig im Bereich der Bodenverbesserungsmaßnahmen befand, über die gesamte Fläche des Schneidrads also erneut gleichartige Kräfte auf das Schneidrad wirkten.

5 Weiterentwicklung

Nach dem bewährten Einsatz von SSP-E auf EPB-Maschinen wurde der Bereich der SSP-E-Anwendung zusätzlich für die Nutzung bei Vortrieben mit Multi-Mode-TBMs und Mixschilden adaptiert und entsprechend konfiguriert. So wurde beispielsweise die Hardware für SSP-E an die unterschiedlichen konstruktiven Gegebenheiten der genannten Maschinentypen angepasst. Dies betraf insbesondere die Platzierung und Integration der Empfängerzylinder und des Senders unter den Gesichtspunkten Zugänglichkeit und Austauschbarkeit.

Im Vergleich zu EPB-Schilden ist im druckbeaufschlagten Bereich von Mixschilden und Multi-Mode-TBMs vor der Druckwand eine zusätzliche Tauchwand platziert. Ein automatisch geregeltes Luftpolster zwischen Tauch- und Druckwand erlaubt die präzise Steuerung des Stützdrucks in der Abbaukammer, indem Druck auf die Bentonitsuspension und somit auf die Ortsbrust ausgeübt wird.

Bei Mixschilden und Multi-Mode-Maschinen werden daher die Empfängerzylinder und dazugehörige Absperrschieber an der Tauchwand montiert und zudem mittels druckfester Einhausungen durch die Druckwand geführt (Bild 9). So können für die Empfängerzylinder die gleichen Bauteile wie bei EPB-Schilden verwendet werden. Gleich-

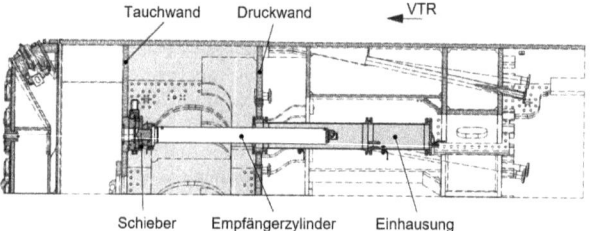

Bild 9. Anpassung der SSP-E-Empfänger für Multi-Mode-TBMs und Mixschilde: Installation des Empfängerzylinders an der Tauchwand und Durchführung durch die Druckwand in Einhausungen, die den Druckbereich verlängern (grau)

III. Vorauserkundungssystem zur frühzeitigen Erkennung der Bodenverhältnisse

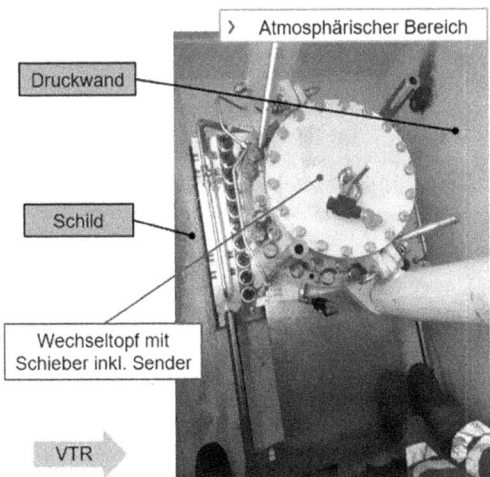

Bild 10. Verschlussschieber-Einheit für den SSP-E-Senderwechsel

zeitig können die Einhausungen als Schleusensystem für die Empfängerzylinder genutzt werden, um im weiteren Verlauf des Tunnelvortriebs eventuell notwendig werdende Wartungsarbeiten an diesen auszuführen, unabhängig von den Druckverhältnissen in der Abbaukammer.

Ebenso sollte der Sender (vgl. Bild 1) unabhängig vom für den Vortrieb notwendigen Stützdruck ausgetauscht werden können. Hierfür wird im unteren Segment des Schilds eine zusätzliche Verschlussschiebereinheit montiert, in welcher der Sender platziert wird (Bild 10). Somit kann dieser im Inspektionsfall in das Schieberohr zurückgezogen werden. Wird der Schieber geschlossen, kann der Sender nach Öffnen des Schieberohrs drucklos und ohne Beeinträchtigung des Vortriebs ausgetauscht werden.

6 Fazit

Die angeführten Fallstudien beschreiben Ergebnisse und verifizierte Nachweise von Detektionen mittels SSP-E auf EPB-Schilden. Die Ergebnisse einer kontinuierlichen seismischen Detektion sowie dadurch erkannte Geologiewechsel und Hindernisse ermöglichen es den Verantwortlichen, den TBM-Vortrieb zu optimieren. Die aus Bohrkerninformationen linearisierten geotechnischen Längsschnitte können durch die SSP-E-Ergebnisse direkt auf der Baustelle präzisiert werden. Das versetzt die Baustellencrew in die Lage, genauer zu planen sowie direkt und zum richtigen Zeitpunkt zu reagieren. Dadurch können nicht nur Schäden an der TBM vermieden werden, sondern es lässt sich auch Zeit einsparen.

Das SSP-E-System ist dabei auf projekttypische Rahmenbedingungen, z. B. die Maschinengeometrie und die Positionierung der Messhardware, aber auch an physikalische Kennwerte der aktuell zu durchörternden Geologie anzupassen. Die Korrelation der Daten des SSP-E-Systems mit den vor Ort tatsächlich vorliegenden geologischen Bedingungen und mit den Bodenveränderungen sensitiv anzeigenden Maschinendaten ist entscheidend für eine bestmögliche geophysikalische Parametrisierung des Systems. Die Ergebnisse des SSP-E-Systems selbst sind umso zuverlässiger, je mehr Daten mit dem SSP-E kontinuierlich und ringweise erzeugt werden.

Das SSP-E-System ist nach stetiger Weiterentwicklung bezüglich Hardwarezuverlässigkeit, Einbindung in die TBM- und Tunnelbauabläufe, automatisierter Datenverarbeitung und Ergebniserstellung zum Standard-Vorauserkundungssystem der Herrenknecht AG für die gesamte Palette der Lockergesteins-TBMs geworden.

7 Ausblick

Monitoringsysteme, die Rückschlüsse auf die Beschaffenheit der Ortsbrust erlauben, ermöglichen es, die Aussagekraft und die Funktion des SSP-E gezielt zu ergänzen und mit diesem quasi in Form eines Ortsbrust-Monitorings zusammenzuwirken. Hierfür bieten sich beispielsweise die Lastüberwachung von Schneidrollen, das Disc Cutter

Load Monitoring (DCLM), sowie die Rotations- und Verschleißüberwachung, das Disc Cutter Rotation Monitoring (DCRM), an. Diese Systeme arbeiten an der Ortsbrust im direkten Kontaktbereich von TBM und Geologie und können mit den SSP-E Ergebnissen korreliert bzw. kombiniert werden.

Die relevanten geologischen Unregelmäßigkeiten, die zuvor vom SSP-E als Frühwarnsystem vor dem Erreichen mit der TBM erkannt wurden, können so mit den Monitoring-Systemen der Abbauwerkzeuge verifiziert werden. Zudem lassen sich die Auswirkungen einer geologischen Veränderung auf die TBM dokumentieren. Das Zusammenspiel aller verfügbaren Daten aus geotechnischen Längsschnitten, seismischer Vorauserkundung mithilfe von SSP-E, aus DCLM/DCRM- und Maschinendaten ermöglicht es, ein genaueres Bild der aktuellen Situation an der Ortsbrust und der noch aufzufahrenden Tunneltrasse zu erzeugen. So können der Tunnelvortrieb optimiert und die Fahrweise der Maschine kurzfristig an die Gegebenheiten angepasst werden.

Da diese sich ergänzenden Daten die Verhältnisse der bereits aufgefahrenen Tunneltrasse detailliert und nachvollziehbar abbilden, können sie zusätzlich herangezogen werden, um die tatsächlich angetroffenen geologischen Verhältnisse entlang der Tunneltrasse zu dokumentieren.

Baustoffe und Bauteile

I. Injektionsstoffe im Tunnelausbruchmaterial – Abfall oder Ersatzbaustoff?

Götz Tintelnot, Michael Koch

Der Beitrag untersucht die Möglichkeit, Ausbruchmaterial mit systembedingten Beimischungen als Ersatzbaustoff, unter Berücksichtigung der aktuellen Regelwerke und Vorschriften im Bereich der Deponierung bzw. Entsorgung, zu verwenden. Neben den konventionellen Injektionen mit bentonit- und zementhaltigen Suspensionen, die immer längere Abbindezeiten benötigen und bei der Entsorgung mit Sulfatwerten im Eluat einstufungsrelevant sind, bieten sich schnell abbindende Mehrkomponentenharze zum Verfüllen oder Verfestigen an, z. B. schnell reagierende, hoch aufschäumende Silikatharze, Polyurethanharze zum Stoppen von Wassereinbrüchen oder gummi-elastische Dreikomponenten-Acrylatgele. In der Diskussion stehen jedoch derzeit die mit Schäumen oder Harzen beaufschlagten Tunnelausbruchmassen, die nach Systals „systembedingte Beimengungen" als besondere Leistungen zu vergüten sind. Dieser Beitrag behandelt die Frage, wie man bodenschutzrechtlich und abfallrechtlich mit dem mit organischer Substanz behafteten Ausbruch umgeht. Auf Basis von Ergebnissen von Laboruntersuchungen stellt sich die Frage, ob Tunnelausbruch mit wenigen Prozenten organischen, systembedingten Beimengungen, nicht einen hervorragenden Ersatzbaustoff im Sinne der im Entwurf vorliegenden Ersatzbaustoffverordnung hergeben.

Injection materials in tunnel excavation material – Waste or substitute construction material?

This paper examines the possibility of using excavated material with system-related admixtures as a substitute construction material, considering the current rules and regulations in the field of landfilling or disposal. In addition to conventional injections with bentonite- and cement-containing suspensions, which always require longer setting times and are relevant for classification during disposal with sulfate values in the eluate, fast-setting multicomponent resins are suitable for filling or consolidation, e.g. fast-reacting, high-foaming silicate resins, polyurethane resins for stopping water ingress, or rubber-elastic, versatile 3-component acrylate gels. However, the discussion is currently focusing on tunnelling compounds to which foams or resins have been added and which, according to Systal's "system-related admixtures", are to be remunerated as special services. This paper deals with the question how to deal with the excavated material contaminated with organic matter under soil protection law and waste law. On the basis of the results of laboratory tests, the question arises as to whether tunnel excavation with a few percent of organic, system-related admixtures would not make an excellent substitute building material in the sense of the draft substitute building materials ordinance.

1 Einleitung

Der Vortrieb eines Tunnels erfolgt naturgemäß durch unterschiedliche Boden- und Gesteinsformationen, die bisweilen vorauseilende Abdichtung, Verfestigung oder Verfüllung des Bodens erfordern. Beim anschließenden Tunnelvortrieb fällt dann Ausbruchmaterial an, das mit den zuvor eingesetzten Stoffen verunreinigt sein kann („systembedingte Beimengungen" nach VOB 2016 Teil C DIN 18312). Systembedingte Beimengungen können neben Spritzbeton, Injektionsbeton (erhöhte Werte von Sulfat, pH-Wert und Leitfähigkeit, z. T. auch Chromat aus dem Zement) oder Mineralölkohlenwasserstoffe durch eingesetzte Baugeräte auch ausreagierte Injektionsharze oder -gele sein.

Da Tunnelausbruchmaterial in der Regel immer mit systembedingten Beimengungen beaufschlagt ist, stellt sich regelmäßig die Frage der abfallrechtlichen Einstufung des Materials zur Entsorgung, insbesondere der Verwertung.

2 Injektionsharze

Kunstharze kommen heute in den unterschiedlichsten Bauvorhaben zum Einsatz, so auch in der Geoinjektion. Harze erweitern die Injektionsmöglichkeiten und bieten sich an für Lösungsansätze zum Verfestigen und Abdichten, die mit herkömmlichen Injektionsstoffen nicht denkbar wären. Injektionsharze sind synthetische Flüssigstoffe, die in der Regel aus mehreren Komponenten bestehen und durch

Mit innovativen Lösungen für die Zukunft bauen

Bauwerks- und Baugrubenabdichtungen

Injektionen im Tunnelbau

Bodenverfestigungen

Hebungsinjektionen

Spritzbetonarbeiten

Bohrungen für Injektionen, Vereisungen und Anker

Kraftwerks- und Talsperreninjektionen

Rijnlandtunnel – COMOL 5 - Vereisungsbohrungen   Kramertunnel, Entwässerung Bergsturz

DMI Injektionstechnik GmbH, Warmensteinacher Str. 60, 12349 Berlin,
Tel: +49 30 4174423-40 - Fax: +49 30 4174423-44 E-Mail: info@d-m-i.net
DMI Spezialinjektionen Süd GmbH, Kaistener Str. 33, 97450 Arnstein,
Tel: +49 9728 907026-0 - Fax: +49 9728 907026-9 E-Mail: info.sued@d-m-i.net
www.d-m-i.net

Gerhard Girmscheid

Bauprozesse und Bauverfahren des Tunnelbaus

- Tunnelbauvorhaben ist weltweit auf dem Vormarsch
- Größtmögliche Planungssicherheit und ein reibungsloser Bauablauf ermöglichen die Wirtschaftlichkeit des Bauprojekts

BESTELLEN
+49 (0)30 470 31-236
marketing@ernst-und-sohn.de
www.ernst-und-sohn.de/3047

Ernst & Sohn
A Wiley Brand

2013 · 694 Seiten · 540 Abbildungen · 110 Tabellen

Hardcover
ISBN 978-3-433-03047-9
€ 149*

Der €-Preis gilt ausschließlich für Deutschland. Inkl. MwSt.

Polymerisations- oder Polyadditionsreaktionen zu einem duroplastischen Kunststoff aushärten. Je nach Anwendungsgebiet kommen Harze zum Einsatz, deren Endprodukt hart und spröde, aber auch weich und elastisch sein kann.

Geoinjektion kommt zum Abdichten, Verfestigen und Verfüllen von unterschiedlichen Böden zum Einsatz. Hierbei wird ein Injektionsmaterial mithilfe von Pumpen und Lanzen oder Packern direkt in den zu stabilisierenden Boden eingebracht. Das Material reagiert dort zusammen mit dem Boden aus zu einem Harz/Sand/Gestein-Gemisch mit den jeweils gewünschten Eigenschaften.

Künstliche Injektionsharze weisen gegenüber herkömmlichen mineralischen Stoffen eine Vielzahl an Vorteilen auf. Im Vergleich zu mineralischen Stoffen wie etwa Zement-Suspensionen haben Injektionsharze eine sehr viel niedrigere Viskosität. Daher ist mit Harzen eine erfolgreiche Geoinjektionen auch in besonders dichten Böden wie etwa Feinsand oder Schluff möglich, in die Zemente niemals vordringen könnten. Anders als Zemente weisen einige Harze zudem auch keine oder nur eine extrem geringe Elution auf, weshalb sie sich auch in Böden mit stark fließendem (Grund-) Wasser einsetzen lassen. Bei vielen Harzen lässt sich mithilfe von Katalysatoren oder anderen Beimischungen die Reaktions- und damit Weiterverarbeitungszeit bedarfsgerecht einstellen, was gerade im Tunnelbau wesentlich kürzere (und kostengünstigere) Vortriebsunterbrechungen bedeutet. Die für Harzinjektionen auf der Baustelle benötigten Materialien und Pumpen beanspruchen nur einen Bruchteil des Platzes und des logistischen Aufwands, der für den Einsatz von zementösen Injektionsstoffen anfällt und lassen sich daher sehr wirtschaftlich in Vortriebskonzepte integrieren.

Aufgrund der Nutzung von Harzen sind im Rahmen der Deklarationsanalysen [1–6] des (Tunnel-) Ausbruchmaterials für die Kohlenstoffwerte DOC (dissolved organic carbon) und TOC (total organic carbon) erhöhte Werte zu erwarten. Daher halten viele Hersteller von Injektionsharzen wiederkehrende unabhängige Prüfungen und Nachweise ihrer Injektionsstoffe vor, welche die dauerhafte Inertheit des ausreagierten Materials auch numerisch nachweist, so unter anderem mithilfe von Analysen der Atmungsaktivität AT4. Teilweise liegen für einzelne Produkte inzwischen regelmäßige Dauerhaftigkeitstests über den Zeitraum von zwei Jahrzehnten und länger vor, wodurch die Deponiefähigkeit und die Eignung zur Verwendung als Ersatzbaustoff nachgewiesen werden.

3 Umweltrelevanz

Harze kommen in vielfacher Form in Umweltmedien vor, etwa nach ihrem Einsatz als Verfestigungs- oder Abdichtungsstoffe. Dabei sind einerseits die Kompartimente Boden und Wasser, hierbei besonders das Grundwasser, direkt betroffen, aber auch Rückstände, die später bei Baumaßnahmen, speziell auch im Tunnelbau als Ausbruchmassen anfallen und somit abfallrechtlich relevant sind. Dabei sind in EU- und nicht EU-Nachbarländern wie etwa der Schweiz unterschiedliche Rechtsbereiche betroffen, die zum Teil auch miteinander konkurrieren. So gibt es beispielsweise in Deutschland deutliche Diskrepanzen zwischen verschiedenen Rechtsvorschriften, die den Umgang mit Stoffen und der jeweiligen Einstufung oder Eignung ihrer Weiter-/Wiederverwertung oder Entsorgung unterschiedlich regeln – und das nicht nur auf Bundesebene, sondern auch zwischen den einzelnen Bundesländern.

3.1 Umweltrelevante Eigenschaften

Im Folgenden werden die umweltrelevanten Eigenschaften verschiedener Harze auf die einzelnen Kompartimente kurz dargestellt. Im Wesentlichen sind die folgenden Harze zu betrachten: Acrylatgele, Polyurethanschäume und wenig scherfeste Schäume.

3.1.1 Acrylatgele

Acrylatgele sind meist Zwei- oder Dreikomponentensysteme, eingesetzt als Hydrogel auf Acrylat-/Methacrylatbasis. Sie fallen mit ihren Komponenten in die Wassergefährdungsklasse WGK I und sind somit schwach wassergefährdend. Zusammenfassend lassen sich die Komponenten folgenden Gefahrenklassen (Bild 1) zuordnen:

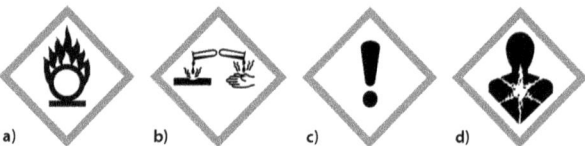

Bild 1. Gefahrklassensymbole: a) GHS03: Flamme über Kreis – „Brandfördernd"; b) GHS05: Ätzwirkung – „Ätzend Kat. 1"; c) GHS07: Ausrufezeichen – „Giftig Kat. 4 (gesundheitsschädlich); Ätz- oder Reizwirkung Kat. 2 oder 3; Niedrigere systemische Gesundheitsgefährdung"; d) GHS08: Gesundheitsgefahr – „systemische Gesundheitsgefährdungen"

- Brandfördernd,
- Ätzend Kat. 1,
- Giftig Kat. 4 (gesundheitsschädlich); Ätz- oder Reizwirkung Kat. 2 oder 3; niedrigere systemische Gesundheitsgefährdung,
- Systemische Gesundheitsgefährdungen.

3.1.2 Polyurethanschäume

Polyurethanschäume sind Zweikomponentensysteme mit ggf. einem Katalysatorzusatz. Sie lassen sich entweder als elastische oder starre Injektionsharze auf Polyurethanbasis einsetzen. Mit ihren Komponenten fallen sie in die Wassergefährdungsklasse WGK I und sind somit schwach wassergefährdend. Zusammenfassend lassen sich die Komponenten folgenden Gefahrenklassen (vgl. Bild 1) zuordnen:

- Giftig Kat. 4 (gesundheitsschädlich); Ätz- oder Reizwirkung Kat. 2 oder 3; niedrigere systemische Gesundheitsgefährdung,
- Systemische Gesundheitsgefährdungen.

3.1.3 Schäume

Schäume sind Zweikomponentensysteme auf Silikatbasis und der Wassergefährdungsklasse WGK I (schwach wassergefährdend) zuzuordnen. Zusammenfassend lassen sich die Komponenten folgenden Gefahrenklassen (vgl. Bild 1) zuordnen:

- Giftig Kat. 4 (gesundheitsschädlich); Ätz- oder Reizwirkung Kat. 2 oder 3; niedrigere systemische Gesundheitsgefährdung,
- Systemische Gesundheitsgefährdungen.

3.2 Anteile am Ausbruchmaterial

Ausbruchmaterialien von Böden und Gesteinen aus Tunnelbaumaßnahmen enthalten je nach Einsatz der verschiedenen Harze auch unterschiedliche Anteile davon. Während bei Injektionen in das umgebende Gebirge eher mit geringen Anteilen von systembedingten Beimengungen zu rechnen ist, kann der Anteil bei der Ortsbrustsicherung gegen eindringendes Grundwasser wesentlich höher sein. In der Praxis liegen die systembedingten Fremdbestandanteile am Ausbruchmaterial nach eigenen Untersuchungen je nach eingebrachter Menge in folgenden Bereichen:

- Acrylatgele: 1 bis 3% des Bodenaushubs,
- Polyurethanschäume: 3 bis 8% des Bodenaushubs,
- Schäume aus der Ortsbrustverkittung: 5 bis 15%.

Bei der Verwendung von Schäumen mit relativ hohen Anteilen an systembedingten Beimengungen muss darauf hingewiesen werden, dass sich aufgrund der geringen Scherfestigkeit der Boden-Schaummischung ein Absieben der Schaumfraktion nachgewiesenermaßen erfolgreich durchführen lässt, wodurch der Anteil an silikatbasierten Beimengungen deutlich reduziert werden kann.

4 Abfall

In Deutschland definiert das Kreislaufwirtschaftsgesetz (KrWG, § 3, Abs. 1) Abfall folgendermaßen: „Abfälle im Sinne dieses Gesetzes sind alle Stoffe oder Gegenstände, derer sich ihr Besitzer entledigt, entledigen will oder entledigen muss. Abfälle zur Verwertung sind Abfälle, die verwertet werden; Abfälle, die nicht verwertet werden, sind Abfälle zur Beseitigung". Bei der Einstufung von Tunnelausbruch als Abfall ist zu berücksichtigen, dass man sich des Tunnelausbruchs einerseits zwar entledigen will, es sei denn, man hat im Baustellenbereich eine zugelassene Einsatzmöglichkeit, aber andererseits doch die Frage stellen darf, ob der Ausbruch nicht auch anderweitig als Ersatzbaustoff zum Einsatz kommen kann. Derzeit kommt etwa bei Entsorgern in Bayern in erster Linie die Verwertung zur Auffüllung von Gruben, Brüchen und Tagebauten nach LVGBT (EPP) in Betracht [4]. Diese Entsorgungsart orientiert sich mit den vorgegeben Grenzwerten für die einzelnen Zuordnungsklassen nach Bodenschutzrecht. Die Analysen zur Deklaration werden in der Fraktion < 2 mm durchgeführt und nicht in der Gesamtfraktion, wie etwa in der DepV [5] oder nach LAGA M 20 [6]. So kommt es leider oft bei mit Harzen imprägniertem Tunnelaushub bei der Anfangsdeklarationsanalytik (frischer Tunnelausbruch) zu erhöhten Gehalten an organischen Verbindungen, nachgewiesen als DOC und TOC; diese dürfen aber nach endgültiger Aushärtung als inert gelten – was die Atmungsaktivität nach vier Tagen (AT4) eindrucksvoll belegt.

Trotzdem kann man feststellen, dass die zuständigen Behörden aktuell einer „Wertegläubigkeit" unterliegen, die mangels Verantwortungsübernahme einer höheren Verwertungsmöglichkeit entgegensteht. Bei ebenfalls oft systembedingten Beimengungen im Tunnelausbruch bezüglich Sulfat ist man zumindest in Bayern von den Vorgaben der LAGA M 20 [4] und der DepV [5] durch deutlich höhere Zuordnungswerte nach oben abgewichen.

Insgesamt betrachtet sollte die Beurteilung von Tunnelausbruch mit systembedingten Beimengungen aufgrund der nachweislich inerten Anteile an organischen Kohlenstoffverbindungen hinsichtlich Wiederverwertung in Bauwerken als wertvoller Baustoff (Ersatzbaustoff) in Betracht gezogen werden. Einsatzmöglichkeiten gäbe es viele.

5 Umwelt- und abfalltechnische Einordnung

5.1 Langzeituntersuchungen

Im Rahmen von Voruntersuchungen im Labor- und Technikumsmaßstab wurden verschiedene Injektionsmittel mit Einsatz unterschiedlicher Ausgangsgesteine untersucht. Die Herstellung der Probenkörper erfolgte an der TU München, Zentrum Geotechnik, die parallel auch bodenmechanische Untersuchungen durchführte. Materialen aus unterschiedlichen Baumaßnahmen bzw. geologischen oder technischen Fragestellungen wurden mit Harzen injiziert und – neben anderen – auch chemischen Analysen zugeführt.

Es handelte sich dabei um Materialien aus folgenden Bestandteilen:
- Tunnelausbruch Kramertunnel Garmisch-Partenkirchen,
- Tunnelausbruch Brenner-Basistunnel,
- Tertiäre Sande des tertiären Hügellands um München,
- Eisenbahnschotter.

Für verschiedene Harze liegen freiwillige Langzeituntersuchungen der Hersteller zum Alterungsverhalten und der Trinkwasserverträglichkeit vor. So wurden Harze auf Polyurethanbasis und Acrylatgel von der MFPA Leipzig GmbH (Prüf-, Überwachungs- und Zertifizierungsstelle für Baustoffe, Bauprodukte und Bausysteme) mit folgenden Ergebnissen untersucht:

- Acrylatgele zeigen auch nach 20jähriger Wasserwechsellagerung unter extremen Laborbedingungen bei der Trocknung über den Zeitraum von 20 Jahren eine uneingeschränkte Reversibilität des Quellverhaltens [7] (Bild 2),

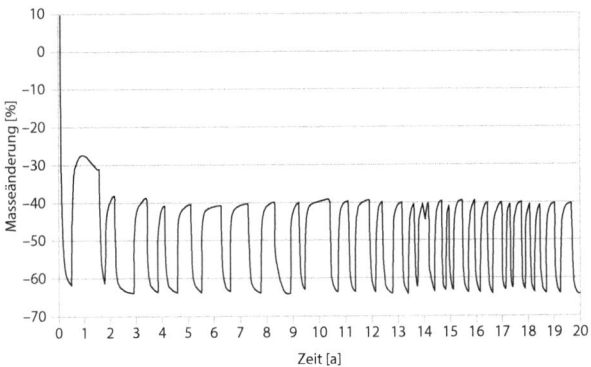

Bild 2. Reversibilität von Quellverhalten bei Acylatgelen [7]

- Acrylatgele weisen auch bei etwa 20 Jahren ausgelagerten Proben (Einlagerung unter praxisrelevanten Umgebungsbedingungen im Erdreich) keine erkennbaren Eigenschaftsminderungen auf [8],
- Polyurethanbasierte Harze zeigen nach der Lagerung (270tägige Einlagerung) in Flüssigkeiten mit unterschiedlichen Salzgehalten keine Festigkeitsabnahme [9],
- Bei den polyurethanbasierten Harzen zeigten sich nach zwei Jahren unter unterschiedlichen Lagerungsbedingungen sowohl auf die Masse- und Geometrieänderungen als auch auf die Zugfestigkeit nur in geringem Maße Auswirkungen [10].

Alle diese Eigenschaften sprechen für eine gegebene Eignung der Materialien im Bodenverbund als Ersatzbaustoffe. Auch die Untersuchung ausgewählter Parameter im Eluat nach TrinkwV 2012 von polyurethanbasierten Harzen und Acrylgelen zeigten keine Überschreitungen der Grenzwerte.

5.2 Abfalltechnische Untersuchungen

Zur Einschätzung bzw. Einstufung von mit Harzen versetztem Tunnelausbruch wurden an verschiedenen Ausgangsgesteinen aus unterschiedlichen geologischen Formationen mit unterschiedlicher Petrographie, die an der TU München, Zentrum Geotechnik, mit unterschiedlichen Harzen imprägniert wurden, abfalltechnische Untersuchungen durchgeführt. Ein Beispiel für einen Versuchskörper zeigt Bild 3 (imprägnierte tertiäre Sande, Porenraum gefüllt mit Harz).

Die verklebten Probekörper wurden in einem nach DIN EN ISO/IEC 17025 akkreditierten Labor auf die Korngröße < 10 mm gebrochen und abfalltechnisch nach folgenden Vorschriften analysiert:

- Deutsche Deponieverordnung,
- Österreichische Deponieverordnung,
- Bayerischer Leitfaden zur Verfüllung von Gruben, Brüchen und Tagebauen (LVGBT).

Zu bemerken ist, dass mehr oder weniger der gesamte Porenraum der Prüfkörper mit Harzen gefüllt ist, was einen wesentlich höheren Anteil an organischer Substanz bedeutet als das bei tatsächlichem Tun-

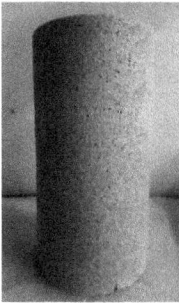

Bild 3. Probekörper tertiäre Sande

nelausbruch der Fall wäre. Die organischen Leitparameter waren erwartungsgemäß auffällig. Tabelle 1 gibt einen Überblick über die relevanten Ergebnisse: Alle anderen Parameter sind unauffällig und letztendlich nach den verschiedenen vorgenannten Vorschriften abfalltechnisch nicht einstufungsrelevant.

Tabelle 1. Abfalltechnisch relevante Untersuchungsergebnisse

Material	DOC (mg/l)	TOC (%)
Schäume	45 – 61	0,75 – 9,6
Acrylate	120	3,3
PU-basierte	1,5 – 840	2,8 – 14

Aus anderen Versuchen und Untersuchungen konnte nachgewiesen werden (Dez. 2016, nicht veröffentlicht), dass bereits nach 28 Tagen der gelöste organische Kohlenstoff (DOC), der zu Untersuchungsbeginn 102 mg/l betrug, zu 76 % abgebaut war. Die jeweilige Atmungsaktivität nach vier Tagen (AT4) war unter der Nachweisgrenze. Auch wenn die zunächst analysierten hohen Kohlenstoffgehalte eine abfalltechnische Einstufung nach den oben genannten Vorschriften – strikt nach Deklarationstabellen – schwierig erscheinen lassen, sollte ein Einsatz als Ersatzbaustoff offen diskutiert werden.

6 Ausblick

Die oben dargestellten Untersuchungen und Ergebnisse wurden an im Labor hergestellten Prüfkörpern erhoben, die – bezogen auf die Harzgehalte – eine Worst-Case-Betrachtung darstellen. Im nächsten Schritt ist geplant (Wasserrechtsverfahren bereits eingeleitet), im großtechnischen Feldmaßstab Versuche mit Harzen auf Acrylatbasis unter strengen Überwachungsbedingungen durchzuführen und die Ergebnisse geotechnisch, umwelt- und abfalltechnisch zu erfassen und zu bewerten.

References

[1] BbodSchG (1998) *Gesetz zum Schutz vor schädlichen Bodenveränderungen und zur Sanierung von Altlasten (Bundesbodenschutzgesetz) vom 17. März 1998.* BGL. I S. 502)

[2] BbodSchV (1999) *Bundes-Bodenschutz- und Altlastenverordnung vom 12. Juli 1999-*BGL. I S. 1554

[3] Bayerisches Staatsministerium für Landesentwicklung und Umweltfragen, StMLU (2005): *Anforderungen an die Verfüllung von Gruben und Brüchen sowie Tagebauen LVGBT.* Leitfaden zu den Eckpunkten vom 21.06/13.07.2001.

[4] Bayerisches Staatsministerium für Umwelt und Verbraucherschutz (2018) *Leitfaden für die Verfüllung von Gruben, Brüchen und Tagebauen; Anpassung Zuordnungswerte Eluat.* 19.6.2018

[5] DepV (2009) *Verordnung über Deponien und Langzeitlager (Deponieverordnung – DepV) vom 27.04.2009 (BGBL. I S. 900), zuletzt geändert durch Art. 2 VO zur Änderung der Abfallverzeichnis-VO und der DeponieVO v. 30.06.2020.* BGBL.I S. 1533

[6] LAGA (1997) *Anforderungen an die stoffliche Verwertung von mineralischen Reststoffen / Abfällen – Technische Regeln* in Mitteilungen der Länderarbeitsgemeinschaft Abfall 20 Neuburg

[7] MFPA Leipzig GmbH (2019) *Prüfbericht Nr. PB 5.1/18-428-1: Verhalten des Acrylatgels Rubbertite nach 20 jähriger Wasserwechsellagerung.* 7.2.2019.

[8] MFPA Leipzig GmbH (2019) *Prüfbericht Nr. PB 5.1/18-428-3: Verhalten des Acrylatgels Rubbertite nach 20 jähriger Auslagerung im Erdreich.* 7.2.2019.

[9] MFPA Leipzig GmbH (2014) *Prüfbericht Nr. PB 5.1/13-015: PUR-O-Stop FS-L und FS-F: Untersuchung der Beständigkeit bei Lagerung in Flüssigkeit.* 24.3.2014.

[10] MFPA Leipzig GmbH (2017) *Prüfbericht Nr. PB 5.1/14-223/16: Untersuchungen zum Alterungsverhalten von PUR-O-Stop FS-L.* 23.01.2017.

Ernst & Sohn
A Wiley Brand

Deutsche Gesellschaft für Geotechnik e.V. (Hrsg.)

Empfehlungen des Arbeitskreises Geomesstechnik

- Empfehlungen für die Auswahl und den Einbau von Sensoren und Messsystemen, die qualitätsgesicherte Durchführung der Messungen und die Messwertauswertung und -analyse
- ganzheitliche Betrachtungsweise von Mess- und Auswerteprozessen
- praxisgerechte Darstellung eines interdisziplinären Aufgabengebietes

Die Empfehlungen des interdisziplinären Arbeitskreises Geomesstechnik dienen als Leitfaden, der alle wesentlichen Aspekte der Geomesstechnik nach dem Stand der Technik im Detail behandelt. Sie beruhen auf gesicherten Erkenntnissen, die einen empirischen Nachweis einschließen.

BESTELLEN
+49 (0)30 470 31-236
marketing@ernst-und-sohn.de
www.ernst-und-sohn.de/3343

vorl. Abb.

8 / 2021 · ca. 382 Seiten ·
ca. 142 Abbildungen ·
ca. 41 Tabellen

Hardcover
ISBN 978-3-433-03343-2
ca. **€ 89***

eBundle (Print + PDF)
ISBN 978-3-433-03341-8
ca. **€ 119***

Bereits vorbestellbar.

Der €-Preis gilt ausschließlich für Deutschland. Inkl. MwSt.

Forschung und Entwicklung

I. Minimalinvasive Fugensanierung – Laboruntersuchungen und Berichte aus der Praxis

Dietmar Mähner, Felix Basler, Hendrik Schälicke

Der Beitrag handelt von der minimalinvasiven Fugensanierung, einer neuen Sanierungsmethode für undichte Fugen bei WU-Betonkonstruktionen und Tübbingtunneln. Dabei wird ein neu entwickeltes Sanierungswerkzeug („Fugeninjektionsnadel") durch die Fugenabdichtung gebohrt, über das im Anschluss eine Dichtmittelinjektion erfolgen kann. In diesem Beitrag sollen ein Überblick über die durchgeführten Versuche im Labor der FH Münster gegeben sowie Anwendungsbeispiele bei der Abdichtung von Tübbingtunneln und Tunnelbauwerken in WU-Betonbauweise aufgezeigt werden.

Minimal invasive joint restoration Laboratory tests and field reports

The article deals with minimally invasive joint renovation, a new renovation method for leaking joints in waterproof concrete structures and tubbing tunnels. A newly developed renovation tool ("joint injection needle") is drilled through the joint sealing, through which a sealant injection can subsequently be applied. In this paper, an overview of the tests carried out in the laboratory of the Münster University of Applied Sciences as well as the first practical applications on different construction sites with segmental lining systems as well as in waterproof concrete construction is given. The focus is on the application of the rehabilitation method for tunnel construction.

1 Einleitung

Bei durch Wasserdruck belasteten WU-Betonkonstruktionen können Bauwerksfugen aufgrund von Undichtigkeiten ein Problem darstellen. Neben Konstruktionen wie Tiefgaragen und Grundwasserwannen sind auch Tunnel in offener und bergmännischer Bauweise sowie die mit Tunnelvortriebsmaschinen hergestellten Tübbingröhren aufgrund der hohen Anzahl von Fugen im Bauwerk von dieser Problematik betroffen.

Eine klassische Sanierung einer schadhaften Fugenkonstruktion ist zeit- sowie kostenintensiv und erfordert üblicherweise die Ausführung von aufwendigen Betonbohrungen durch das bewehrte Betonbauteil. Mittels eines neuartigen, minimalinvasiven Verfahrens kann das Fugenband bzw. Dichtungsprofil mithilfe eines speziellen Injektionswerkzeugs („Fugeninjektionsnadel") direkt durchstoßen werden, um das Injektionsmaterial gezielt auf der Wasserseite der Fugendichtung zu platzieren [1, 2].

Bei der minimalinvasiven Fugensanierung kommen Fugeninjektionsnadeln mit Bohrdurchmessern von 3, 4 oder 5 mm zum Einsatz (Bild 1), welche sowohl das Durchstoßen des Fugenbandes (lediglich verdrängendes Bohren), die Dichtmittelinjektion als auch das dauerhafte und druckwasserdichte Verschließen des Bohrloches ermöglichen. Diese Fugeninjektionsnadeln wurden bisher als „Injektionsbohrnadeln" bezeichnet [3–6]. Da der Begriff des „Bohrens" jedoch im Allgemeinen mit einer spanabtragenden Funktion konnotiert wird, wurde die Injektionsnadel umbenannt.

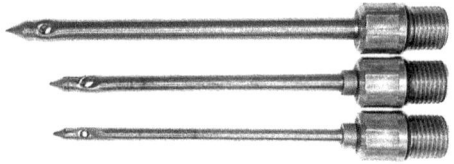

Bild 1. Fugeninjektionsnadeln mit verschiedenen Durchmessern (5 mm, 4 mm und 3 mm)

Um eine undichte Fuge mit der Fugeninjektionsnadel sanieren zu können, muss auf der Innenseite des Bauwerks ein Zugang innerhalb der Fuge bis zur Fugendichtung geschaffen werden. Dies ist bei WU-Betonkonstruktionen sowohl bei Pressfugen als auch bei Raumfugen problemlos mit einem Betonbohrer möglich, weil hier aufgrund der

KABELSCHACHT-ABDECKUNG

WWW.HAILO-PROFESSIONAL.DE

2018 · 232 Seiten ·
177 Abbildungen · 7 Tabellen

Hardcover
ISBN 978-3-433-03113-1
€ 49,90*

Betondeckung in der Regel keine Bewehrung angetroffen wird. Dasselbe gilt für Tübbingfugen.

Nach dem Erreichen der Fugenabdichtung mit dem Betonbohrer wird dieser aus der Fuge entfernt und die auf ein Injektionsrohr geschraubte Fugeninjektionsnadel durch die Bohrung bis zur Fugendichtung geführt. Mithilfe eines handelsüblichen Akkuschraubers und unter Zuhilfenahme eines speziellen Eindrehaufsatzes wird diese dann verdrängend durch die Fugenabdichtung gebohrt. Entscheidend dabei ist, dass bei diesem Vorgang kein Materialabtrag durch zerspanendes Bohren entsteht. Das Fugenband wird eher durchstoßen als durchbohrt, die Drehbewegung des Akkuschraubers dient lediglich der Reduzierung der Reibung zwischen dem Nadelschaft aus Edelstahl und dem Elastomer der Fugendichtung.

Bild 2 zeigt sowohl ein Foto als auch eine Werkzeichnung einer mit einem Injektionsrohr verschraubten Fugeninjektionsnadel. Am gegenüberliegenden Ende des Injektionsrohrs ist ein Flachkopfnippel für die Installation des Injektionsschlauchs angebracht.

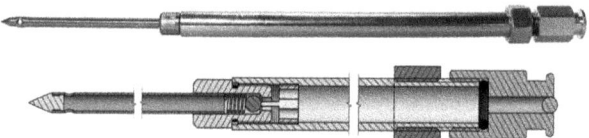

Bild 2. Mit einem Injektionsrohr (mit Ventilöffner) verschraubte Fugeninjektionsnadel (Quelle: Desoi GmbH)

Im Rahmen der Entwicklungsarbeiten für die minimalinvasive Fugensanierung wurden Funktionsmuster der Nadeln in Laboruntersuchungen für die Anwendung des Verfahrens bei klassischen WU-Betonkonstruktionen bzw. bei Tübbingröhren konstruiert und erprobt. Diese Entwicklungsarbeiten wurden in Zusammenarbeit der FH Münster, der Desoi GmbH und der Prof. Dr.-Ing. Kirschke GmbH & Co. KG im Rahmen eines Forschungsvorhabens des „Zentralen Innovationsprogramms Mittelstand" (ZIM), welches durch das Bundesministerium für Wirtschaft und Energie (BMWI) gefördert wird, durchgeführt.

An der FH Münster wurden zur systematischen Untersuchung des Sanierungsverfahrens verschiedene Prüfeinrichtungen und Großversuchsstände entwickelt. Ein Überblick über die verschiedenen Untersuchungen im Labor ist in der folgenden Tabelle enthalten:

Tabelle 1. Überblick über die durchgeführten Untersuchungen

Bewegungsfugen (WUB-KO)	Tübbingfugen
– 3 verschiedene Fugenbänder – max. 7 bar Wasserdruck – Fugenbewegungen – Eindring- und Ausziehversuche – Dichtmittelinjektionen	– 2 verschiedene Fugenbänder – max. 12 bar Wasserdruck – Fugenversätze – maximale Kompression des Dichtungsprofiles

Ausführliche und weitergehende Informationen zur Herstellung der Probekörper und zu Versuchsergebnissen sowie deren Dokumentation sind in [5] und [6] enthalten. Zusätzlich zu den im Labor generierten Versuchsergebnissen werden die praktische Anwendung des Sanierungsverfahrens an verschiedenen Tunnelbaustellen und deren Resultate dargelegt.

2 Anwendung bei Bewegungsfugen von WU-Beton-konstruktionen

2.1 Laboruntersuchungen

2.1.1 Versuchsaufbau

Bild 3a zeigt schematisch den Versuchsaufbau zur Nachbildung einer Bewegungsfuge mit einem eingebauten Fugenband. Das kreisförmige Fugenband wurde dabei in zwei massive Betonkörper einbetoniert. Auf der Außenseite ergab sich zwischen den Hälften eine 2 cm große Fuge, durch welche die Injektionswerkzeuge eingeführt werden konnten. Zwischen den beiden Betonkörpern verblieb im Inneren des Fugenbands ein Hohlraum, welcher anschließend angebohrt wurde. Durch Stahlpacker wurde der Hohlraum mit Wasser gefüllt und unter Druck gesetzt, sodass von innen eine Wasserdruckbelastung auf das Fugenband aufgebracht werden konnte.

Forschung und Entwicklung

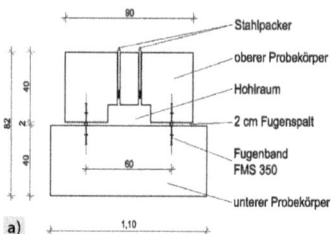

Bild 3. Versuchsaufbau a) schematisch und b) in der Praxis für WU-Betonprobekörper

Die beiden Betonprobekörper wurden vor den Untersuchungen mittels Stahlträgern und Gewindestangen gegeneinander verspannt, sodass ein Auseinanderdrücken der beiden Hälften bei der Belastung durch den Wasserdruck unterbunden wurde (Bild 3b).

2.1.2 Allgemeine Untersuchungen

Um den Einfluss verschiedener Fugenbandgeometrien zu erfassen, wurden in den Versuchen zu Bewegungsfugen in WU-Betonkonstruktionen die folgenden innenliegenden Dehnfugenbänder aus Elastomer nach DIN 7865 [7, 8] untersucht:

- FM 350
- FMS 350
- FMS 500

In den Laborversuchen sollte nachgewiesen werden, dass das Fugenband bei von außen auf ein Bauwerk einwirkenden Wasserdruck mit den Nadeln durchstoßen werden kann, ohne dass dabei Undichtigkeiten entlang der äußeren Nadelwandung auftreten. Daher erfolgte in den Untersuchungen keine Dichtmittelinjektion. Nach dem Einbohren der Nadeln wurde zudem überprüft, ob die Injektionsöffnung der Nadel das Fugenband komplett durchdrungen hat und ob der Injektionskanal bzw. die seitlichen Austrittsöffnungen der Nadel nach dem Bohren frei lagen.

Die Versuche zeigten, dass alle Nadeldurchmesser (3, 4 und 5 mm) ohne Probleme in das Fugenband eingebohrt werden konnten. Auch bei einem Druck von 7 bar konnten über den Prüfzeitraum von einem Monat keine Undichtigkeiten am Fugenband bzw. am Nadelschaft festgestellt werden. Weiterhin konnte durch das probeweise Öffnen des Kugelrückschlagventiles gezeigt werden, dass die seitlichen Injektionsöffnungen auch nach dem Einbringen der Nadel frei lagen.

Das Injektionsrohr konnte nach dem Einbohren jeweils leicht von der Nadel gelöst werden. Bei den 5-mm-Nadeln zeigte sich im Vergleich zu den 3- und 4-mm-Nadeln ein größerer Einbohrwiderstand, wodurch das Injektionsrohr beim Einbohrvorgang fester mit den Nadeln verschraubt wurde. Das Injektionsrohr konnte anschließend aber jeweils problemlos mit einer ruckartigen Drehbewegung gelöst werden.

2.1.3 Fugenbewegungen

In weiteren Versuchen wurden nach dem Einbringen der Fugeninjektionsnadeln bei einem bestehenden Wasserinnendruck von 5 bar verschiedene Fugenbewegungen simuliert: Zur Abbildung einer vertikalen Fugenbewegung wurde die äußere Verschraubung aus Stahlträgern und Gewindestäben so justiert, dass eine zusätzliche Öffnung der Fuge um das gewünschte Maß ermöglicht wurde. Die Aufweitung der Fuge stellte sich dann beim Aufbringen des Wasserdruckes automatisch ein. Um eine horizontale Fugenbewegung zu simulieren, wurde ein hydraulischer Prüfzylinder an der oberen Hälfte des Probekörpers

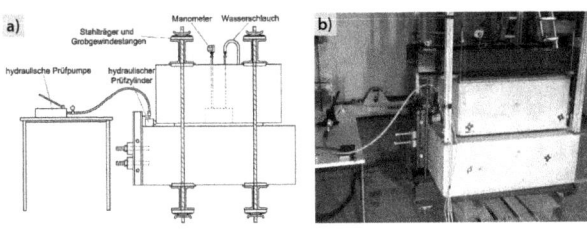

Bild 4. Versuchsaufbau für Fugenbewegungen

angebracht. Eine zusätzliche, am unteren Probekörper befestigte Stahlkonstruktion diente dabei als Widerlager (Bild 4a).

Hierbei konnten mithilfe einer Messeinrichtung aus Seilwegaufnehmern die horizontalen und vertikalen Lageänderungen des oberen Betonkörpers und eine eventuelle (nicht gewünschte) Verkippung erfasst werden (Bild 4b).

Zusätzlich wurden Versuche mit einer Kombination aus horizontaler und vertikaler Fugenbewegung durchgeführt. Ein Überblick über die aufgebrachten Fugenbewegungen nach DIN 18197 [9] ist in Tabelle 2 enthalten, wobei v_r die resultierende Verformung bezeichnet. Da ein kreisförmiges Fugenband in dem Probekörper einbetoniert wurde, können die horizontalen Verformungen des Fugenbands in y- und z-Richtung nicht voneinander abgegrenzt werden.

Tabelle 2. Aufgebrachte Fugenbewegungen [cm]

	horizontal				vertikal		kombiniert			
v_x	0,0	0,0	0,0	0,0	1,0	2,0	2,0	2,0	2,0	2,0
$v_{y/z}$	0,5	1,0	1,5	2,0	0,0	0,0	0,5	1,0	1,5	2,0
v_r	0,5	1,0	1,5	2,0	1,0	2,0	2,1	2,2	2,5	2,8

Bei der vertikalen Aufweitung der Fuge um 1 bzw. 2 cm sowie bei der horizontalen Fugenbewegung von bis zu 2 cm bei 5 bar Wasserinnendruck konnte bei keiner der zuvor gesetzten und im Fugenband verbliebenen Nadeln eine Undichtigkeit beobachtet werden. Auch bei den kombinierten Fugenbewegungen von jeweils bis zu maximal 2 cm wurden keine Undichtigkeiten beobachtet.

Durch den inneren Wasserdruck wurde keine der Nadeln, weder im Ausgangszustand noch im Zuge der Fugenbewegung, aus dem Fugenband herausgedrückt. Es wurde jedoch beobachtet, dass die Fugeninjektionsnadeln bei der vertikalen Fugenaufweitung aus dem Fugenband hervorstanden und ca. 1 bis 2 cm des Nadelschaftes sichtbar waren. Dies war jedoch auf die Verformung des Fugenbandes und die

Verjüngung des Fugenbandes in der Fugenebene und nicht auf das Herausdrücken der Nadeln zurückzuführen.

2.1.4 Langzeitversuch

An einem Prüfkörper wurde ein 12-monatiger Langzeitversuch durchgeführt, um die langfristige Dichtigkeit der Fugeninjektionsnadeln zu überprüfen. Die Injektionsnadeln wurden dafür wie beschrieben in das Fugenband eingebracht. Anschließend wurde der Probekörper an einen konstanten Wasserinnendruck von 2 bar angeschlossen, um den Druck dauerhaft aufrechtzuerhalten. In diesem Langzeitversuch zeigte sich, dass alle Fugeninjektionsnadeln langfristig dicht waren und nicht durch den Wasserdruck ausgetrieben wurden.

2.1.5 Eindring- und Ausziehwiderstände

In weiteren Versuchen wurden zudem der Einbohr- sowie Auszugswiderstand mit einer Kraftmessdose von verschiedenen Fugenbändern ermittelt. Hierdurch konnte bestimmt werden, wie viel Kraft erforderlich ist, um die Nadeln durch das Fugenband zu bohren und aus dem Fugenband herauszuziehen. Letzteres ist insbesondere in der Praxis relevant, da durch die Auszugskraft und die Fläche der Fugeninjektionsnadel ein äquivalenter Wasserdruck errechnet werden kann, bei dem die Nadeln aus dem Fugenband gedrückt werden würden.

Die in der folgenden Tabelle aufgeführten Wasserdrücke liegen mit bis zu 215 bar in einer in der Tunnelbaupraxis ausführungstechnisch unrealistischen Größenordnung. Es besteht also keine Gefahr, dass die Nadeln durch den von außen angreifenden Wasserdruck aus dem Fugenband gedrückt werden könnten.

Tabelle 3. Äquivalente Wasserdrücke [bar]

	3-mm-Nadel	4-mm-Nadel	5-mm-Nadel
FMS 350	200	146	111
FMS 500	215	146	123

2.1.6 Dichtmittelinjektion

Zusätzlich zu den beschriebenen Untersuchungen zur Dichtigkeit der Nadeln an den Großversuchsständen wurden verschiedene Versuche mit Dichtmittelinjektionen durchgeführt. Hierfür wurden von drei verschiedenen Herstellern jeweils ein Polyurethanharz sowie ein Acrylatgel verwendet.

Dabei wurde das Material in kleinformatige Prüfkörper hinter das Fugenband injiziert. Das Dichtmaterial konnte seitlich entlang des Fugenbandes austreten. Nach Aushärten der Injektionsmaterialien wurden die Körper anschließend aufgeschnitten und die Verteilung des Materials hinter dem Fugenband dokumentiert. So konnte gezeigt werden, dass das Injektionsgut mit dem minimalinvasiven Sanierungsverfahren erfolgreich hinter dem Fugenband platziert werden kann.

Des Weiteren wurde die Durchflussmenge durch die Injektionsnadeln im Vergleich zu einem handelsüblichen Stahlpacker gemessen. Dazu wurde das Material mit einer Injektionspumpe mit demselben Druck über den Zeitraum von 60 Sekunden in ein Messgefäß injiziert. Hier zeigte sich, dass die Durchflussmenge der unterschiedlichen Fugeninjektionsnadeln nicht maßgeblich durch den Durchmesser der Fugeninjektionsnadel beeinflusst wurde und dabei im Mittel ca. 72 % der Menge entsprach, die in demselben Zeitraum durch einen Stahlpacker mit 14 mm Durchmesser injiziert werden konnte.

Die maximal mögliche Durchflussmenge der Fugeninjektionsnadeln spielt für die Ausführung von Abdichtungsinjektionen keine entscheidende Rolle bzw. hat in der Praxis keine negativen Auswirkungen. Die Praxiserfahrungen bestätigen dies (s. Kap. 4).

3 Anwendung bei Tübbingfugen

3.1 Laboruntersuchungen

3.1.1 Versuchsaufbau

Der Versuchsaufbau für die Eignungsuntersuchungen der Injektionsnadeln an Elastomer-Dichtungsrahmen für Tübbingauskleidungen

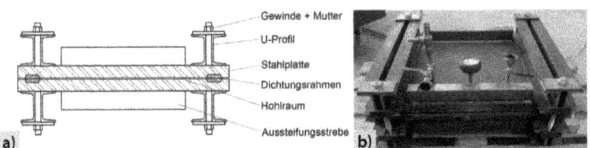

Bild 5. Versuchsaufbau a) schematisch und b) in der Praxis zur Prüfung von Tübbingdichtungsrahmen

besteht, gemäß den Empfehlungen zur Prüfung von Tübbing-Dichtungsprofilen [10], aus zwei Stahlplatten mit einer eingefrästen Nut, in die jeweils ein rechteckiger Dichtungsrahmen eingelegt wurde (Bild 5). Bei diesen Untersuchungen wurden zwei unterschiedliche Dichtungsprofile sowie verschiedene Kompressionsgrade der Dichtungsrahmen und Wasserdrücke bis zu 12 bar untersucht.

Die beiden Stahlplatten wurden mit den eingelegten Dichtungsrahmen aufeinandergelegt und mittels einer Hydraulikpresse zusammengedrückt. Durch Stahlträger und Gewindestangen wurden die Stahlplatten anschließend fixiert und verspannt, sodass die Kompression der Dichtungsrahmen erhalten blieb und der vom Hersteller vorgegebene Arbeitsbereich eingehalten wurde. Die aufeinandergepressten Dichtungsprofile verschlossen den im Inneren des Versuchsaufbaus befindlichen Hohlraum, welcher zuerst mit Wasser gefüllt und anschließend unter Druck gesetzt wurde. Bei höheren Wasserdrücken fanden die Versuche zusätzlich mit der Kompression durch die hydraulische Prüfmaschine statt, damit durch die Dehnung der Gewindestangen die notwendige Kompression der Dichtungsrahmen nicht beeinflusst wird.

3.1.2 Allgemeine Untersuchungen

Die Injektionsnadeln konnten problemlos in ein ohne Versatz eingebautes Tübbingdichtungsprofil bei einem Innendruck von bis zu 12 bar eingebohrt werden. Dabei zeigten sich in der Regel keine Undichtigkeiten an den Nadeln. Durch das Öffnen des Rückschlagventils wurde nachgewiesen, dass der Injektionskanal der Nadel frei lag und

Forschung und Entwicklung

Bild 6. Auseinanderdrücken der Dichtungsprofile entlang des Nadelschaftes

die Injektionsöffnung der Nadeln den innen liegenden, wassergefüllten Hohlraum erreichte.

Wenn die Fugenbänder exakt übereinanderlagen und daher eine ebene Fuge zwischen den beiden Dichtprofilen erzeugt wurde, führte das Einbohren einer Nadel in diese Fuge zu Undichtigkeiten. Hier wurde durch das Einbringen der Nadel genau zwischen den beiden Dichtbändern eine Wegigkeit entlang der Nadel und zwischen den beiden Fugenbandoberflächen geschaffen und so ein Wasseraustritt ermöglicht (Bild 6). Diese Aufweitung war bei größeren Nadeldurchmessern stärker ausgeprägt als bei geringeren Durchmessern.

Da dies aber ausschließlich bei ganz genau planmäßig übereinanderliegenden Dichtprofilen der Fall war, die wiederum in der Praxis in der Regel keine Undichtigkeiten aufweisen, ist dieser Sachverhalt für die Anwendung von Sanierungsverfahren mit Injektionsnadeln nicht relevant. Bereits ein Fugenversatz von wenigen Millimetern führt zu einer Schrägstellung der Kontaktflächen zwischen den Fugenbändern und somit zu einem Wegfall der Wegigkeiten.

3.1.3 Versatz der Dichtungsrahmen

Zur Untersuchung von Einbaufehlern bzw. Bauteilbewegungen (Versatz der Fuge) wurden die Stahlplatten und die Tübbingdichtungsprofile mit einem einseitigen Querversatz von 2 bzw. 3 cm eingebaut (Bild 7). Dabei konnten die Nadeln grundsätzlich ohne Entstehung

I. Minimalinvasive Fugensanierung

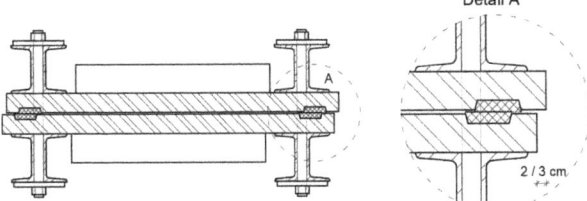

Bild 7. Einbau der Dichtungsrahmen mit Versatz

von Undichtigkeiten bei einem Wasserdruck von bis zu 5 bar eingebohrt werden. Bei dem Versatz von 3 cm wurden nur 5-mm-Nadeln eingesetzt, da diese gegenüber den kürzeren 3- und 4-mm-Nadeln eine für solche Versätze ausreichende Länge aufweisen.

Durch das Öffnen des Rückschlagventils wurde hierbei ebenfalls nachgewiesen, dass ein Injektionsweg zur Innenseite des Probekörpers bestand. So konnte gezeigt werden, dass die Nadellängen darauf ausgelegt sind, das Fugenband auch trotz des Versatzes auf voller Länge zu durchdringen.

3.1.4 Maximale Kompression

Zusätzlich wurde überprüft, ob die Dichtungsprofile auch bei der nach Herstellerangaben maximal zulässigen Kompression mit den Injektionsnadeln durchdrungen werden können. Da der großformatige Versuchskörper nicht für die zur Aufbringung der maximalen Kompression erforderliche Kraft bemessen war, wurde ein zusätzlicher, einfacher Versuchsaufbau aus zwei Stahlplatten mit einer Nut angefertigt. In diesen wurden kurze Abschnitte des Dichtungsrahmens eingelegt, welche mit einer Hydraulikpresse zusammengedrückt wurden, um die maximale Kompression der Dichtprofile zu erzeugen. In den anschließenden Versuchen wurde nachgewiesen, dass die Nadeln in allen Größen problemlos auch in ein maximal komprimiertes Tübbingfugenband eingebohrt werden können.

4 Erfahrungen mit der minimalinvasiven Fugensanierung aus der Baupraxis

4.1 Akzeptanz und Verbreitung der Fugeninjektionsnadel

In der Baupraxis setzen sich die Fugeninjektionsnadeln als zeit- und kosteneinsparende Alternative zu den aufwendigen Betonbohrungen bei der Fugeninjektion zunehmend durch. Allein in den Jahren 2018 bis 2021 kamen weltweit mehrere 10.000 Fugeninjektionsnadeln für minimalinvasive Fugennachdichtungen zum Einsatz [Quelle: Desoi GmbH].

Die Fugeninjektionsnadeln fanden dabei sowohl bei der Nachdichtung von klassischen WU-Betonkonstruktionen mit innenliegendem Blockfugenband als auch bei der Abdichtung von Fugen bei Tübbingtunneln Anwendung.

4.2 Anwendung bei einer klassischen WU-Betonkonstruktion

Im Folgenden wird auf eine erfolgreiche Blockfugennachdichtung in einem Tunnel der DB Netz AG eingegangen. Bild 8 zeigt als Beispiel einen rinnenden Wasserzutritt in der Blockfuge eines bergmännisch

Bild 8. Undichtigkeit in der Blockfuge einer WU-Betonkonstruktion eines Tunnels der DB Netz AG

I. Minimalinvasive Fugensanierung

hergestellten Tunnelbauwerks in WU-Betonbauweise. Für die Sanierungsarbeiten standen lediglich nächtliche Sperrpausen von jeweils wenigen Stunden zur Verfügung, die eine Ausführung der zeitaufwendigen Betonbohrungen für eine Fugensanierung nicht zuließen.

Für die Nachdichtung der Blockfugen wurde in einer Höhe von ca. 1 und 1,5 m oberhalb der Gehwegoberkante jeweils eine Fugeninjektionsnadel mit dem Durchmesser 5 mm durch das innenliegende Dehnfugenband FMS 400 gebohrt. Bei den Blockfugen handelte es sich um Raum- bzw. Bewegungsfugen mit einer weichen Blockfugeneinlage. Die Herstellung einer Bohrung durch die Fugeneinlage bis zum Fugenband mit einem 18 mm großen Betonbohrer sowie das Durchstoßen des Fugenbands mit der Fugeninjektionsnadel dauerten insgesamt weniger als 5 Minuten.

Die zur Undichtigkeit führende Fehlstelle wurde in der Tunnelsohle vermutet. Die obere Fugeninjektionsnadel wurde daher für eine Absperrinjektion mit einem schnell reagierenden Polyurethanharz verwendet, um eine Ausbreitung des Injektionsguts in das Gewölbe zu unterbinden. Anschließend wurde durch die darunterliegende Fugeninjektionsnadel Polyurethanharz eingebracht, welches für die eigentliche Abdichtungsinjektion eingesetzt wurde. Dieses breitete sich daher in der Betonfuge hinter dem Fugenband primär in Richtung Sohle aus und brachte den rinnenden Wasserzutritt innerhalb kurzer Zeit zum Erliegen.

Bild 9 zeigt ein aus der Blockfuge herausragendes Injektionsrohr sowohl ohne (a) als auch mit bereits angeschlossenem Injektionsschlauch (b). Im vorliegenden Fall wurden 80 cm lange Injektionsrohre mit Ventilöffner verwendet, die aufgrund der insgesamt 40 cm dicken Innenschale etwa 15 cm weit bis zum mittig liegenden Fugenband in die Blockfuge hineinführten.

Die Injektionsarbeiten mit der Fugeninjektionsnadel waren grundsätzlich, abgesehen vom deutlich geringeren Aufwand bei der Installation im Bauwerk, nicht von einer klassischen Injektionsmaßnahme mit Injektionspackern aus Stahl zu unterscheiden.

Bild 9. Aus der Blockfuge herausragendes Injektionsrohr (a) und Injektionsrohr mit bereits angeschlossenem Injektionsschlauch (b)

Insgesamt wurden ca. 300 Liter Injektionsgut von jeweils einer Fugeninjektionsnadel je Tunnelseite in Richtung Tunnelsohle verpresst. Die Pumpraten lagen zumeist zwischen 0,5 und 1,5 Liter je Minute, was für eine derartige Injektionsmaßnahme eine Injektionsrate in üblicher Größenordnung ist. Die Durchflussrate der Fugeninjektionsnadel stellte während der Injektionsmaßnahme zu keinem Zeitpunkt das limitierende Element dar.

Bei der minimalinvasiven Fugensanierung von Bauwerken in WU-Betonbauweise sollte grundsätzlich die Fugeninjektionsnadel mit dem Durchmesser 5 mm zum Einsatz kommen, damit die teils einige cm dicken Dehnteile im Mittelabschnitt der innenliegenden Fugenbänder sicher durchstoßen werden. Außerdem sollten Injektionsrohre mit Ventilöffner zum Einsatz kommen, damit die bei solchen Abdichtungsinjektionen in der Regel gewünschte Umläufigkeit „von Packer zu Packer" gewährleistet ist.

4.3 Anwendung bei Tübbingtunneln mit Dichtungsprofilen

Die Durchführung einer minimalinvasiven Fugensanierung bei Tübbingtunneln erfordert in der Regel die Herstellung einer Betonbohrung, die einen Zugang für die auf das Injektionsrohr aufgeschraubte Fugeninjektionsnadel zur zumeist auf der Außenseite der Tübbings liegenden Fugenabdichtung gewährleistet.

Hierfür haben sich in der Praxis Stein- bzw. Betonbohrer mit einem 4-Schneiden-Bohrkopf und einem Durchmesser von 18 mm bewährt. Geringere Bohrdurchmesser oder Bohrer mit 2-Schneiden-Bohrkopf neigen in den zumeist speziell geformten Tübbingfugen auf der Innenseite der Tübbingröhren zum Verkanten.

Die Bohrungen müssen genau parallel zur Tübbingfuge angesetzt und durchgeführt werden, um mittig auf die Tübbingdichtung zu treffen. Ansonsten ist ein Durchstoßen der Dichtung mit der Fugeninjektionsnadel erschwert, weil diese dann auf eine der Betonflanken der Dichtungsnut und nicht in die äußere Tübbingfuge trifft. Wenn dieser Sachverhalt vom Anwender beachtet wird, können wiederholt gute Bohrergebnisse erreicht werden, die ein einfaches Durchstoßen der Tübbingdichtung mit der Fugeninjektionsnadel zulassen.

Bild 10 zeigt in der Reihenfolge von a) nach e) die für die minimalinvasive Fugensanierung bei einer Tübbingröhre wesentlichen Arbeitsschritte:

1. Herstellung der Betonbohrung
2. Einführen von Fugeninjektionsnadel und Injektionsrohr in die Fugenbohrung
3. Einbohren der Fugeninjektionsnadel in die Dichtung mithilfe eines Akkuschraubers
4. Prüfung der Durchgängigkeit anhand eines Austritts von Bergwasser (nur bei Verwendung eines Injektionsrohrs mit Ventilöffner möglich)
5. Injektionsvorgang

Bei Punkt vier (Bild 10d) handelt es sich eigentlich nicht um einen separaten Arbeitsschritt, sondern um das Ergebnis einer korrekt installierten Fugeninjektionsnadel. Bei der Verwendung von Injek-

Forschung und Entwicklung

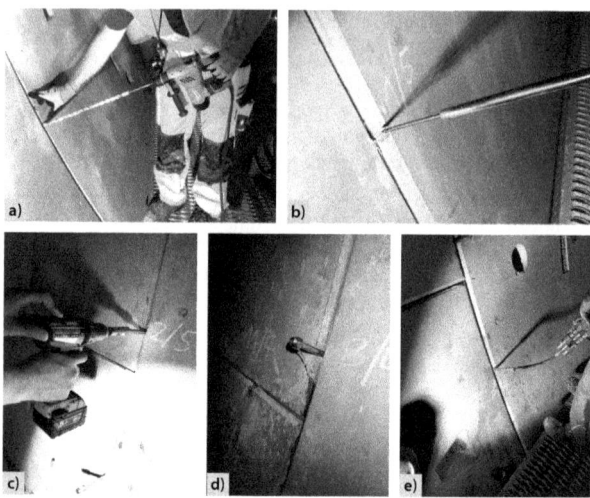

Bild 10. Darstellung der für die minimalinvasive Fugensanierung wesentlichen Arbeitsschritte a) – e)

tionsrohren mit Ventilöffner wird in verschraubtem Zustand das Rückschlagventil der Fugeninjektionsnadel durch einen vorne im Injektionsrohr befindlichen Stift offengehalten (Bild 2). Hierdurch wird eine Kontrolle der Durchgängigkeit der Fugeninjektionsnadel durch Austritt von auf der Außenseite des Bauwerks anstehendem Berg- bzw. Grundwasser ermöglicht. Vorrangig soll diese Durchgängigkeit der Fugeninjektionsnadel jedoch während des Injektionsvorgangs eine Umläufigkeit des Injektionsguts von einer Fugeninjektionsnadel zur anderen gewährleisten, so wie es auch üblicherweise bei einer Injektion mit mehreren Injektionspackern aus Stahl der Fall wäre.

Für die Nachdichtung von Tübbingröhren empfiehlt sich daher ebenfalls die Verwendung von Injektionsrohren mit Ventilöffner, um die

Durchgängigkeit der durch die Dichtung gebohrten Fugeninjektionsnadeln überprüfen zu können.

Für die teils sehr unterschiedlich ausgebildeten Dichtprofile für Tübbingröhren stehen drei verschiedene Nadeldurchmesser zur Verfügung (3, 4 und 5 mm). In der Regel wird von den ausführenden Fachfirmen der mittlere Durchmesser der Fugeninjektionsnadel gewählt.

Die 3-mm-Nadel sollte bei schmalen Dichtprofilen, welche für geringere Wasserdrücke ausgelegt sind, zum Einsatz kommen. Die Fugeninjektionsnadel mit Durchmesser von 5 mm eignet sich aufgrund des – im Vergleich zu den anderen Nadeln – längeren Nadelschafts für Tübbingröhren mit breiten Dichtungsprofilen und/oder Undichtigkeiten, die aufgrund von zu großen Fugenversätzen zwischen den Tübbings verursacht werden. Außerdem sollten starke Fugeninjektionsnadeln bei Dichtprofilen zum Einsatz kommen, die für hohen Wasserdruck ausgelegt sind und somit auch eine entsprechend massive Ausführung des einzelnen Profils sowie eine große Kompression der Profile gegeneinander erfordern.

5 Fazit

Der Einsatz der Fugeninjektionsnadel hat sich in der Baupraxis seit der Einführung in den Markt zunehmend bewährt. Dieses speziell für die minimalinvasive Fugensanierung entwickelte Sanierungswerkzeug kann sowohl bei der Nachdichtung von Bauwerken in WU-Betonkonstruktionen als auch bei Tübbingröhren zum Einsatz kommen und bietet eine Zeit und Kosten einsparende Alternative zu den aufwendigen Betonbohrungen.

In Zusammenarbeit der FH Münster, der Desoi GmbH und der Prof. Dr.-Ing. Kirschke GmbH & Co. KG wurden an der FH Münster ausführliche Laboruntersuchungen an speziell entwickelten Versuchsständen durchgeführt, um sowohl der Bauherrenschaft als auch den ausführenden Firmen die sichere Funktionsweise der Fugeninjektionsnadel nachzuweisen.

Für den Anwendungsfall einer Sanierung von Bewegungsfugen von Bauwerken in WU-Betonbauweise haben sich die Fugeninjektionsnadeln in den Laboruntersuchungen gut bewährt. Die minimalinvasive Fugensanierung wies in den verschiedenen Versuchsvariationen keine negativen Eigenschaften auf, solange die Fugeninjektionsnadeln im Fugenband verblieben. Bei gezogenen Nadeln hingegen traten in verschiedenen Versuchsvariationen Undichtigkeiten auf. Da sich diese Veröffentlichung auf die praktische Anwendung – ohne das Ziehen der Fugeninjektionsnadel – beschränkt, wurde hier nicht weiter darauf eingegangen. Weitergehende Informationen dazu werden in [6] beschrieben. Daher sollten die Fugeninjektionsnadeln als dauerhaft abdichtendes Element im Fugenband verbleiben.

Die gute Eignung der Fugeninjektionsnadeln für den Einsatz von Bauwerken mit Tübbingdichtungsprofilen wurde in den Versuchen ebenfalls bewiesen. Auch hier haben die Versuche gezeigt, dass die Nadel in der Dichtung verbleiben sollte, um das Risiko von Undichtigkeiten zu vermeiden.

Literatur

[1] Kirschke, D.; Schälicke, H.; Fraas, D. (2013) *Finnetunnel: Innovative gezielte Fugennachdichtung in Tübbingröhren – Teil 1.* Tunnel (32) 3/2013, S. 50–59.

[2] Kirschke, D.; Schälicke, H.; Fraas, D. (2013) *Finnetunnel: Innovative gezielte Fugennachdichtung in Tübbingröhren – Teil 2.* Tunnel (32) 4/2013, S. 30–40.

[3] Schälicke, H. (2016) *Gezielte Fugennachdichtung ohne aufwendige Betonbohrungen bei WU-Betonkonstruktionen und Tübbingtunneln.* In: STUVA (Hrsg.) Forum Injektionstechnik 2016, Forschung + Praxis 48, S. 94–98.

[4] Tintelnot, G.; Lindenbauer, K.-H.; Sinelnikow, M. (2018) *Gezielte Fugennachdichtung bei Tübbingröhren.* Tunnel (37) 3/2018, S. 54-59.

[5] Mähner, D.; Schälicke, H.; Engels, M. (2018) *Minimalinvasive Fugensanierung – Ergebnisse aus vertieften Eignungsuntersuchungen und erste Erfahrungen aus der Praxis.* In: STUVA (Hrsg.) Forum Injektionstechnik 2018, Forschung + Praxis 52, 2018, S. 41-46.

[6] Mähner, D.; Basler, F.; Hausmann, M.; Lengers, J. (2020) *Minimalinvasive Fugensanierung.* Beton- und Stahlbetonbau (115) 7/2020, S. 532-541.

[7] DIN 7865-1:2015-02 (2015) *Elastomer-Fugenbänder zur Abdichtung von Fugen im Beton – Teil 1: Formen und Maße.* Beuth Verlag, Berlin.

[8] DIN 7865-2:2015-02 (2015) *Elastomer-Fugenbänder zur Abdichtung von Fugen im Beton – Teil 2: Werkstoff-Anforderungen und Prüfung.* Beuth Verlag, Berlin.

[9] DIN 18197:2018-01 (2018) *Abdichten von Fugen in Beton mit Fugenbändern.* Beuth Verlag, Berlin.

[10] Studiengesellschaft für unterirdische Verkehrsanlagen (STUVA) (2005) *Empfehlungen für die Prüfung und den Einsatz von Dichtungsprofilen in Tübbingauskleidungen.* Tunnel (24) 8/2005, S. 8–21.

II. Wirkungsweise von polymerbasierten Stützflüssigkeiten im Tunnelbau

Rowena Verst, Matthias Pulsfort

Polymerlösungen werden weltweit auch im Tunnelbau zunehmend zur Flüssigkeitsstützung der Ortsbrust bzw. des Ringraums angewendet. Zur Differenzierung ihrer Wirkungsweise für eine rechnerische Beurteilung der Standsicherheit der flüssigkeitsgestützten Erdwand besteht allerdings noch Forschungsbedarf. Der folgende Beitrag gibt einen Überblick über die Ergebnisse umfangreicher Laborversuche zur Einordnung des Eindringverhaltens polymerbasierter Stützflüssigkeiten in Boden, die zeigen konnten, dass sich das Grundkonzept der inneren und äußeren Standsicherheit der mit Bentonitsuspensionen flüssigkeitsgestützten Erdwand (DIN 4126:2013) auf Polymerlösungen übertragen lässt. Jedoch müssen bei der Einordnung in den maßgebenden Grenzfall der Stützdruckübertragung je nach Polymertyp eigene empiriebasierte Parameter verwendet werden, da sich die Interaktion von Polymerlösungen mit dem anstehenden Porenraum bzw. Korngerüst anders gestaltet als bei Bentonitsuspensionen. Der zeitliche Verlauf der Eindringung wird auch maßgeblich beeinflusst vom Vorhandensein granularer Schwebstoffe, die die Erdwand kolmatieren und so eine Stagnation der Eindringung mit voller Mobilisierung einer Membranwirkung erzeugen können.

Stabilisation mechanisms of polymer support fluids for tunnelling applications

Polymer solutions are used increasingly around the world as support fluid, not only in tunnelling applications. Stability considerations of polymer-fluid-supported earth walls taking into account a realistic distinction of stabilisation mechanisms are still the subject of research. The present contribution gives an overview on the results of extensive laboratory investigations with the aim to classify the penetration behaviour of polymer support fluids into soil. These results show that the basic concept for internal and external stability of a fluid-supported earth wall in application for bentonite suspensions (German Standard DIN 4126:2013) can be transferred to polymer solutions. However, empirical parameters need to be taken into account for categorization for an individual polymer type to adequately reflect the interaction between polymer solution and soil pore structure differing from bentonite suspensions. Moreover, the time-dependent course of the penetration is influenced by the presence of suspended fines, which colmate at the earth wall and can lead to a stagnation with full mobilisation of membrane behaviour.

1 Einleitung

Außerhalb Deutschlands, in Asien, Amerika, aber auch im übrigen Europa werden immer häufiger Polymerlösungen als Stützflüssigkeiten zur temporären Stabilisierung von Erdwänden eingesetzt, vor allem im Spezialtiefbau (Schlitzwände, Bohrpfähle), aber auch im Tunnelbau (Ortsbrust, Ringspaltschmierung im Rohrvortrieb), häufig mit Erfolg [1–3] (Bild 1).

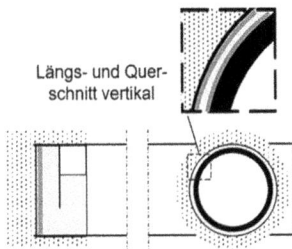

Bild 1. Flüssigkeitsstützung beim Tunnelbau und beim Rohrvortrieb [4]

Die Gründe für den Einsatz polymerbasierter Stützflüssigkeiten lassen sich zusammenfassen zu

- Wirtschaftlichkeit (Baubetrieb, Entsorgung, Vorkommen, Materialbedarf),
- Umweltverträglichkeit (Entsorgung, Grundwasserverunreinigung, Gewässerbelastung),
- Besondere chemische Randbedingungen (Verklebungen, Quellen, salzhaltige Böden/Wässer).

Während auf internationaler Bühne im Hinblick auf Umweltverträglichkeit bei Polymerlösungen teilweise sogar Vorteile gegenüber Bentonitsuspensionen gesehen werden [1], bestehen in Deutschland

Forschung und Entwicklung

insbesondere aus Vorsicht bezüglich potenziell unklarer Umweltauswirkungen bisher erhebliche Vorbehalte gegenüber Polymerlösungen [5]; polymermodifizierte Bentonitsuspensionen mit z. T. signifikanten Polymeranteilen aber haben sich inzwischen auch in Deutschland etabliert. Darüber hinaus gibt es weder national noch international allgemein anerkannte rechnerische Standsicherheitskonzepte bezüglich der temporären Flüssigkeitsstützung einer Erdwand für polymerbasierte Stützflüssigkeiten, mit denen die Wirksamkeit einer solchen Stabilisierung prognostiziert werden kann.

Im Spezialtiefbau darf die Standsicherheit aktuell nur über Probepfähle, Probeschlitze oder vergleichbare Erfahrung nachgewiesen werden, wofür jedoch eigentlich eine rechnerische Vorkalkulation erforderlich wäre. Immerhin gibt es erste sogenannte „acceptance values" zur Qualitätskontrolle auf der Baustelle, die sich zur Beurteilung der Handhabbarkeit von Stützflüssigkeiten gut zu eignen scheinen (DIN EN 1536 [6], DIN EN 1538 [7], DFI/EFFC [8]), die im Hinblick auf die Prognose der Standsicherheit der zu stützenden Erdwände aber unzureichend sind, da sie die Wirkungsweise der Stabilisierung nicht reflektieren können. Zu den durchgeführten Tests zur Qualitätskontrolle gemäß „acceptance values" gehören maßgeblich Viskositätsmessungen, z. B. Marsh-Trichter-Versuche, am „Bulk"-Material, die das eigentliche Fließverhalten im engen Korngerüst nicht abbilden. Tatsächlich wird die Wirkungsweise von polymerbasierten Stützflüssigkeiten aber vielfach über die Interaktion zwischen Boden und zusätzlichen granularen Additiven bzw. Schwebstoffen (Bild 2) er-

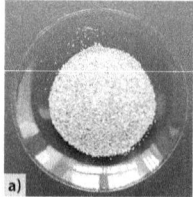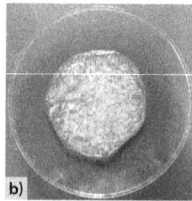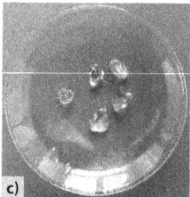

Bild 2. Granulare Schwebstoffe: a) Quarzkörner; b) Bentonitflocken; c) Hydrogele

Bild 3. Interaktionsmechanismen zwischen Boden und Stützfluid mit Beladung aus granularen Schwebstoffen

klärt, welche die Poren blockieren und so eine Membranwirkung mit Stagnation erzeugen [1, 9–12].

Zwischen Wasser, Polymer, Porensystem, Korngerüst und ggf. granularen Porenblockern gibt es einige Mechanismen, welche die Interaktion eines solchen Stützfluids mit dem Baugrund äußerst komplex werden lassen (Bilder 3 und 4). Vor allem für die flüssigkeitsgestützte Ortsbrust beim Tunnelbau im Schildvortrieb ist dabei die Zeitabhängigkeit dieser Mechanismen bzw. insbesondere des Eindringverhaltens vor dem Hintergrund der regelmäßigen Abtragung von infiltriertem Bodenmaterial beim Voranschreiten des Schneidrads von besonderer Bedeutung.

Dazu wurde an der Bergischen Universität Wuppertal eine umfangreiche Studie auf Basis von Laborversuchen zur empirischen Differenzierung und Klassifizierung der Interaktionsmechanismen mit Fokus auf das Eindringverhalten polymerbasierter Stützflüssigkeiten ohne und mit verschiedenen granularen Schwebstoffen in Boden durchgeführt. Ein Auszug aus den gewonnenen Ergebnissen soll im Folgenden

Bild 4. Visualisierung ausgewählter Interaktionsmechanismen: a) Bewegung gelöster flexibler Polymerketten von der Erdwand in den Porenraum; b) Absinken (kein ausgeprägtes Dispergieren) von Quarzkörnern in synthetischer Polymerlösung; c) Kolmation granularer Schwebstoffe an der Erdwand

mit dem Ziel vorgestellt werden, einen Einblick in die grundsätzliche Wirkungsweise der Erdwandstabilisierung mit Polymerlösungen zu geben. Dazu werden zunächst einige Grundbegriffe zum Polymerbegriff und zum Fließverhalten von Polymerlösungen erläutert und allgemeine Anforderungen an Stützflüssigkeiten zur Stabilisierung von Erdwänden differenziert.

2 Polymere

Entgegen der verbreiteten Vorstellung ist der Begriff Polymer kein Synonym für Kunststoff, sondern eine Kategorie, die alle großen Moleküle umfasst, die aus vielen Wiederholeinheiten bestehen, also aus vielen Teilen (griech. poly = viel, meros = Teil) und die über kovalente Bindungen verbunden sind [13, 14]. Drei Beispiele sind in Bild 5 dargestellt: Unsere DNS-Stränge sind Polymere, Silikate und Tonminerale bestehen daraus (Bild 5a); eine vielseitige Anwendung finden auch bestimmte synthethische Kettenpolymere (Bild 5b) [13, 15]. Es gibt also sowohl synthetische als auch sehr viele natürliche Polymere. Je nach Zusammensetzung und Reihung der Wiederholeinheiten können sich sehr unterschiedliche Strukturen (Bild 6) und Eigenschaften ergeben.

II. Wirkungsweise von polymerbasierten Stützflüssigkeiten im Tunnelbau

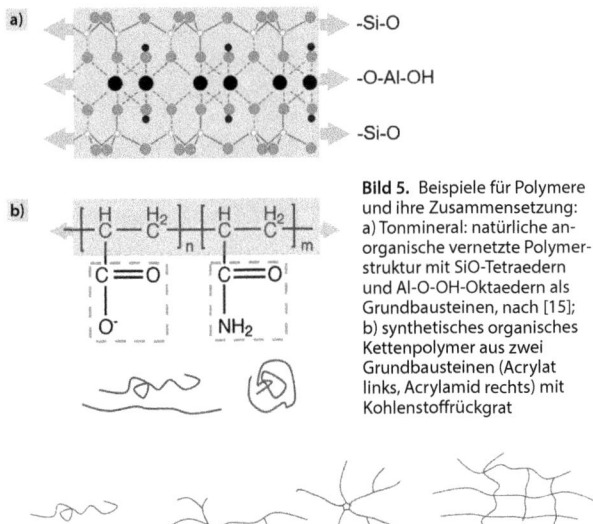

Bild 5. Beispiele für Polymere und ihre Zusammensetzung: a) Tonmineral: natürliche anorganische vernetzte Polymerstruktur mit SiO-Tetraedern und Al-O-OH-Oktaedern als Grundbausteinen, nach [15]; b) synthetisches organisches Kettenpolymer aus zwei Grundbausteinen (Acrylat links, Acrylamid rechts) mit Kohlenstoffrückgrat

Bild 6. Beispielhafte Molekülstrukturen von Polymeren: linear, verzweigt oder vernetzt

Zur Anwendung als Stützflüssigkeiten werden häufig Viskosifizierer und Porenblocker eingesetzt (Bild 7). Viskosifizierer sind wasserlösliche, lineare Kettenpolymere, während unter Porenblockern wasserunlösliche, aber hoch quellfähige superabsorbierende 3D-Netze zu verstehen sind, im Prinzip ähnlich zu quellfähigem Ton; sie bilden mit Wasser wässrige Körner, sogenannte Hydrogele [16]. Die typischsten Viskosifizierer in der Praxis sind Acrylamid-Acrylat-Copolymere (AN/PHPA[1]) (vgl. Bild 5b), also eine Gruppe synthetischer

---

1) Partiell hydrolisiertes Polyacrylamid, hier benannt nach der Herstellweise (Hydrolyse).

Forschung und Entwicklung

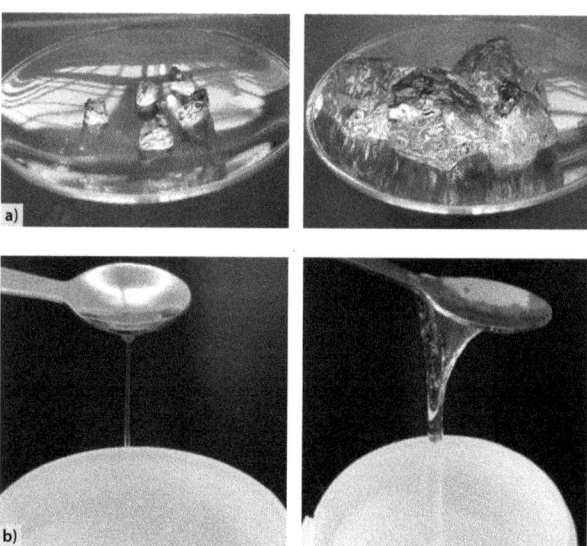

Bild 7. Gequollene polymere Porenblocker (Hydrogele) sowie in Wasser gelöste Kettenpolymere als Viskosifizierer:
a) Porenblocker; b) kurzkettige (links) vs. langkettige (rechts) Kettenploymere

Produkte mit gezielt veränderbaren Eigenschaften, sowie Na-Carboxymethylzellulose (CMC) und Xanthangummi (XAN) (Bild 8), d.h. zwei Polymere natürlichen Ursprungs. Diese Polymere unterscheiden sich in ihrer Struktur stark voneinander, CMC und XAN sind wesentlich komplexer als die AN-Polymere; dies beeinflusst auch ihr Eindringverhalten als wässrige Lösungen sowie ihre mechanische Stabilität, z.B. gegen eine Scherbeanspruchung durch das Schneidrad (Tabelle 1).

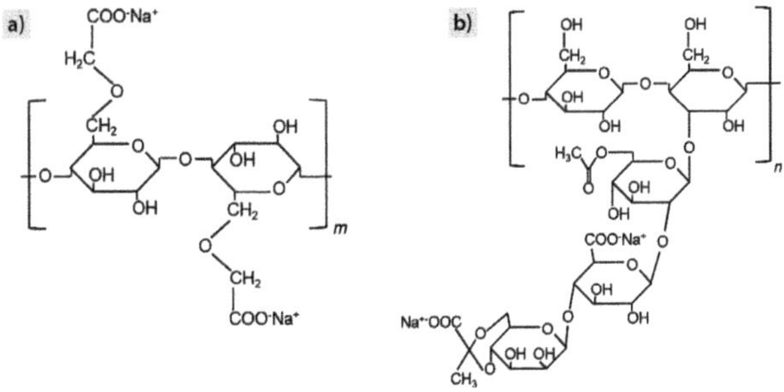

II. Wirkungsweise von polymerbasierten Stützflüssigkeiten im Tunnelbau

Bild 8. Chemische Struktur der Wiederholeinheiten typischer Viskosifizierer aus natürlichen bzw. modifizierten natürlichen Polymeren: a) Na-Carboxymethylcellulose mit Anhydroglucose-Ringen als Wiederholeinheit; b) Xanthan mit Pentasaccharid-Wiederholeinheit (verschiedene Zucker-Ringe)

Tabelle 1. Eigenschaften und Zusammensetzung typischer Viskosifizierer.

Polymer	Na-CMC	Xanthan	AN/PHPA
Herkunft	Natürlich, modifiziert	Natürlich	Synthetisch
Ladung	Anionisch	Anionisch	Anionisch
Molekulargewicht	$0{,}9-7 \cdot 10^5$ Da	$1-50 \cdot 10^6$ Da	$3-30^6$ Da
Wiederholeinheiten	Anhydroglucose	Pentasaccharid	Acrylamid, Acrylat
Struktur	Relativ steif, komplex	Steif, komplex	Flexibel, dünn
Stabilität	Sensibel für pH-Wert-Änderungen und polyvalente gelöste Kationen, langsam biologisch abbaubar	Sensibel für bakteriellen Angriff, leicht biologisch abbaubar, sensibel für mechanische Degradierung	Sensibel für pH-Wert-Änderungen und polyvalente Kationen, kaum biologisch abbaubar, äußerst sensibel für mechanische Degradierung bei hohem Molekulargewicht

Polymer	Na-CMC	Xanthan	AN/PHPA
Konzentration in Lösung	2–5 g/l	1,5–3 g/l	0,5–1,5 g/l

Quellen: [1, 17–19]

3 „Bulk-Rheologie" von Polymerlösungen

Im Gegensatz zu Wasser mit einer Viskosität η = const und Bentonitsuspensionen, die genähert nach dem Bingham-Stoffgesetz, neben einer Fließgrenze $\tau_{F,\,Bingham}$ auch eine im Vergleich zu Wasser etwas höhere Viskosität η = const aufweisen, folgen Polymere in Lösung rheologisch eher dem Ostwald/de Waele-Modell (auch Power-Law-Modell genannt) bzw. dem sog. Carreau-Modell mit stark veränderlicher Viskosität bei unterschiedlicher Scherrate (Bild 9). Dieses Verhalten ist darin begründet, dass die Viskosität davon abhängt, wie die einzelnen Polymerketten miteinander interagieren.

Bei langsamem Abscheren sind die Ketten verknäult und bieten einen maximalen Widerstand; mit zunehmender Schergeschwindigkeit entknäulen sie sich und der Widerstand sinkt. Dieses Verhalten beeinflusst auch ihre Interaktion, z.B mit suspendierten Körnern [4].

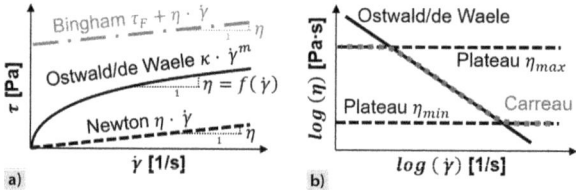

Bild 9. „Bulk"-Rheologie von Polymerlösungen im Vergleich zu Bentonitsuspensionen: a) Scherwiderstand zu Scherrate; b) Viskosität zu Scherrate (doppeltlogarithmisch)

4 Standsicherheit der flüssigkeitsgestützten Erdwand

Das Nachweiskonzept der Flüssigkeitsstützung, das in seinem Grundkonzept auch auf den Tunnelbau übertragen wird, basiert maßgeblich auf den Untersuchungen von Weiß [20] und Müller-Kirchenbauer [21] für Schlitzwände, die in der ersten DIN 4126 aus dem Jahr 1986 bzw. in der aktuellen Fassung DIN 4126 [22] in Form von drei Versagensfällen verankert sind, die grundsätzlich fluidunabhängig wie folgt zusammengefasst werden können:

(1) Zutritt von Grundwasser:

$$p_{w,dst,d} \leq p_{F,stb,d} + p_{air,stb,d}$$

(2) Abgleiten eines Bodenmonolithen (äußere Standsicherheit):

$$\max\left(\frac{E_{ah,dst,d}}{S_{stb,d}}\right) \leq 1$$

(3) Abgleiten von Einzelkörnern oder Korngruppen (Innere Standsicherheit) über den sog. Druckgradienten:

$$f_{s0,Wand,d} \geq \frac{\gamma_d''}{\tan\varphi_d'} = f_{s0,Wand,erf,d}$$

Die Sicherheit gegen den Zutritt von Grundwasser (1) gilt als gegeben, wenn die Summe aus stabilisierendem Flüssigkeitsdruck $p_{F,stb}$[2]) einschließlich eines Luftdruckpolsters $p_{air,stb}$ den destabilisierenden hydrostatischen Wasserdruck $p_{w,dst}$ ausgleicht bzw. übersteigt. Diese Formulierung ist unabhängig vom Eindringverhalten der Stützflüssigkeit bzw. zeitunabhängig.

Die Formulierungen (2) und (3) werden beeinflusst vom Eindringverhalten, also von der Interaktion zwischen Boden und Stützflüssigkeit. Die maßgebende räumliche aktive Erddruckkraft $E_{ah,dst}(\vartheta,s)$, die mobilisierbare Stützkraft $S_{stb}(\vartheta,s)$ und der Druckgradient an der Erdwand $f_{s0,Wand}(s)$ (Bild 10) sind dabei abhängig von der Zeit, in die

---

[2]) ‚d' als Designwert gemäß Teilsicherheitskonzept nach DIN 4126 [22] bzw. DIN EN 1997-1 [23].

Forschung und Entwicklung

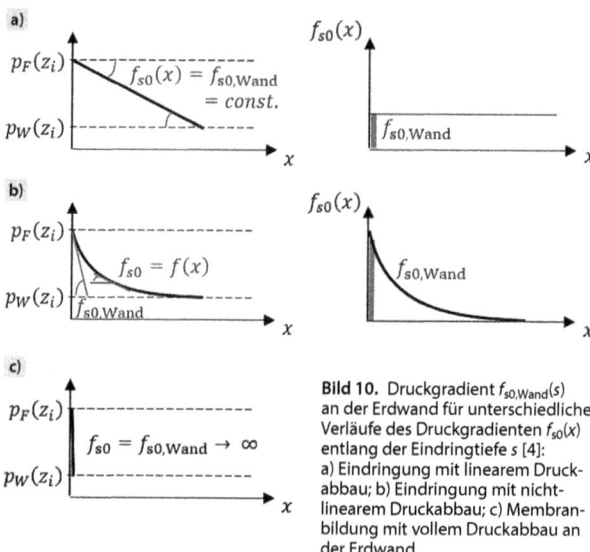

Bild 10. Druckgradient $f_{s0,\text{Wand}}(s)$ an der Erdwand für unterschiedliche Verläufe des Druckgradienten $f_{s0}(x)$ entlang der Eindringtiefe s [4]:
a) Eindringung mit linearem Druckabbau; b) Eindringung mit nichtlinearem Druckabbau; c) Membranbildung mit vollem Druckabbau an der Erdwand

Stützflüssigkeit in den Boden eindringt, sowie von Art und Verlauf der Druckübertragung auf das Korngerüst. γ'' beschreibt in diesem Zusammenhang die Wichte des durchströmten Bodens unter Auftrieb der Stützflüssigkeit, φ' repräsentiert den zugehörigen mobilisierbaren Reibungswinkel an der Erdwand. Je nach durchströmter Geometrie bzw. Erddruckansatz ergeben sich unterschiedliche mobilisierbare Stützkräfte (Bild 11). Für räumliche Erddruckansätze sei auf [24–27] verwiesen.

Allgemein werden bezüglich des Eindringverhaltens drei Grenzfälle unterschieden:

- Äußere Filterkuchenbildung,
- Viskose Eindringung und
- Kolmation [28].

II. Wirkungsweise von polymerbasierten Stützflüssigkeiten im Tunnelbau

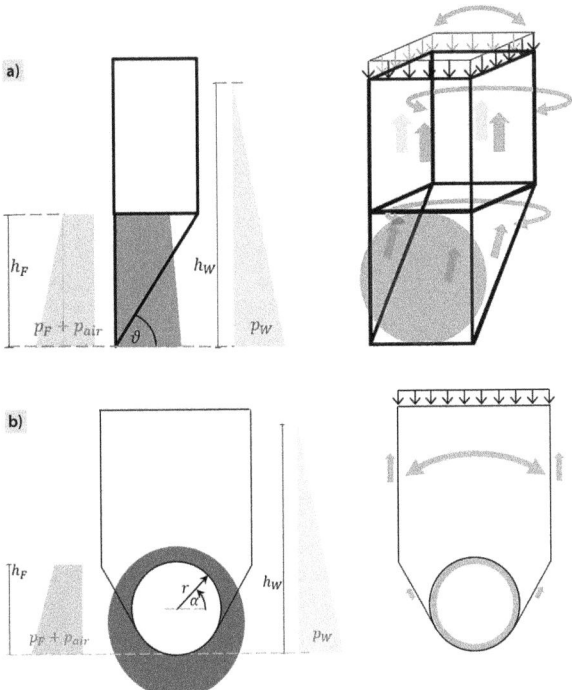

Bild 11. Eindringung und räumliche Erddruckansätze:
a) Ortsbrust; b) Ringspalt

Die Ausbildung einer eines äußeren Filterkuchens kann auch als eine besondere Form der Kolmation angesehen werden. Die zugehörigen Druckverläufe bei der Druckübertragung auf das Korngerüst zeigt Bild 12. Sie lassen sich grob gruppieren in viskoses Fließen (a/b), bei dem der Druckverlauf der zeitabhängigen Eindringung folgt, und Kolmation (c) mit (geringer) endlicher Eindringtiefe und bezüglich

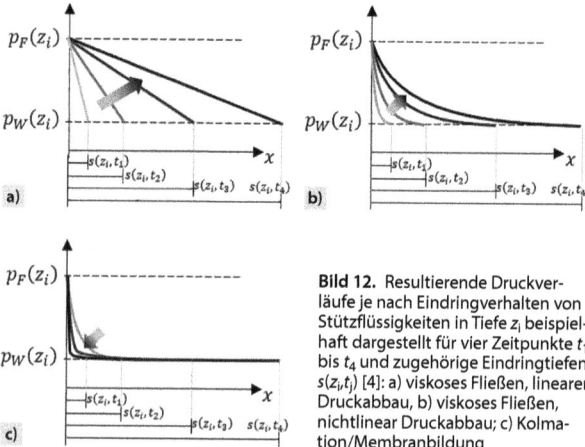

Bild 12. Resultierende Druckverläufe je nach Eindringverhalten von Stützflüssigkeiten in Tiefe z_i beispielhaft dargestellt für vier Zeitpunkte t_1 bis t_4 und zugehörige Eindringtiefen $s(z_i,t_j)$ [4]: a) viskoses Fließen, linearer Druckabbau, b) viskoses Fließen, nichtlinear Druckabbau; c) Kolmation/Membranbildung

der Druckentwicklung zeitlich entgegengesetztem Verlauf (siehe Pfeilrichtung). Im Hinblick auf die äußere Standsicherheit der flüssigkeitsgestützten Erdwand würde im Vergleich ein nichtlinearer Druckabbau zur Mobilisierung eines größeren Stützdruckanteils unmittelbar an der Erdwand führen (Bild 13).

Dabei kann nur der Teil des hydrostatischen Überdrucks als Stützdruck angesetzt werden, der innerhalb des abgleitenden Monolithen auf das Korngerüst des Bodens übertragen wird. Wenn die Eindringtiefe s die Monolithbreite l überschreitet (Bild 13, Tiefe z_2), kann also über die gleiche Breite l mehr Druck mobilisiert werden, wenn der Druck nichtlinear verteilt ist.

Für die Stabilisierung von Einzelkörnern oder Korngruppen gegen Herausbrechen aus der Erdwand i. S. der inneren Standsicherheit wäre eine möglichst hohe Druckübertragung genau dort vorteilhaft, also ein möglichst hoher Gradient $f_{s0,\text{Wand}}$. Dieser ist bei gleicher angenommener Eindringtiefe s im nichtlinearen Fall größer (vgl. Bild 10b vs. Bild 10a).

II. Wirkungsweise von polymerbasierten Stützflüssigkeiten im Tunnelbau

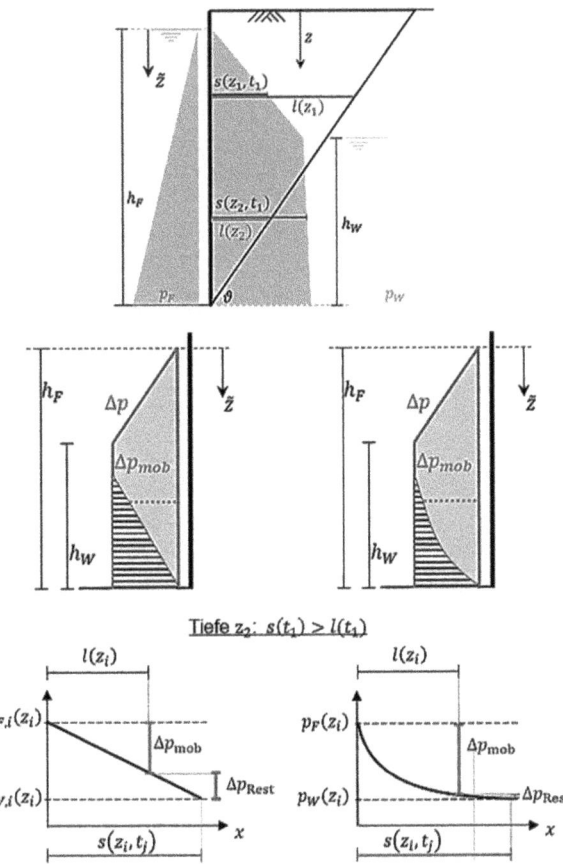

Bild 13. Mobilisierbare Stützkraft $S_k(t_1,\theta)=\int \Delta p_{mob}(t_1,\theta)d\tilde{z}$ innerhalb des abgleitenden Bodenmonolithen zum Zeitpunkt t_1 bei viskosem Fließen in Anlehnung an DIN 4126 [22] [4]

Die Einordnung der Wirkungsweise einer Stützflüssigkeit in die beschriebenen Grenzfälle mit entsprechenden Schlussfolgerungen für die standsicherheitsrelevanten rechnerischen Größen $s(t)$ und $\Delta p_{mob}(x,t)$ – insbesondere $\Delta p_{mob,Wand}(t)$ bzw. $f_{s0,Wand}(t)$ – ist abhängig von der Interaktion zwischen Fluid und Bodenmatrix, die sich je nach Fluid signifikant unterscheiden kann. Zur Prognose der Interaktion werden je nach Fluid und Randbedingung empirische Formulierungen zur rechnerischen Idealisierung auf Basis repräsentativer Parameter für Boden und Fluid angegeben.

5 Klassifizierung von Bentonitsuspensionen im Hinblick auf die Standsicherheit

Für reine Bentonitsuspensionen ohne Berücksichtigung einer Feinkornaufladung gibt es eine empirisch validierte Differenzierung zur Beschreibung des Eindringverhaltens über den wirksamen Korndurchmesser d_{10} als Repräsentanz des Bodens und die Fließgrenze τ_F ($\neq \tau_{F,Bingham}$) als Repräsentanz des Fluids in die Grenzfälle:

– Äußerer Filterkuchen bzw.
– Viskoses Fließen mit linearem Druckabbau entlang der Eindringtiefe (ebener Fall) bis zur Stagnation aufgrund der Fließgrenze [28].

Die Stagnationstiefe kann auch empirisch ermittelt werden (DIN 4126 [22]), jedoch wird diese bei einem Schneidradbetrieb an der Ortsbrust unter Berücksichtigung der permanenten Schneidraddrehung möglicherweise gar nicht erreicht, d. h. das zeitabhängige Eindringverhalten von Erst- bzw. Repenetration ist bei der Berechnung der innerhalb des Bruchkörpers an der Ortsbrust mobilisierbaren hydrostatischen Stützkraft zu berücksichtigen [26, 29, 30].

Darüber hinaus nimmt die reale Stützsuspension in der Regel signifikante Anteile an granularen Schwebstoffen auf, z. B. eingetragen durch den Aushubvorgang, wobei die Suspendierbarkeit der anstehenden Körner abhängig ist von der Fließgrenze der Suspension [20]. Diese können die maximale Eindringtiefe (und damit auch die Zeitspanne bis zur Stagnation) reduzieren [31, 32] und zu einer effektiven

Kolmation mit nahezu vollständigem Druckabbau unmittelbar an der Erdwand (vgl. Bild 12c) führen. Erste Laborversuche von Mianji et al. [33] zeigen, dass sich ein solcher Effekt in Grobsand innerhalb weniger Sekunden einstellen kann.

Die Filtrationsprozesse zur Kolmation sind dabei natürlich abhängig von der Eindringgeschwindigkeit der Stützflüssigkeit, die maßgeblich durch ihre Viskosität definiert ist. Durch höheren Materialeintrag und eine höhere Bentonitkonzentration können daher längere Zeitspannen bis zum Abschluss des Kolmationsprozesses erforderlich sein.

Ein empirischer begründeter Zusammenhang zur Bestimmung der Stagnationstiefe mit Feinkornaufladung auf Basis der Kornverteilung wurde von Thienert [31] in Anlehnung an die Filterkriterien von Terzaghi formuliert. Mögliche Parameter zur Prognose des zeitlichen Verlaufs der Eindringung und Filterkuchenbildung mit Schwebstoffen sind Gegenstand aktueller Forschung, z. B. der Ruhr-Universität Bochum.

6 Klassifizierung von Polymerlösungen im Hinblick auf die Standsicherheit

6.1 Allgemeines

Da sich Bentonitsuspensionen und Polymerlösungen in ihrer Zusammensetzung und ihrem Fließverhalten signifikant unterscheiden, lassen sich die empirischen Klassifizierungsansätze für Bentonitsuspensionen, basierend auf der Fließgrenze als rheologischem Parameter und einer geometrischen Einordnung, ermittelt explizit für hydratisierte Bentonitkörner, nicht unmittelbar auf Polymere in Lösung mit ihren flexiblen Ketten und durchaus unterschiedlichen Eigenschaften je nach Polymerstruktur übertragen.

Vor diesem Hintergrund wurden an der Bergischen Universität Wuppertal umfangreiche Laboruntersuchungen zum Eindringverhalten verschiedener polymerbasierter Stützflüssigkeiten mit groß- und kleinmaßstäblichen Durchströmungsversuchen (1D und 2D) durchgeführt, begleitet von einer rheologischen Fluidklassifizierung mit

Differenzierung wirksamer Fluidbestandteile. Im Folgenden sollen die wesentlichen Erkenntnisse kurz vorgestellt werden, die analog zur Vorgehensweise bei Bentonitsuspensionen eine empiriebasierte Einordnung in die zwei Funktionsweisen viskoses Fließen und Kolmation mit Schwebstoffeintrag nach Bild 12 ermöglichen. Damit kann auch für Polymerlösungen eine Nachweisführung nach dem der DIN 4126:2013 zugrundeliegenden Konzept für die temporäre Flüssigkeitsstabilisierung erfolgen (Abschnitt 4). Für eine ausführliche Erläuterung sei auf [4] verwiesen.

6.2 Eindringverhalten rein viskoser Polymerlösungen ohne Schwebstoffe

In Böden niedriger Durchlässigkeit stellt sich für Polymerlösungen ohne Berücksichtigung mineralischer oder polymerer granularer oder sonstiger Additive ein strukturviskoses Fließen gemäß einer „In-situ"-Rheologie ein. Dieses von der „Bulk"-Rheologie (vgl. Bild 9) abweichende Verhalten wird erzeugt durch die im Vergleich zum Rheometer vollkommen anderen geometrischen Randbedingungen (enger Porenraum), in denen je nach Polymerstruktur und -konzentration ein charakteristisches Fließverhalten erzwungen wird.

Im Rahmen der Durchströmungsversuche konnten auf Basis einer gezielten Variation von Kornfraktionen für den anstehenden Boden analog zum d_{10}-Wert für Bentonitsuspensionen der Korndurchmesser d_{30} für die komplexeren Polymerketten (Xanthan und CMC) sowie d_{50} für die dünneren langkettigeren synthetischen Polymere (PHPA) als wirksame Referenzgrößen zur Beurteilung des Eindringverhaltens bestimmt werden. Das Fehlen einer messbaren Fließgrenze bedingt, dass für die reine Polymerlösung keine Stagnation möglich ist. Allerdings reduziert sich die Eindringgeschwindigkeit mit zunehmender Eindringtiefe signifikant aufgrund der stark überlinear zunehmenden Viskosität der Polymerlösungen, die bei geringer Fließgeschwindigkeit ein Vielfaches der von Bentonitsuspensionen beträgt. Bild 15 zeigt beispielhaft den zeitlichen Verlauf der Eindringtiefe einer Xanthanlösung (2,5 g/l) in Mittelsand im Großversuch im Labor bei bei Δp = 0,15 bar Überdruck (Messwerte gekennzeichnet als „in-situ"),

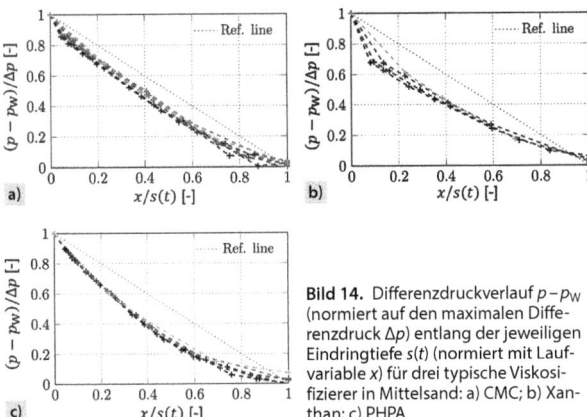

Bild 14. Differenzdruckverlauf $p - p_W$ (normiert auf den maximalen Differenzdruck Δp) entlang der jeweiligen Eindringtiefe $s(t)$ (normiert mit Laufvariable x) für drei typische Viskosifizierer in Mittelsand: a) CMC; b) Xanthan; c) PHPA

innerhalb von 48 h dringt die Lösung weniger als 50 cm in den Boden ein.

Eine regelrechte Filterkuchenbildung konnte im Fein- oder Mittelsand ohne Additive nicht festgestellt werden. Allerdings zeigte sich unmittelbar hinter der Kontaktzone zwischen Fluid und Boden ein visuell kohäsiver Bereich, möglicherweise u. A. zurückzuführen auf eine in dieser Zone erhöhte Polymerkonzentration. Dies erhöht die innere Standsicherheit der Erdwand und führt vor allem bei den Polymeren natürlichen Ursprungs (Xanthan, CMC) zu einer Art Mikrokolmationseffekt mit erhöhtem Druckabbau an der Erdwand, der sich im Mittelsand sogar etwas stärker ausgeprägt zeigte als im Feinsand. Die resultierenden Druckverläufe entlang der Eindringtiefe $s(t)$ sind als normierte Kurven in Bild 14 beispielhaft für einen Mittelsand dargestellt; der in allen Fällen nichtlineare Verlauf ist deutlich zu erkennen und stellt sich unabhängig vom Überdruckniveau charakteristisch je nach Polymertyp ein.

Die Analyse der Laborversuche hat außerdem gezeigt, dass sich zur rechnerischen Ermittlung des zeitabhängigen Verlaufs der Eindrin-

Forschung und Entwicklung

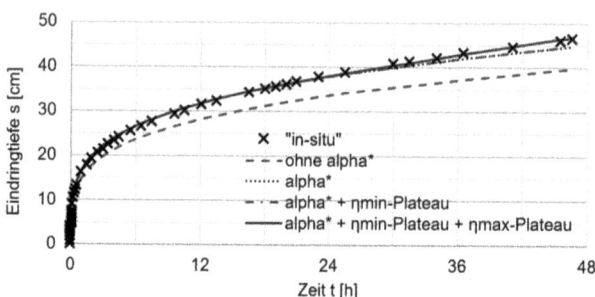

Bild 15. Beispiel einer Kapillarbündelapproximation an Eindringversuche im Labor („in-situ") für Mittelsand und eine Xanthanlösung bei $\Delta p = 0{,}15$ bar aufgebrachtem Differenzdruck mit Ansatz empirisch bestimmter Korrekturfaktoren (α^*, η_{min} und η_{max}) aus [4]

gung von rein viskoser Polymerlösungen einfache Kapillarbündelmodelle (Bild 16) eignen, die auch in der Ölindustrie häufig Anwendung finden, sofern sie die charakteristische Interaktion zwischen Polymerstruktur und Boden (In-Situ-Rheologie) über empirische Korrekturfaktoren berücksichtigen [4]. Ein klassischer Kapillarbündelansatz idealisiert eine Polymerlösung als ideal viskoses, homogenes Fluid; der durchströmte Boden mit Querschnitt A wird reduziert auf sein Porensystem $A \cdot n$ (n Porenanteil), das über ein Bündel gerader paralleler Kapillaren idealisiert wird. Das Fließverhalten in diesen „Rohren" soll dabei zunächst dem in einem Rheometer entsprechen.

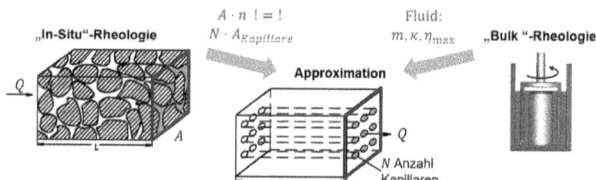

Bild 16. Kapillarbündelansatz zum Eindringverhalten eines viskosen Fluids

Steinhoff [34] hat auf Basis eines solchen Kapillarbündelansatzes mit Ostwald/de-Waele-Fließverhalten (OdW) für die Polymerlösung eine zeitabhängige Formulierung für die Eindringtiefe gefunden, die – unter zusätzlicher Berücksichtigung eines empirischen Shift-Faktors α^* – in Gleichung (1) dargestellt ist; κ und m beschreiben hier die OdW-Parameter, K [m²] repräsentiert die intrinsische Permeabilität des Bodens. Gleichung (2) zeigt die äquivalente Formulierung für das Eindringverhalten eines Newton'schen Fluids mit konstanter Viskosität η_{crit}[3] zur Berücksichtigung komplexeren rheologischen Verhaltens mit Newton-Plateaus (vgl. Bild 9), z. B. durch Implementierung einer unteren Begrenzung der Viskosität $\eta_{crit} = \eta_{min}$ für den Bereich hoher Fließgeschwindigkeiten zu Beginn der Eindringung und einer oberen Begrenzung der Viskosität $\eta_{crit} = \eta_{max}$ für niedrige Fließgeschwindigkeiten.

$$s_{OdW}(t) = \left[\left(\frac{m+1}{3 \cdot m+1}\right)^{\frac{m}{m+1}} \cdot \sqrt{\frac{8 \cdot K}{n}} \cdot \left(\frac{\Delta p}{2 \cdot (\kappa \cdot \alpha^*)}\right)^{\frac{1}{m+1}}\right] \cdot t^{\frac{m}{m+1}} \quad \text{(Gl. 1)}$$

$$s_N(t) = \sqrt{\frac{2 \cdot K \cdot \Delta p \cdot t}{n \cdot \eta_{crit}}} \quad \text{(Gl. 2)}$$

Wie Bild 15 beispielhaft zeigt, kann das gemessene Eindringverhalten („in-situ") bei Berücksichtigung dieser Korrekturfaktoren durch einen solchen Kapillarbündelansatz ausreichend genau abgebildet werden. Ausgeprägte Newton-Plateaus konnten zwar im Rahmen der Laboruntersuchungen für die betrachteten Polymerlösungen bei Rheometermessungen kaum beobachtet werden. Im beengten Porenraum erscheint es jedoch plausibel, dass sich Begrenzungen der Viskosität einstellen, da dieser Parameter für Polymerlösungen von der Konformation der Polymerketten abhängt (Strukturviskosität) und sich die Ketten dort nicht unbedingt frei ver- und entknäulen können.

---

[3] Herleitbar aus $s_{OdW}(t)$ durch Überführung von OdW- zu Newton-Verhalten: $m = 1$, $\eta_{crit} = \kappa \cdot \alpha^*$

Bezüglich rheologischer Parameter und Korrekturfaktoren für die untersuchten Polymertypen in Fein- und Mittelsand als Basis für Kapillarbündelrechnungen sei auf [4] verwiesen.

6.3 Eindringverhalten von mit Schwebstoffen beladenen viskosen Polymerlösungen

In Böden mittlerer bis hoher Durchlässigkeit können sich bei Ansatz rein strukturviskoser Eindringung, d. h. ohne Berücksichtigung granularer Schwebstoffe, rechnerisch mit zunehmender Zeit hohe Eindringtiefen ergeben, sodass theoretisch ab Überschreiten eines kritischen Zeitpunkts eine ausreichende Standsicherheit nicht mehr gegeben ist.

Materialeintrag durch granulare Schwebstoffe – ob durch Aufladung aus dem anstehenden Baugrund oder gezielte Zugabe – kann aber zu einer effektiven Kolmation mit Stagnation bei vollständiger Membranwirkung an der Erdwand führen. Voraussetzung dafür ist eine auf den zu stützenden Boden abgestimmte Korngrößenverteilung aus Schwebstoffmaterial [4]. Es entsteht dann ein sehr dünner Filterkuchen unmittelbar an der Erdwand (Bild 17). Je gröber der anstehende Boden, desto schneller stellt sich die Filterkuchenbildung ein.

Zur Untersuchung der Eignung verschiedener Schwebstoffe und Schwebstoffverteilungen in Kombination mit den untersuchten Polymertypen wurden Eindringversuche wie auch Dispersionsversuche der Körner in den viskosen Flüssigkeiten durchgeführt.

Dabei konnte festgestellt werden, dass die Dispergierbarkeit stark vom Polymertyp abhängig ist. Quarzkörner, z. B. eingebracht als Materialeintrag aus dem angrenzenden anstehenden Boden, lassen sich in Lösungen mit langkettigen, dünnen, flexiblen synthetischen Polymeren (z. B. PHPA) kaum dispergieren (vgl. Bild 4b). In Lösungen mit den vergleichsweise komplexeren, rigideren Molekülstrukturen der Polymere natürlicher Herkunft (z. B. Xanthan, CMC) dagegen lassen sie sich sehr gut verteilen. Durch das Fehlen einer sichtbaren Fließgrenze können die Körner nicht unbegrenzt suspendiert bleiben, z. B. während das Aushubwerkzeug stillsteht. Sie sinken jedoch im Ver-

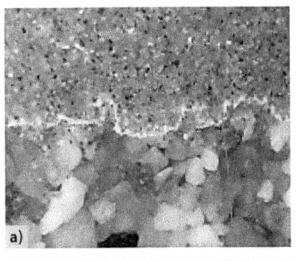
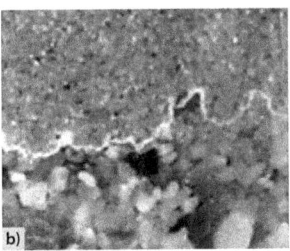
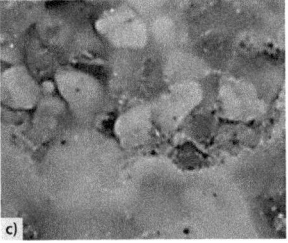

Bild 17. Filterkuchenbildung mit effektiver Kolmation durch Quarzkörner: a) CMC 2,5 g/l mit 10 g/l Quarzmehl, Boden: Mittelsand; b) CMC 5 g/l mit 20 g/l Quarzmehl, Boden: Mittelsand; c) Xanthan 2,5 g/l mit 160 g/l abgestufter Feinkornaufladung, Boden: Kies 3/5 mm

gleich zur Eindringgeschwindigkeit der Stützflüssigkeit in den Boden und der daraus entstehenden Filterkuchenbildung i. d. R. ausreichend langsam ab, sofern die Polymerlösung eine an der maximalen zu suspendierenden Schwebstoffkorngröße orientierte ausreichende Viskosität aufweist. Sofern das Schwebstoffmaterial eine ausreichend gleichmäßig gestreckte Kornverteilung von Sand bis Schluffkorn enthält, kann sogar im Kies eine vollständige Stagnation mit dünner Filterkuchenbildung an der Erdwand erzeugt werden (Bild 17c). Die Dauer bis zum Erreichen der Stagnation ist u.A. abhängig von der vorhandenen Schwebstoffkonzentration in der Stützflüssigkeit und dem Überdruckniveau.

Die vergleichsweise „schlechte" Dispergierbarkeit von Material in Lösungen mit besonders langkettigen synthetischen Polymeren führt bei Kombination mit vollständig gequollenen Bentonitsuspensionen dazu, dass sich wässrige Bentonitsuspensionsflocken (vgl. Bild 2b) wie feine Hydrogele in der Polymerlösung bilden, die ähnlich zu einer klassisch granularen nichtbindigen Feinkornaufladung bei natürlichen Polymerlösungen in Mittel- bis Grobsand als Porenblocker wirken. Für gröberen zu stützenden Boden (Grobsand/Kies) können diese durch Hydrogele größeren Durchmessers ergänzt werden.

Die Eindringversuche im Labor haben gezeigt, dass sich der Vorgang der Filterkuchenbildung bis zur Stagnation dabei in zwei Schritten vollzieht.

Es konnte festgestellt werden, dass sich Änderungen in der Druckmobilisierung an der Erdwand auch in Änderungen im Fließgeschwindigkeitsverlauf zeigen ($\Delta p_{mob,Wand}(s) \sim \Delta v_{Darcy}(s)$). Es ist also ausreichend, signifikante Veränderungen der Fließgeschwindigkeit zu messen. Damit kann der Kolmationsprozess anhand einfacher kleinmaßstäblicher Eindringversuche mit zwei charakteristischen Eindringtiefen zur Markierung von Beginn ($s_{crit,1}$) und Ende ($s_{crit,2}$) des Kolmationsprozesses beschrieben werden (Bild 18). Der Beginn der Kolmation markiert das Ende des viskosen Fließens (vgl. Bild 12b), und damit den Beginn der zunehmenden Druckmobilisierung an der Erdwand (vgl. Bild 12c), also den ungünstigsten Zustand bezüglich des Druckgefälles an der zu stützenden Erdwand (Bild 18a).

Zur Einordnung zu erwartender Eindringtiefen mit und ohne Schwebstoffen sowie für Referenzwerte für notwendige Schwebstofffraktio-

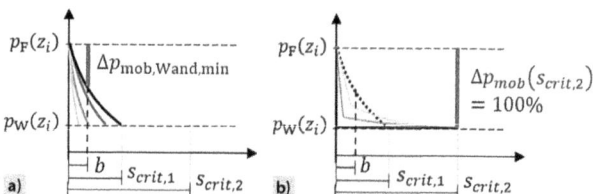

Bild 18. Filterkuchen- und Membranbildung mit effektiver Kolmation durch granulare Schwebstoffe und maßgebende Eindringparameter: a) $s_{crit,1}$: Übergang vom viskosen Fließen zur Kolmation; b) $s_{crit,2}$: Filterkuchenbildung an der Erdwand vollständig abgeschlossen, volle Druckmobilisierung unmittelbar an der Erdwand (Stagnation)

nen je nach Polymertyp und zugehörige Werte $s_{crit,1}/s_{crit,2}$ für unterschiedliche anstehende Bodenfraktionen sei auf [4] verwiesen.

7 Schlussfolgerungen für die Standsicherheit polymerflüssigkeitsgestützter Erdwände im Tunnelbau

Die zuvor ausgeführte Differenzierung der Funktionsweise von Polymerlösungen im Hinblick auf Eindringverhalten und Druckübertragung auf das Korngerüst haben gezeigt, dass sich das Grundkonzept für die Bewertung der Standsicherheit der flüssigkeitsgestützten Erdwand von Bentonitsuspensionen auf Polymerlösungen übertragen lässt.

Jedoch müssen bei der Einordnung in den jeweiligen Grenzfall für die Polymerkategorie eigene empiriebasierte Parameter verwendet werden, da sich die Interaktion der Polymerlösung mit dem anstehenden Porengerüst anders gestaltet als bei Bentonitsuspensionen. Dabei unterscheiden sich auch die verschiedenen Polymertypen nicht unwesentlich voneinander, z. B. hinsichtlich ihrer Interaktion mit Schwebstoffen. Testmethoden zur Sicherstellung der Wirkungsweise müssten daran angepasst werden, also z. B. eine ausreichende Feinkornaufladung mit passender Kornverteilung garantieren. Für eine Diskussion möglicher baustellentauglicher Testmethoden sei auf [4] verwiesen.

Grundsätzlich aber zeigt sich in allen Fällen ein klarer Einfluss der Zeit zur Bestimmung der Eindringtiefe bzw. der Filterkuchenbildung und damit zur Mobilisierung einer Membranwirkung, der für Tunnelbauanwendungen im besonderen Maße zu berücksichtigen ist.

Für den Ringspalt gelten im Hinblick auf die Ausbildung der Grenzfläche Fluid/Erdwand mit möglicher Filterkuchenbildung ähnliche Betrachtungen wie für Schlitzwände oder Bohrpfähle.

An der Ortsbrust dagegen wird die Grenzfläche mit jeder Schneidradumdrehung verändert. Dieser Umstand ist vor allem bei Ansatz einer Filterkuchenbildung zu berücksichtigen, da der dünne Filterkuchen mit jeder Umdrehung definitiv vollständig abgetragen wird. Wenn die Dauer bis zum Beginn der Kolmation eine Schneidradumdrehung überschreitet, ist rein viskoses Fließen anzusetzen. In durchlässigem

Baugrund mit entsprechend schneller Filterkuchenbildung kann die Membranwirkung an der Erdwand aber möglicherweise unmittelbar wieder angesetzt werden. Es sollte also grundsätzlich eine Einordnung des Zeitintervalls einer Schneidradumdrehung in die Zeitintervalle zugehörig zu $s_{crit,1}/s_{crit,2}$ unter vergleichbaren Überdruckbedingungen durchgeführt werden, um den maßgebenden Druckverlauf für die Standsicherheit nach Bild 18zu bestimmen.

Im Fall viskoser Eindringung ist der ungünstigste Zustand für die Standsicherheit derjenige der maximalen Eindringtiefe bei $t_{crit} = t_{max}$. Die nichtlineare Druckverteilung entlang der errechneten Eindringtiefe wirkt sich dabei begünstigend aus, da dadurch in der zu stützenden Ortsbrust ein höheres Druckgefälle ausgenutzt werden kann als bei linearem Verlauf. Bei der rechnerischen Ermittlung der zeitabhängigen Eindringtiefe, z. B. auf Basis eines Kapillarbündelmodells mit empirischen Korrekturfaktoren oder auf Basis von Eindringversuchen, kann für das Zeitintervall einer jeden Schneidradumdrehung der entsprechende Vorschub abgezogen werden.

Im Hinblick auf die Umweltverträglichkeit von Polymerlösungen und deren biologischen Abbaumechanismen als Grundlage für eine wasserwirtschaftliche Genehmigungsfähigkeit wird hier auf [4] verwiesen.

Es bleibt weiteren Untersuchungen vorbehalten, wie sich die räumliche Ausbreitung der Stützflüssigkeit an der Ortsbrust und damit eine abnehmende Fließgeschwindigkeit auf die maximale Eindringstrecke auswirken kann.

Literatur

[1] Lam, C.; Jefferis, S. A. (2018) *Polymer support fluids in Civil Engineering.* ICE Publishing

[2] Borghi, F. X. (2006) *Soil conditioning for pipe jacking and tunnelling.* Dissertation, University of Cambridge. DOI: 10.17863/CAM.19109.

[3] Alexanderson, M. (2001) *Construction of a cable tunnel ID 2-6 Vibhavadi* in Proceedings of the 5th international symposium on microtunnelling. bauma, München, S. 139–147.

[4] Verst, R. (2021) *Stabilisation mechanisms of polymer solutions in the context of temporary earth-wall support – Stabilisierungswirkung von Polymerlösungen bei der Stützung von Erdwänden.* Dissertation. Bergische Universität Wuppertal

[5] Lesemann, H. (2010) *Anwendung polymerer Stützflüssigkeiten bei der Herstellung von Bohrpfählen und Schlitzwänden.* Dissertation. Technische Universität München

[6] DIN EN 1536 (2015) *Ausführung von Arbeiten im Spezialtiefbau – Bohrpfähle.* Berlin: Beuth

[7] DIN EN 1538 (2015) *Ausführung von Arbeiten im Spezialtiefbau – Schlitzwände.* Berlin: Beuth

[8] EFFC/DFI (2019) Guide to Support Fluids for Deep Foundations. https://www.effc.org/content/uploads/2019/04/EFFC_Support_Fluids_Guide_FINAL.pdf

[9] Goodhue, K.; Holmes, M. (1997) *Polymeric earth support fluid compositions and method for their use.* U.S. Patent 5,663,123

[10] FHWA-NHI (2010) *Drilled Shafts: Construction Procedures and LRFD Design Methods* US Department of Transportation Publication No. FHWA-NHI-10-016

[11] Lesemann, H.; Schwab, G. (2015) *Flüssigkeitsstützung in der Wüste – Gründungspfähle für den Kingdom Tower in Jeddah.* In Vorträge zum 22. Darmstädter Geotechnik-Kolloquium. Mitteilungen des Institutes und der Versuchsanstalt für Geotechnik der Technischen Universität Darmstadt, pp. 169–178

[12] ICE-SPEARWall (2016) ICE specification for piling and embedded retaining walls. ICE Publishing, London

[13] Carraher Jr., C. E. (2018) *Carraher's polymer chemistry.* 10th ed. Boca Raton: CRC Press, Taylor & Francis Group

[14] Lechner, M. D.; Gehrke, K.; Nordmeier, E. H. (2014) *Makromolekulare Chemie: Ein Lehrbuch für Chemiker, Physiker, Materialwissenschaftler und Verfahrenstechniker.* Berlin, Heidelberg: Springer Spektrum

[15] Jasmund, K., Lagaly, G. (1993) *Tonminerale und Tone: Struktur, Eigenschaften, Anwendungen und Einsatz in Industrie und Umwelt.* Darmstadt: Steinkopff

[16] Peppas, N. A.; Slaughter, B. V.; Kanzelberger, M. A. (2012). *Hydrogels* in: Polymer science: A comprehensive reference. pp. 385–395. Elsevier, DOI: 10.1016/b978-0-444-53349-4.00226-0

[17] Xiong, B.; Loss, R. D.; Shields, D.; Pawlik, T.; Hochreiter, R.; Zydney, A. L.; Kumar, M. (2018) *Polyacrylamide degradation and its implications in envi-*

ronmental systems in: npj Clean Water 1.17, pp. 1–9. DOI: 10.1038/s41545-018-0016-8

[18] https://www.sigmaaldrich.com/DE/de/substance/sodiumcarboxymethylcellulose123459004324, Abruf 30.08.2020

[19] SNF.com, Produktdaten AN-Reihe sowie persönliche Kommunikation L. Giuranna, Abruf 30.08.2020

[20] Weiß, F. (1967) *Die Standfestigkeit flüssigkeitsgestützter Erdwände* in Bauingenieur-Praxis 70

[21] Müller-Kirchenbauer, H. (1977) *Stability of slurry trenches in inhomogeneous subsoil* in 9th International conference on soil mechanics and foundation engineering, pp. 125–132

[22] DIN 4126 (2013) *Nachweis der Standsicherheit von Schlitzwänden*. Berlin: Beuth

[23] DIN EN 1997-1 (2014) *Eurocode 7 – Entwurf, Berechnung und Bemessung in der Geotechnik, Teil 1: Allgemeine Regeln; Deutsche Fassung EN 1997-1:2004 + AC:2009 + A1:2013*. Berlin: Beuth

[24] Kirsch, A. (2010) *Experimental investigation of the face stability of shallow tunnels in sand* in Acta Geotechnica 5 (1), pp. 43–62.

[25] Broere, W. (2015) *On the face support of microtunnelling TBMs* in Tunnelling and Underground Space Technology 46, pp. 12–17. doi: 10.1016/j.tust.2014.09.015

[26] Thewes, M.; Schößer, B.; Zizka, Z. (2016) *Transient face support in slurry shield tunneling due to different time scales for excavation sequence of cutting tools and penetration time of support fluid* in Proceedings of the ITA World Tunnel Congress

[27] Sterling, R. L. (2020) *Developments and research directions in pipe jacking and microtunneling* in Underground Space 5 (1), pp. 1–19. doi: 10.1016/j.undsp.2018.09.001

[28] Haugwitz, H. G.; Pulsfort, M. (2018) *Pfahlwände, Schlitzwände, Dichtwände* in Witt, K. J. (Hrsg.) Grundbau-Taschenbuch, Teil 3, 8. Auflage, S. 823–907. Berlin: Ernst & Sohn

[29] Anagnostou, G.; Kovári, K. (1994) *The face stability of slurry-shield-driven tunnels* in Tunnelling and Underground Space Technology 9 (2), pp. 165–174

[30] Zizka, Z. (2018) *Stability of a slurry supported tunnel face considering the transient support mechanism during excavation in non-cohesive soil*. Dissertation, Ruhr-Universität Bochum

[31] Thienert, C. (2011) *Zementfreie Mörtel für die Ringspaltverpressung beim Schildvortrieb mit flüssigkeitsgestützter Ortsbrust*, Dissertation, Bergische Universität Wuppertal.

[32] Xu, T.; Bezuijen, A. (2019) *Bentonite slurry infiltration into sand: filter cake formation under various conditions* in Géotechnique, 1–12

[33] Mianji, P.; Baille, W.; Wichtmann, T.; Verst, R.; Pulsfort, M. (2021) *Influence of mineral or polymeric modification on bentonite-based tunnel face support* in Geotechnical Aspects of Underground Construction in Soft Ground, pp. 796–803, CRC Press, DOI: 10.1201/9780429321559-105

[34] Steinhoff, J. (1993) *Standsicherheitsbetrachtungen für polymergestützte Erdwände*. Dissertation, Bergische Universität Gesamthochschule Wuppertal

Deutsche Gesellschaft für Geotechnik e.V. (Hrsg.)

Empfehlungen des Arbeitskreises „Baugruben" (EAB)

- ein Standardwerk für alle mit der Planung und Berechnung von Baugrubenumschließungen betrauten Fachleute
- normenähnlicher Charakter, zahlreiche Verweise in der Norm
- umfassende Überarbeitung der Neuauflage gemäß DIN EN 1997-1, DIN EN 1997-1/NA und DIN 1054

Für die vorliegende 6. Auflage wurden alle Empfehlungen gründlich überprüft, soweit erforderlich überarbeitet und an neue Erkenntnisse angepasst. Ein neues Kapitel für Unterfangungen als Baugrubensicherungen wurde ergänzt. Das Buch ersetzt und erweitert die 5. Auflage von 2012.

vorl. Abb.

6. wesentlich überarb. u. erw. Auflage · 1 / 2021 · ca. 350 Seiten · ca. 25 Tabellen

Hardcover
ISBN 978-3-433-03332-6
ca. **€ 79***

eBundle (Print + PDF)
ISBN 978-3-433-03333-3
ca. **€ 99***

Bereits vorbestellbar.

BESTELLEN
+49 (0)30 470 31-236
marketing@ernst-und-sohn.de
www.ernst-und-sohn.de/3332

Der €-Preis gilt ausschließlich für Deutschland. inkl. MwSt.

Instandsetzung und Nachrüstung

I. Der Altstadtringtunnel – Umbau, Instandsetzung und technische Nachrüstung

Nina Lindinger, Markus Heinol, Wadim Strangfeld, Michael Stopka, Robert Bauer

Der Beitrag beschreibt die Instandsetzung sowie die sicherheits- und betriebstechnische Nachrüstung gemäß den aktuellen „Richtlinien für die Ausstattung und den Betrieb von Straßentunneln" unter laufendem Verkehr und erläutert die Notwendigkeit und die Umsetzung der statischen Ertüchtigung der Tunneldecke unter dem Prinz-Carl-Palais.

The Altstadtringtunnel – Reconstruction, refurbishment and technical improvements

The article describes the maintenance and safety and operational retrofitting in accordance with the current "Guidelines for the equipment and operation of road tunnels" under running traffic and explains the necessity and the implementation of the static retrofitting of the tunnel ceiling under the Prinz-Carl-Palais.

1 Der Altstadtringtunnel

1.1 Situation

Der Münchner Altstadtring gilt als die wichtigste Verkehrsader in der Münchner Innenstadt. Der Altstadtring verläuft weitestgehend entlang der damaligen äußeren Wehr- und Befestigungsanlagen und stellt somit historisch gesehen die einstige Stadtgrenze Münchens dar. Wesentlicher Teil dieses innerstädtischen Verkehrsrings ist der Altstadtringtunnel, an der Grenze zwischen den Stadtteilen Maxvorstadt und Altstadt/Lehel gelegen. In äußerst prominenter Lage befinden sich in unmittelbarer Nachbarschaft die bayerische Staatskanzlei, das

Instandsetzung und Nachrüstung

Bild 1. Ostportal Altstadtringtunnel vor Prinz-Carl-Palais. Foto: LHM Baureferat

Haus der Kunst, das amerikanische Generalkonsulat und das Prinz-Carl-Palais, offizieller Sitz des bayerischen Ministerpräsidenten.

Nahe am Ostportal befindet sich die bei Surfern und Touristen weltweit bekannte Eisbachwelle im Englischen Garten.

Der Altstadtringtunnel (Bild 1) wurde in den Jahren 1967 bis 1972 gebaut und pünktlich zu den Olympischen Spielen 1972 in München eröffnet.

Aus städtebaulicher Sicht war der Tunnel die Voraussetzung, dass die Münchner Altstadt für den Durchgangsverkehr geschlossen und die Fußgängerzone geschaffen werden konnte. Gleichzeitig wurde eine der wesentlichen innerstädtischen Ost-West-Verbindungen zwischen der Prinzregentenstraße und dem Oskar-von-Miller-Ring realisiert. Dies zeigt auch heute noch die hohe Verkehrsbelastung des Tunnels mit ca. 60.000 Kfz/24 h (die Oberfläche ist mit weiteren 35.000 Kfz/24 h belastet).

Das Tunnelbauwerk spielt somit eine zentrale Rolle für die Abwicklung des innerstädtischen Individualverkehrs.

I. Der Altstadtringtunnel – Umbau, Instandsetzung und technische Nachrüstung

Wegen der Brandkatastrophen, die sich in europäischen Straßentunneln ereignet hatten (Mont-Blanc-Tunnel/Tauerntunnel-Katastrophe), beschloss der Münchner Stadtrat im Jahr 2002 umfangreiche Nachrüstungsmaßnahmen für die bestehenden städtischen Straßentunnel. Schritt für Schritt werden seitdem die Sicherheitseinrichtungen der Münchner Tunnel, soweit baulich möglich, auf den neuesten Stand der Technik gebracht.

Aufgrund der sicherheitstechnischen Defizite des Altstadtringtunnels wurde im Zuge des Nachrüstungsprogrammes bereits im Jahr 2012 die Beleuchtung und ein Teil der Löschwasserversorgung angepasst. Bei den gleichzeitig durchgeführten vertieften Bauwerksuntersuchungen lag das Augenmerk insbesondere auf der vorgespannten Tunneldecke. Für die Vorspannung wurden zum Zeitpunkt der Bauausführung Spanndrähte des Typs Sigma ST 145/160 oval der Firma Krupp Hüttenwerke AG, Werk Rheinhausen verwendet. Dieser hochfeste, vergütete Spannstahl weist eine Empfindlichkeit hinsichtlich Spannungsrisskorrosion auf. Ein schlagartiges, verformungsarmes Versagen, der sogenannte Sprödbruch, kann hierdurch die Folge sein. Im weiteren Planungsprozess für die Nachrüstung des Altstadtringtunnels erfolgten deshalb auch weiterführende statische Nachrechnungen der Tunneldecke gemäß der Nachrechnungsrichtlinie und der Handlungsanweisung Spannungsrisskorrosion des Bundesministeriums für Verkehr, Bau und Stadtentwicklung (BMVBS).

Aufgrund der Ergebnisse der Nachrechnung ergaben sich für den weiteren Planungsprozess weitreichende Konsequenzen, auf die in diesem Artikel vertieft eingegangen wird.

Zuerst werden allerdings das bestehende Tunnelbauwerk und die damalige Bauweise beschrieben, um einen fundierten Einblick in und Verständnis für die heute notwendigen Maßnahmen zu erlangen. Anschließend werden im Artikel die technisch erforderlichen Nachrüstungsmaßnahmen und die baulichen Maßnahmen zum Umbau und zur Instandsetzung des Altstadtringtunnels beschrieben.

Instandsetzung und Nachrüstung

1.2 Das bestehende Tunnelbauwerk

Der Haupttunnel hat eine Länge von 610 m, erstreckt sich vom Oskar-von-Miller-Ring in östliche Richtung bis zur Prinzregentenstraße, unterfährt hierbei die Fürsten- und Ludwigstraße und überquert die in Nord-Süd-Richtung führende U-Bahnlinie der U6.

Der Altstadtringtunnel mit der nördlichen Zufahrtsrampe Von-der-Tann-Straße und der südlichen Ausfahrtsrampe zum Karl-Scharnagl-Ring hat an der breitesten Stelle eine lichte Gesamtweite von rund 25 m mit insgesamt sechs Fahrspuren (Bild 2).

Die Richtungsfahrbahnen sind lediglich durch einen Fahrbahnteiler von 1 m Breite getrennt (Bild 3). Bewusst wurde zum damaligen Zeitpunkt der Planung auf eine aus heutiger Sicht statisch sinnvolle Mittelwand verzichtet, um ein imposantes und großzügiges Raumgefühl zu schaffen. Dem Autofahrer sollte durch die Weite des Tunnelbauwerks ein Gefühl der Sicherheit suggeriert werden. Hierzu trägt auch der charakteristische weiße Fliesenbelag an den Tunnelaußenwänden

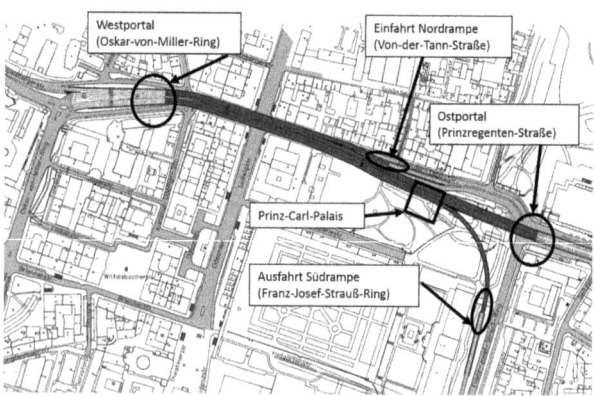

Bild 2. Übersichtsplan. Quelle: LHM Baureferat

I. Der Altstadtringtunnel – Umbau, Instandsetzung und technische Nachrüstung

Bild 3. Blick in den Tunnel vor Beginn der Arbeiten. Foto: LHM Baureferat

bei. Aufgrund der großen Spannweiten von bis zu 25 m musste die Tunneldecke als vorgespannte Deckenplatte geplant und ausgeführt werden.

1.3 Die Bauweise

Das Tunnelbauwerk erstreckt sich bis unmittelbar an die angrenzende Wohn- und Geschäftsbebauung entlang des Altstadtrings. Die Herstellung erfolgte hauptsächlich in Deckelbauweise, um die Auswirkungen auf die angrenzende Gebäudesubstanz und den aufrechtzuerhaltenden Oberflächenverkehr so gering wie möglich zu halten.

Aus bauablauftechnischen Gründen mussten die Bauwerksdecken vor den Außenwänden errichtet werden. Somit waren Hilfsabstützungen notwendig, welche aus Bohrpfählen d = 88 cm mit einem Achsabstand von 4 m und einer Länge von 12 bis 16 m ausgeführt wurden. Der Abstand der Bohrpfähle von den Häuserfronten betrug 5 m, um eine spätere Unterfangung der Gebäude und die Errichtung der Außenwände zu ermöglichen.

Instandsetzung und Nachrüstung

Nach erfolgtem Aushub für die Deckelherstellung wurde die Tunneldecke auf eine mit einer Trennlage belegten Sauberkeitsschicht betoniert.

Die Deckenplatten, überwiegend in Spannbetonbauweise mit Hohlkörpern zur Gewichtsreduzierung hergestellt, haben eine Länge von ca. 15 m bei einer Spannweite von bis zu 25 m.

Im Anschluss erfolgte der Aushub unter den Deckenplatten mit abschnittsweiser Unterfangung der angrenzenden Bebauung. Es kamen Bodeninjektionen, lamellenweises Abfangen oder Wurzelpfähle zur Ausführung.

Nunmehr konnten die Außenwände erstellt werden. Es wurde eine elastische Auflagerung der Tunneldecke auf die Außenwände mittels Neoprenlager realisiert.

Nach Abbruch der Bohrpfähle der Hilfsabstützung wurden die Tunnelsohlen und der mittig im Tunnel liegende Lüftungskanal errichtet. Insgesamt wurden 87.000 m^3 Beton/6.000 t Stahl verbaut und 220.000 m^3 Erde bewegt.

1.4 Die Unterfangung des historischen Prinz-Carl-Palais (Block 34)

Üblicherweise folgte die Trassierung des Altstadtringtunnels dem Straßenverlauf des Altstadtrings an der Oberfläche. Zwischen dem amerikanischen Generalkonsulat, dem Prinz-Carl-Palais und dem Haus der Kunst jedoch verläuft die Von-der-Tann-Straße/Prinzregentenstraße aufgrund der beengten Platzverhältnisse in einer stark ausgeprägten S-Kurve. Diese musste bei der Wahl der Tunneltrasse begradigt werden, was entweder den Abbruch des Hauses der Kunst oder eine Verschiebung des Prinz-Carl-Palais notwendig gemacht hätte. Beide Alternativen waren aufgrund der historisch schützenswerten Bausubstanz nicht realisierbar. Somit kam es zu einer technisch hoch anspruchsvollen Ausführungsvariante.

Das Prinz-Carl-Palais wurde unterfangen und auf eine Spannbetonplatte mit einer maximalen Spannweite von 30 m gesetzt, welche

Bild 4. Tunnel unter dem Prinz-Carl-Palais. Foto: LHM Baureferat

gleichzeitig die Tunneldecke darstellt (im Folgenden Block 34 genannt; Bild 4).

Die Spannbetonplatte mit einer Stärke von 3,50 m wurde abschnittsweise in sogenannten Lamellen in das Kellergeschoss des Stadtpalais eingebaut. Es kamen insgesamt 15 parallel laufende vorgespannte Lamellen zur Ausführung. Zur Reduzierung des Eigengewichts wurden in den Lamellen mannshohe Hohlkörper eingebaut. Nach erfolgter Betonage wurden die einzelnen Lamellen längs und die gesamte Platte quer vorgespannt. Die Tunnelaußenwände wurden anschließend in bergmännisch hergestellten Stollen analog der Bauweise der übrigen Tunnelabschnitte errichtet.

2 Die sicherheits- und betriebstechnische Nachrüstung

Der Altstadtringtunnel befindet sich seit 1972 in Betrieb. Da der Tunnel aufgrund seiner fortgeschrittenen Nutzungsdauer nicht mehr den aktuellen Sicherheitsanforderungen entspricht, muss eine Nachrüstung nach den heute geltenden „Richtlinien/Empfehlungen für die

Instandsetzung und Nachrüstung

Ausstattung und den Betrieb von Straßentunneln" (RABT/EABT 80/100) ([5], [6]) zwingend erfolgen. Des Weiteren ist der Tunnel auf die aktuellen, bei den Münchner Tunneln des Mittleren Rings bereits mit den Einsatzkräften von Polizei und Feuerwehr abgestimmten und umgesetzten Standards anzupassen.

Zentrales Element hierfür ist der Einbau einer Mittelwand mit Fluchttüren im Abstand von 60 m. Hierdurch ist eine schnelle Entfluchtung für die Tunnelnutzer im Brandfall gewährleistet. Zugleich können die Einsatzkräfte der Feuerwehr im Brandfall ihren Löscheinsatz von der nicht verrauchten Tunnelröhre aus durchführen.

Darüber hinaus werden die folgenden sicherheits- bzw. betriebstechnischen Nachrüstungen vorgenommen:

- Einbau einer mechanischen Längslüftung
- Ergänzen der Tunnelbeleuchtung an der Mittelwand
- Anpassen der Fluchtwegkennzeichnung
- Einbau einer visuellen Leiteinrichtung
- Einbau einer Brandmeldeanlage
- Einbau eines Brandfrüherkennungssystems mittels Videotechnik und Rauchansaugsystem
- Neubau von vier zusätzlichen Löschwasserentnahmestellen an den Tunnelportalen
- Ergänzen der Löschwasserversorgung in den Notausgängen
- Ergänzen von Löschwasserentnahmestellen im Tunnel
- Einbau einer neuen Videoanlage mit Videodetektion
- Einbau einer Lautsprecheranlage
- Einbau von Notrufeinrichtungen
- Anpassung der Betriebsstation an die neuen technischen Anforderungen
- Erweitern der Strom- und Notstromversorgung in der Betriebsstation
- Einbau von Sperrschranken im Zufahrtsbereich zum Tunnel

3 Bauliche Sanierung/Ertüchtigung des Altstadtringtunnels

3.1 Untersuchung der Deckenkonstruktion

Wie eingangs erwähnt, wurden für die vorgespannten Deckenplatten Spanndrähte des Typs Sigma St 145/160 oval der Firma Krupp Hüttenwerke AG, Werk Rheinhausen verwendet. Dieser hochfeste, vergütete Spannstahl weist eine hohe Empfindlichkeit hinsichtlich Spannungsrisskorrosion auf. Ein schlagartiges, verformungsarmes Versagen (Sprödbruch) kann die Folge sein.

Somit war eine gutachterliche Untersuchung des Zustandes [1] und eine statische Nachrechnung ([2], [3]) der Tunneldecken notwendig. Es wurde eine Restnutzungsdauer des Tragsystems von 25–30 Jahren und mit Ausnahme des Blocks 34 ein ausreichendes Ankündigungsverhalten nach dem Riss-vor-Bruch-Kriterium gemäß der „Handlungsanweisung Spannungsrisskorrosion" des Bundes festgestellt. Auf die Besonderheiten der vorgespannten Deckenkonstruktion des Blocks 34, auf dem das historische Prinz-Carl-Palais gründet, wird separat unter Punkt 3.3 eingegangen.

Brandschutztechnische Nachberechnungen ([2], [3]) haben ergeben, dass die Deckenkonstruktion die Anforderungen der ZTV-ING – Teil 5 nicht erfüllt. Somit müssen die Unterseiten der Tunneldecken mit Brandschutzplatten verkleidet werden.

3.2 Bauwerksmonitoring

Die statische Nachrechnung der Deckenkonstruktion des Altstadtringtunnels ([2], [3]) hat, wie bereits beschrieben, ergeben, dass mit Ausnahme der Decke des Blocks 34 alle vorgespannten Decken ein ausreichendes Ankündigungsverhalten aufweisen. Eine Risikominimierung ist somit gegeben, da sich in der Deckenkonstruktion durch eine Rissbildung der Schadensfall ankündigen würde. Der Nachweis hat erbracht, dass es rein rechnerisch zu keinem Spontanversagen der Deckenkonstruktion kommen kann.

Ein unmittelbarer Handlungsbedarf zur Ertüchtigung der vorgespannten Tunneldecken oder sogar ein Ersatzneubau der Tunneldecken wurde aufgrund der o. g. Ergebnisse der vertieften Bauwerks-

Instandsetzung und Nachrüstung

untersuchung [1] und der Ergebnisse der Nachrechnungen ([2], [3]) für einen Zeitraum von 25–30 Jahren nicht als erforderlich erachtet. Da innerhalb des prognostizierten Restnutzungszeitraums nicht auszuschließen ist, dass es zu einem weiteren Schadensfortschritt der Spannstähle und somit zu einem Ausfall der tragenden Spannglieder der Deckenkonstruktion kommen kann, wurde im Rahmen der Gutachten der Deckenuntersuchungen [1] bereits auf die Notwendigkeit eines Monitoringsystems zur dauerhaften Überwachung der Tunneldecken hingewiesen. Für den Planungsprozess im Zuge der Erstellung der Ausführungsplanung bedeutete dies in der Konsequenz, dass für die langfristige Bewertung von Veränderungen in der Tragstruktur der Tunneldecke eine laufende und automatisierte Detektion in Form von elektronischen Messsystemen von großer Bedeutung ist. Hierfür wurde eigens für den Altstadtringtunnel ein Monitoringkonzept entwickelt ([1], [2] und [3]), das nachfolgend beschrieben wird. Im Wesentlichen besteht dieses aus zwei Komponenten zur dauerhaften Überwachung:

Verformungsmessung der Tunneldecke [2]

Mittels faseroptischer Messsensoren wird die Durchbiegung der Tunneldecke permanent überwacht und mit den aus den statischen Berechnungen im Grenzzustand der Tragfähigkeit berechneten Verformungen verglichen. Hierzu ist eine Messung der Bauteiltemperatur über die komplette Deckenstärke erforderlich, um temperaturbedingte Verformungsanteile aus der Gesamtverformung herauszurechnen. Durch die „temperaturbereinigte" Feststellung der Verformung der Tunneldecke können Grenzlinien bzw. Warnwerte für die zulässige Gesamtverformung der Tunneldecke ermittelt werden. Somit soll ein Fortschreiten der Schädigung der Tunneldecke aufgrund von Spanndrahtbrüchen über die Durchbiegung nachgewiesen bzw. dokumentiert werden.

Detektion von Spanndrahtbrüchen [1]

Mittels eines akustischen Messverfahrens (Acoustic-Emission) werden Schallsignale im Ultraschallbereich, die im Bauwerk entstehen, gemessen bzw. detektiert. Die Messsensoren (im Prinzip Mikrofone) können Spanndrahtbrüche aufgrund der unverkennbaren akustischen Schallsignatur zweifelsfrei aus der gemessenen Gesamtgeräuschkulisse mit einer Auswertungssoftware herausfiltern. Die Messsensoren sind flächig an der Unterseite der Tunneldecke angebracht. Aufgrund der unterschiedlichen gemessenen Weg-Zeit-Differenzen und der bekannten Lage der Messsensoren kann der Schadensort bestimmt werden. Die Genauigkeit liegt bei zirka 25 cm. Über das Acoustic-Emission-Messsystem können somit Spanndrahtbrüche zeitlich direkt erfasst und lokalisiert werden, woraus wichtige Erkenntnisse über den weiteren Schadensfortschritt gewonnen werden.

In einer einjährigen Versuchsphase wurden beide Monitoringsysteme im Tunnel getestet. Hierbei hat sich gezeigt, dass die Systeme einwandfrei funktionieren und die erforderlichen Messergebnisse zuverlässig liefern. Mithilfe beider Monitoringsysteme soll eine langfristige Aussage über den Zustand der Tunneldecken gewonnen werden. Dies bedarf allerdings auch einer permanenten gutachterlichen Auswertung der Messergebnisse mit einer Prognose für den weiteren Zustand der Tunneldecke ([1], [2] und [3]). Für den Fall, dass aufgrund der gewonnenen Erkenntnisse ein kontinuierlicher Schadensfortschritt festgestellt wird und sich aufgrund der Verformungsmessungen ankündigt, dass die Grenzzustände für die Tragfähigkeit erreicht werden, wird zum jetzigen Zeitpunkt bereits ein Interventionskonzept ausgearbeitet. Hierzu wurden unterschiedliche Verstärkungsmaßnahmen für eine statische Ertüchtigung der Tunneldecken betrachtet, die in ihrer Gesamtheit allerdings noch weiter präzisiert werden müssen.

Die Monitoringsysteme werden im Zuge des technischen Innenausbaus an allen vorgespannten Tunneldecken verbaut werden.

Insgesamt stellt das Monitoring der Tunneldecke ein Novum für eine kontinuierliche Bauwerksüberwachung dar. Zum Zeitpunkt der Planung des Monitoringkonzeptes gab es deutschlandweit noch keine vergleichbaren Projekte bei Tragwerken des Ingenieurbaus.

3.3 Statische Ertüchtigung der Tunneldecke unter dem Prinz-Carl-Palais

Aufgrund der Unterfangung des Prinz-Carl-Palais als 3,5 m hohe, längs und quer vorgespannte Deckenplatte war es nicht möglich, ein ausreichendes Ankündigungsverhalten nach dem sogenannten Riss-vor-Bruch-Kriterium gemäß der Handlungsanweisung Spannungsrisskorrosion nachzuweisen. Durchgeführte Havarieberechnungen vonseiten des Tragwerksplaners ([2], [3]) haben ergeben, dass es im Falle des Komplettversagens der Spanndrähte zu einem Spontanversagen des Tragwerkes kommen würde. Eine Ankündigung mit Rissbildung gäbe es in diesem Fall, rein rechnerisch, nicht.

Ein Monitoring, wie es bei den restlichen vorgespannten Tunneldecken als Überwachungssystem vorgesehen wird, ist deshalb aufgrund der äußerst biegesteifen Konstruktion der Deckenkonstruktion des Blocks 34 nicht zielführend bzw. nicht aussagekräftig genug für eine dauerhafte und sichere Bauwerksüberwachung.

Aus diesem Grund wurde entschieden, die vorgespannte Deckenkonstruktion des Blocks 34 statisch so zu ertüchtigen, dass bei einem Totalausfall sämtlicher Spannglieder die Tragfähigkeit des Gesamtsystems weiterhin gewährleistet werden kann. Das statische Modell für die Deckenertüchtigung ist prinzipiell als Druckbogen-Zugbandmodell konzipiert ([3], [4]).

Die Ertüchtigung durch ein von der vorhandenen Längsvorspannung unabhängiges Tragsystem erfordert somit Zusatzmaßnahmen zur Aufnahme von Biegezugbeanspruchungen und Querkräften sowie zur Verankerung der ergänzten Feldbewehrung an den Auflagern. Grundsätzlich ist dafür eine Querschnittsergänzung an der Unterseite der Tunneldecke mittels Spritzbeton vorgesehen. Im Einzelnen sind folgende drei Maßnahmen notwendig.

Ertüchtigung für Biegezugbeanspruchung

In der Querschnittsergänzung wurde die zum Abtrag der Gesamtlast notwendige Biegezugbewehrung mittels Stabbewehrung aus hochfestem Gewinde-Bewehrungsstahl (Stabdurchmesser 43 bzw. 63,5 mm) eingebaut (Bild 5). Der Stababstand der Gewindestäbe variiert zwi-

Bild 5. Verankerung Biegezugbewehrung VA-Schrauben/Koppelplatten.
Foto: ARGE Altstadtringtunnel

schen 40 cm, 33 cm und 25 cm. Für die Verankerung der Biegezugbewehrung in den Tunnelaußenwänden wurden die Gewindestäbe über vorgefertigte Stahlplatten (Koppelplatten) mit Verbundankerschrauben gekoppelt, die in die Auflagersockel der Lamellen über den Tunnelwänden eingebohrt und verankert wurden. Die erforderliche Bohrtiefe der Verbundankerschrauben lag bei 140 cm, um eine Verankerung im überdrückten Beton der Auflagerwände zu gewährleisten.

Ertüchtigung für Querkraftbeanspruchung

Die vorhandene Bügelbewehrung in den Stegen der Lamellenquerschnitte reichte nicht aus, um die Lasten aus dem Prinz-Carl-Palais bei Ausfall der Spannbewehrung abtragen zu können. Außerdem war die ergänzte Biegezugverstärkung an die bestehende Querkraftbewehrung anzuschließen. Dazu wurden an der gesamten Tunneldecke Verbundankerschrauben mit einem Nenndurchmesser von $d0 = 16$ mm und einem Anschlussgewinde M16 in einem regelmäßigen Abstand von 50 cm in Lamellenlängsrichtung eingebaut (Bild 6).

Bild 6. Verbundankerschrauben und hochfester Gewinde-Bewehrungsstahl.
Foto: ARGE Altstadtringtunnel

Diese dienen weiterhin der Sicherstellung des Verbunds zwischen Bestandsbeton und der Querschnittsergänzung und zur Befestigung der Bewehrung unter der Tunneldecke.

Zur gezielten Querkraftverstärkung wurden in auflagernahen Bereichen Verbundankerschrauben mit einem Nenndurchmesser von $d0 = 22$ mm mit einer Länge von bis zu 322 cm im Obergurt der Deckenlamellen verankert.

Insgesamt wurden ca. 7.300 Stück Verbundankerschrauben und ca. 4.000 m hochfester Gewindestahl verbaut.

Spritzbetonschicht

Die Querschnittsergänzung zur Aktivierung der nachträglich eingebauten Biegezugbewehrung, der in die Querschnittsergänzung einstehenden, vertikalen Verbundankerschrauben zur Querkraftverstärkung und Verbundwirkung, der horizontalen Verbundankerschrauben zur Verankerung der nachträglich eingebauten Biegezugbewehrung an den Auflagern der Lamellen sowie der konstruktiven unteren Netz-

I. Der Altstadtringtunnel – Umbau, Instandsetzung und technische Nachrüstung

Bild 7. Bewehrung Querschnittsergänzung fertiggestellt.
Foto: ARGE Altstadtringtunnel

Bild 8. Spritzbetonarbeiten. Foto: ARGE Altstadtringtunnel

bewehrung (Bild 7) wurde durch eine 30 cm starke Spritzbetonschicht an der Tragwerksunterseite der bestehenden Lamellen ausgebildet (Bild 8). Es wurden ca. 1.300 m² Querschnittsergänzung hergestellt. Aufgrund der hohen Ebenheitsanforderung und zur Sicherstellung eines hohlraumfreien Betonquerschnittes kam Trockenspritzbeton zur Anwendung.

Zur Herstellung des Verbundes zwischen der Betonoberfläche des Bestandes und der Querschnittsergänzung musste der Bestandsbeton durch Hochdruckwasserstrahlen aufgeraut werden. Die neue Deckenuntersicht wird analog der Regelbereiche des Altstadtringtunnels mit Brandschutzplatten verkleidet.

3.4 Bauliche Sanierung/Ertüchtigung

Die bauliche Sanierung/Ertüchtigung des Altstadtringtunnels inkl. der zuvor beschriebenen statischen Ertüchtigung der Tunneldecke unter dem Prinz-Carl-Palais wurde durch die Arbeitsgemeinschaft ARGE Tunnel Altstadtring, bestehend aus den Firmen Wayss & Freytag Ingenieurbau AG und ÖSTU-STETTIN Hoch- und Tiefbau GmbH, in der Zeit von März 2019 bis Dezember 2021 im Auftrag des Baureferats, Hauptabteilung Ingenieurbau der Landeshauptstadt München durchgeführt (Bild 9). Das Auftragsvolumen der baulichen Sanierung/Ertüchtigung betrug ca. 35 Mio. Euro. Die Gesamtprojektkosten der Nachrüstungs- und Instandsetzungsmaßnahme wurden gemäß der Kostenberechnung zum Zeitpunkt der Projektgenehmigung im Jahr 2017 mit ca. 85 Mio. Euro veranschlagt.

Folgende bautechnische Anpassungen wurden durchgeführt:

- Umbau Betriebsgebäude
- Einbau einer Mittelwand
- Neubau bzw. Sanierung von Rampenwänden
- Erneuerung Bauwerksabdichtung auf Bestandstunnelsohle
- Erneuerung der Fahrbahn und Notgehwege
- Instandsetzung und Erneuerung der Tunneldecke Block 34
- Installation von Brandschutz an der Tunneldecke

I. Der Altstadtringtunnel – Umbau, Instandsetzung und technische Nachrüstung

Bild 9. Blick in einen fertiggestellten Tunnelabschnitt.
Foto: ARGE Altstadtringtunnel

4 Fazit

Bei der Umsetzung der sicherheitstechnischen Nachrüstung und Instandsetzung des Altstadtringtunnels stand bereits in der Planungsphase der langfristige Erhalt der Bausubstanz im Vordergrund. Da es im Bereich des Altstadtringes aufgrund der dichten innerstädtischen Bausubstanz keine Ersatzrouten für den Verkehr an der Oberfläche gibt, ist ein Ersatzneubau der Deckenkonstruktion nur schwer realisierbar. Der Erhalt der Bausubstanz des Tunnels, insbesondere der Tunneldecke ist bei diesem Projekt somit von herausragender Bedeutung. Die damit verbundenen technischen Herausforderungen zeigen sich insbesondere in der statischen Ertüchtigung der Tunneldecke des Blocks 34 und in dem im Zuge des Projektes neu zu entwickelnden Monitoringkonzept, das dem weiteren sicheren Betrieb des Tunnelbauwerks für die prognostizierte Restnutzungsdauer dient.

Der Planungsprozess, der bei solch aufwendigen statischen Ertüchtigungsmaßnahmen wie der Biegezugverstärkung der Tunneldecke des Blocks 34 erforderlich ist, bedarf eines hohen Maßes an Genauigkeit und Detailschärfe in der Ausführungsplanung. Aufgrund der Einbindung des statischen Ersatzsystems in die bestehende Bauwerksstruktur ist eine kontinuierliche Abstimmung und Rückkopplung zwischen der bauausführenden Firma, dem Planer und dem Bauherrn erforderlich, damit die bestehenden Spannglieder des Bestandstragwerkes nicht beschädigt werden. Die Erfahrungen aus dem Altstadtringtunnel haben gezeigt, dass gerade für diesen Rückkopplungsprozess ausreichend Zeit in der Bauablaufplanung eingeplant werden muss.

Zur weiteren Aufrechterhaltung unserer Infrastruktur können Monitoringsysteme zum weiteren kontrollierten und sicheren Betrieb der Bauwerke herangezogen werden. Mit Monitoringsystemen können somit die Restnutzungsdauer von Bauwerken sicher begleitet und erforderliche Ersatzneubauten bzw. statische Ertüchtigungsmaßnahmen hinausgezögert werden. Der Fokus muss hier allerdings vor allem auf dem sicheren Betrieb der Infrastruktur liegen. Der Einsatz von Monitoringsystemen wie beim Projekt des Altstadtringtunnels darf aber nicht darüber hinwegtäuschen, dass diese Maßnahmen nur das zeitliche Ende von Bauwerken der Infrastruktur hinauszögern bzw. ein sicheres und somit verantwortungsvolles Betreiben innerhalb der Restnutzungsdauer erlauben und sich hierdurch lediglich Zeit für die weitere Planung von Ersatzneubauten bzw. Verstärkungsmaßnahmen erkauft wird.

Literatur

[1] Ingenieurbüro Schiessl Gehlen Sodeikat GmbH (2012 bis heute) Gutachterliche Begleitung/Bauwerk und Spannstahl/Monitoring. Projektunterlagen unveröffentlicht. München.

[2] Ingenieurbüro Grassl GmbH 2012 bis heute) Objekt- und Tragwerksplanung – Planung Instandsetzung und Rohbau/Monitoring. Projektunterlagen unveröffentlicht. München.

[3] Hertle Ingenieure – Prof. Dr.-Ing. Robert Hertle (2012 bis heute). Prüfstatik unveröffentlicht. München.

[4] Prof. Feix Ingenieure GmbH(2012 bis heute) Objekt- und Tragwerksplanung – Stat. Ertüchtigung Tunneldecke Block 34. Projektunterlagen unveröffentlicht. München.

[5] Forschungsgesellschaft für Straßen- und Verkehrswesen (2006) FGSV [Hrsg] *Richtlinien für die Ausstattung und den Betrieb von Straßentunneln* RABT Ausgabe 2006, FGSV-Nr. 339.

[6] Forschungsgesellschaft für Straßen- und Verkehrswesen (2019) FGSV [Hrsg], *Empfehlungen für die Ausstattung und den Betrieb von Straßentunneln mit einer Planungsgeschwindigkeit von 80 km/ oder 100 km/h,* EABT 80/100 Ausgabe 2019, FGSV-Nr. 339/1.

Bernhard Maidl, Markus Thewes, Ulrich Maidl

Handbook of Tunnel Engineering

Vol. I and Vol. II

- valuable assistance in the planning and execution of tunnels
- internationally known authors
- has been the standard reference for German-speaking tunnellers in theory and practice for 30 years

Tunnelling is one of the most interesting but also most challenging tasks for engineers. The two-volume handbook covers the latest state of the associated fields such as geomechanics, structural design, machine and construction process technology and construction management.

2014 · 940 pages

Hardcover
ISBN 978-3-433-03078-3
€ 149*

ORDER
+49 (0)30 470 31-236
marketing@ernst-und-sohn.de
www.ernst-und-sohn.de/en/3078

* All book prices inclusive VAT.

Praxisbeispiele

I. 380-kV-Kabeldiagonale Berlin: Umsetzung der Energiewende durch Tunnelbau

Matthias Breidenstein, Marco Bräuning

Im Rahmen der Netzverstärkung realisiert die 50Hertz Transmission GmbH eine unterirdische 380-kV-Tunneltrasse im Berliner Westen. Der 6,7 km lange, begehbare Kabeltunnel mit einem Innendurchmesser von 3 m verläuft vom Startschacht Rudolf-Wissell-Brücke über das Umspannwerk Charlottenburg bis zum Zielschacht im Umspannwerk Mitte. Der Beitrag beschreibt die Tunnelanlage einschließlich der zugehörigen Schachtbauwerke. Die sehr intensive Nutzung der Geländeoberfläche sowie die geologischen und hydrogeologischen Verhältnisse ergeben, dass der Einsatz einer Tunnelbohrmaschine mit flüssigkeitsgestützter Ortsbrust auch für eine solche Stromtrasse die technisch-wirtschaftlichste Lösung während der Bauausführung und für die Versorgungssicherheit der Zukunft ist.

380-kV Berlin diagonal power link: Implementation of the energy transition through tunnel construction

As part of the grid development, 50Hertz Transmission GmbH is realising an underground 380 kV power link in the west of Berlin. The 6.7 km long cable tunnel is accessible with an internal diameter of 3 m and runs from the starting shaft Rudolf-Wissell-Brücke via the substation Charlottenburg to the target shaft in the substation Mitte. This article describes the tunnel system including the associated shaft structures. The very intensive use of the surface as well as the geological and hydrogeological conditions show that the use of a tunnel boring machine with slurry supported face is also the most technically-economical solution for such a power line during construction and for the security of supply in the future.

Praxisbeispiele

1 Projekteinordnung

Die 380-kV-Kabeldiagonale Berlin ist die zentrale Schlagader, um die Bundeshauptstadt mit Elektrizität zu versorgen. Angeschlossen an das bundesweite Übertragungsnetz durchquert sie Berlin auf einer Länge von rund 29 km vom Umspannwerk (UW) Teufelsbruch im Westen bis zum UW Marzahn im Osten der Stadt. Im Ostabschnitt der gesamten Strecke ist bereits ein Kabeltunnel in Betrieb (Bild 1).

Der Westabschnitt der Kabeldiagonale wird vom Kraftwerk Reuter als Freileitung bis zum Endmast an der Rudolf-Wissell-Brücke und dann mit dem erdverlegten 380-kV-Kabel auf 8,1 km Länge bis zum Umspannwerk Mitte geführt (Bild 2). Die Inbetriebnahme einer 380-kV-Ölkabelanlage mit direkter Außenmantelkühlung zum innerstädtischen Anschluss war 1978 eine Weltneuheit. Dieses Kabel ist aufgrund der langen Nutzungsdauer und der im Störungsfall sehr aufwendigen Reparaturarbeiten nicht mehr wirtschaftlich weiter zu betreiben. Außerdem wird der Energiebedarf durch die allgemeine Energiebedarfssteigerung, den Klimawandel mit erhöhtem Bedarf an Kühlleistung im Gebäudebetrieb und die Verkehrswende mit erhöh-

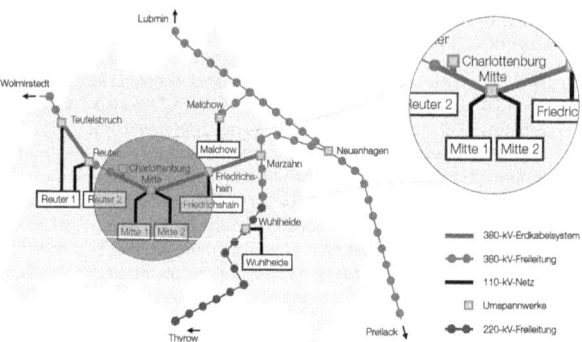

Bild 1. Übersicht der Stromversorgung Berlin;
Quelle: https://www.50hertz.com/Kabeldiagonale

I. 380-kV-Kabeldiagonale Berlin: Umsetzung der Energiewende durch Tunnelbau

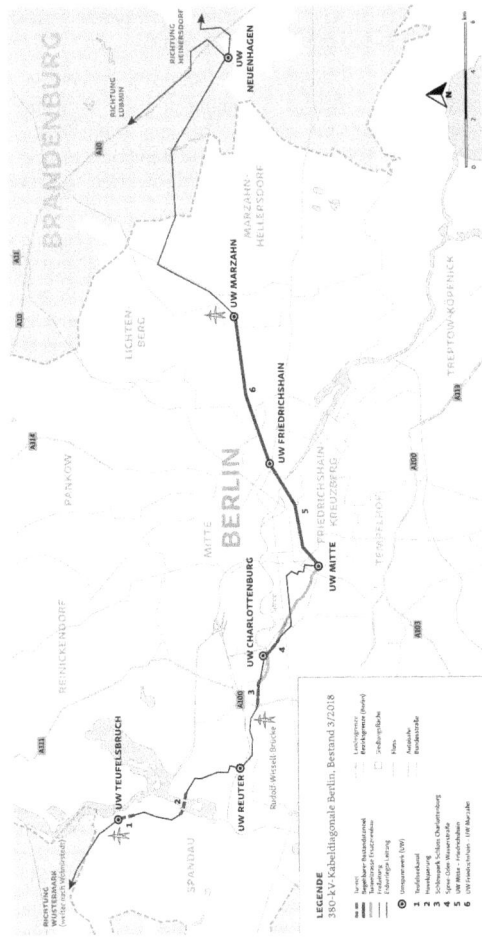

Bild 2. Trassenverlauf 380-kV-Kabeldiagonale Berlin; Quelle: https://www.50hertz.com/Kabeldiagonale

tem Elektrofahrzeuganteil steigen, sodass eine Kapazitätssteigerung dieses Abschnitts der Kabeldiagonale ebenso anstand.

Die Neuplanung ergab unter Abwägung aller Parameter der erforderlichen Trassenführung, der dichten Bebauung und der Genehmigungsfähigkeit auch für diesen Streckenabschnitt eine Tunnellösung. Der dringende Bedarf des Vorhabens wurde 2017 unter dem Projektnamen P180 durch die Bundesnetzagentur im aktuellen Netzentwicklungsplan (NEP 2030) offiziell bestätigt [1].

Das Ergebnis der Planung ist eine 6,7 km lange, maschinell aufgefahrene Tunneltrasse mit vier Schachtbauwerken und einem begehbaren Kabeltunnel mit 3 m lichtem Durchmesser vom Startschacht Rudolf-Wissell-Brücke über das UW Charlottenburg bis zum Zielschacht im UW Mitte. Die modernen, kunststoffisolierten Hochleistungskabel ersetzen die bislang erdverlegten, wassergekühlten Ölkabel aus den 1970er-Jahren und können mehr Strom transportieren.

2 Das Projekt

Zur Unterbringung der Kabelsysteme kommt eine ca. 6,7 km lange, unterirdisch verlaufende, maschinell aufgefahrene Tunnelröhre in einer Tiefenlage (Tunnelsohle) von ca. 15 bis 30 m zur Ausführung. Das Tunnelbauwerk ist von West nach Ost durch vier Schachtbauwerke in drei aufeinanderfolgende Abschnitte unterteilt. Die Schächte dienen in der Bauphase als Notausstiege. Nach Fertigstellung sind sie für die Belüftung des Kabeltunnels erforderlich und dienen als Notausstiege sowie Wartungszugänge.

2.1 Die Tunnelanlage

Der Tunnelvortrieb beginnt auf dem Gelände des Endmastes an der Rudolf-Wissell-Brücke und führt über die Zwischenschächte am UW Charlottenburg und an der Straße des 17. Juni zum Endschacht am UW Mitte (vgl. Bild 2). Der Kabeltunnel verläuft hierbei unter dem zum Teil dicht besiedelten Stadtgebiet der Bezirke Mitte und Charlottenburg. Neben Wohn- und Geschäftsvierteln an teils stark befahrenen Straßen befinden sich diverse öffentliche Gebäude sowie die

I. 380-kV-Kabeldiagonale Berlin: Umsetzung der Energiewende durch Tunnelbau

Parkanlage Großer Tiergarten und der Schlossgarten Charlottenburg. Die geplante Trasse unterquert dabei die U-Bahn-Linien U7 und U9 sowie die S-Bahn-/DB-Strecken. Des Weiteren sind Querungen/Näherungen der Bundeswasserstraßen Spree und Landwehrkanal mit ihren zahlreich vorhandenen Brückenbauwerken und unterschiedlichen Uferbefestigungen sowie die Unterquerung diverser Kleingewässer erforderlich.

Der Kabeltunnel selbst beginnt in einem sehr aufwendigen Anfangsschacht als Schlitzwandbaugrube an der Rudolf-Wissel-Brücke unmittelbar neben dem Endmast der 380-kV-Freileitung. Der erste Tunnelabschnitt des Kabeltunnels bis zum Zwischenschacht 1 verläuft in einer Tiefe von 23 bis 25 m und hat eine Länge von 2492 m. Der Tunnel verläuft im Wesentlichen in östlicher Richtung und quert die Spree. Danach sind Wohngebiete des Bezirks Charlottenburg zu unterfahren. Auf diesem Streckenabschnitt ist auch die Trasse der U-Bahn-Linie U7 zu unterqueren.

Der zweite Tunnelabschnitt mit 1792 m Länge verläuft in südöstlicher Richtung bis zum Zwischenschacht Tiergarten. Er quert zunächst die Spree direkt im Einmündungsbereich des Charlottenburger Verbindungskanals und liegt dann fast parallel zum Landwehrkanal. Direkt nach der Unterquerung der Berliner Stadtbahnstrecke wird der 26,5 m tiefe Schacht Tiergarten erreicht. Der Zwischenschacht Tiergarten ist wie der erste Zwischenschacht als Notausstieg nutzbar.

Der dritte Tunnelabschnitt mit 2454 m Länge verläuft ebenfalls in südöstlicher Richtung unter dem Großen Tiergarten hindurch. Bebautes Gebiet wird im Bereich der Hofjägerallee erreicht. Der Trassenverlauf ist bis kurz vor der Bundesstraße 1 stets nördlich des Landwehrkanals, um dann im letzten Streckenabschnitt bis zum Umspannwerk Mitte den dortigen 19 m tiefen Zielschacht zu erreichen. Auf diesem Streckenabschnitt ist zudem die Trasse der U-Bahn-Linie U9 zu unterqueren.

Im Endzustand, nach Inbetriebnahme des Tunnels, beherbergen die beiden Schächte an den Umspannwerken die jeweilige Stromverbindungsleitung zwischen den übertägigen Einrichtungen und der im Tunnel verlegten Stromtrasse. Durch die Schächte wird aber auch die

Zu- und Abluft für die Tunnel gesteuert, da bei dem Stromtransport Wärme entsteht, die abzuführen ist. Innerhalb des Tunnels mit 3 m Innendurchmesser steht den Wartungsteams eine an der Tunnelfirste befestigte Einschienen-Hängebahn zum Personen- und Materialtransport zur Verfügung.

2.2 Baurechtliche Randbedingungen

Die Erstellung der gesamten Tunnelanlage ist als schlüsselfertige Bauleistung als Globalpauschalvertrag vergeben, was durchaus als eine Herausforderung in der vertraglichen Abwicklung dieser Infrastrukturmaßnahme bewertet werden kann. Die Kabelverlegung der beiden Kabelsysteme im Tunnel erfolgt bauseits.

Das Baurecht für den Kabeltunnel wurde durch den Bauherren nach geltendem Recht über zahlreiche Einzelgenehmigungen von den Behörden, Trägern öffentlicher Belange und privaten sowie gewerblichen Grundstückseigentümern erwirkt. Die Genehmigungen liegen vor, sodass mittlerweile mit dem Bau der Kabeldiagonale begonnen wurde.

3 Geologie

Der Berliner Baugrund ist durch zahlreiche unterirdische Baumaßnahmen insbesondere der Verkehrsinfrastruktur aus den letzten Jahrzehnten sehr gut bekannt. Im Wesentlichen liegen der Tunnelvortrieb und die Schachtbereiche fast ausschließlich in Sanden und Kiesen.

Ausnahmen bilden eine prognostizierte lokale, auf ca. 80 m ausgedehnte Schlufflage mit wenig Sandanteilen im Bereich des Spreekanals am Schlosspark und die letzten rund 300 m bis zum Umspannwerk Mitte. Hier werden neben Kiesschichten möglicherweise auch einige Reste des Geschiebemergels durchfahren. Außerdem muss in diesem Bereich auch mit gehäuftem Auftreten von Grobgeschieben gerechnet werden. Grundsätzlich können auf der gesamten Tunnelstrecke Kieslagen, Steine und Mergellagen auftreten. Abschnittsweise ist mit erhöhter Adhäsion und Abrasivität zu rechnen. Hinzu kommen Hindernisse, z. B. alte, unkartierte Brunnen, Findlinge und Bauwerksstrukturen, die bei der Wahl der technischen Ausrüstung berücksichtigt werden müssen.

Der Flurabstand des Grundwassers beträgt gemäß der geotechnischen Voruntersuchung im größten Teil des Projektgebietes ca. 2,5 bis 4 m. In der Nähe von Gewässern, z. B. im Österreichpark, im Schlosspark und Tiergarten, liegt der Grundwasserspiegel meist ca. 1 bis 3 m unter Gelände.

Abgeleitet aus der eiszeitlichen Entwicklung ist je nach Lage im Stadtgebiet mit großen und sehr harten Findlingen in einer Tiefe von 6 bis 15 m zu rechnen. Die Trasse der Tunnelbohrmaschine (TBM) ist unter anderem aus diesem Grund in eine Tiefenlage von 20 bis 30 m unter Geländeoberkante (GOK) gelegt worden. Nach bisherigen Erkenntnissen sind in den dortigen Formationen noch keine Findlinge in größerem Ausmaß festgestellt worden. Lediglich bei der Erstellung der vier Schächte sind die Schichten mit den Findlingslagen zu durchörtern.

4 Schachtbauwerke

Für den Vortriebsstart am Anfangsschacht Rudolf-Wissell-Brücke (RWB) wird an der Schlitzwand für die TBM-Ausfahrt eine ebene Stahlbeton-Brillenwand für den dichten Anschluss des Anfahrrohrs (Stahlkonstruktion) hergestellt. Die im Anfahrrohr installierte dreireihige, über den Gesamtumfang des Schildmantels reichende Lippendichtung fungiert durch die Vorspannung auf den Schildaußenmantel als erste Dichtungsebene während des Ausfahrvorgangs nach Passage des Schlitzwandbetons.

Zur Gewährleistung der Vertragsleistung, dass als oberste Prämisse dem Risiko eines unkontrollierten Wassereintritts mit der Gefahr von Materialeinspülungen, die zu Nachbruch- und Verbruchsituationen während des TBM-Anfahrvorgangs führen können, zu begegnen ist, wird die Abdichtungskonstruktion mit mindestens zweifacher Absicherung ausgeführt. Hierzu wurde vor Herstellung der Schlitzwandbaugrube eine in Vortriebsrichtung 2,8 m lange und seitlich je 1,4 m über den Ausbruchsquerschnitt reichende Dichtwand aus Dichtlamellen im Einphasenverfahren von GOK bis 2,6 m unterhalb des Tunnelquerschnitts ausgeführt. Durch die nachträgliche 50 cm breite Überschneidung des Dichtwandgrundrisses bei der Schlitzwandherstellung wird der dichte Anschluss der Baugrubensicherung an den Dichtblock erzeugt.

An die Dichtwand in Vortriebsrichtung anschließend wurde ein 14 m langer Dichtblock aus im Düsenstrahlverfahren erzeugten Säulen (DSV-Säulen, D = 3 m) mit ca. 2,5 m radial über den Ausbruchsquerschnitt reichende Abmessungen hergestellt.

Ca. 5 m vor Erreichen des Endes des DSV-Dichtblocks mit der Ortsbrust des Vortriebs gelangt die Dreifach-Lippendichtung an das Ende des Schildschwanzes. Die redundante Dichtungsforderung wird dann durch den in der Anfahrkonstruktion integrierten Bullflexschlauch, der über den Außenumfang des Tübbingblindrings mit Zementsuspension gefüllt wird, gewährleistet. Vor Ausfahrt des Schneidrads aus dem DSV-Dichtblock ist die Abdichtung der Tübbinge gegen den in der Schlitzwand und der Dichtwand hergestellten Ausbruchsquerschnitt bereits durch die erfolgte Ringspaltverpressung auf eine Länge von ca. 5 m ab Luftseite Schlitzwand gewährleistet.

Das redundante Abdichtungssystem ist durch die beschriebenen technischen Vorkehrungen bis zum Verlassen des DSV-Dichtblocks mit der TBM bei einem anstehenden Wasserdruck von 2,5 bar in der Tunnelsohle durchgängig gewährleistet. Bei den Zwischenschächten Charlottenburg und Tiergarten werden den Schlitz- bzw. Bohrpfahl-

Bild 3. Übersichtsbild Anfangsschacht Rudolf-Wissell-Brücke und Baustelleneinrichtungsfläche; Quelle: ZETCON Ingenieure GmbH

baugrubensicherungen für die TBM-Ein- bzw. Ausfahrt ebenfalls DSV-Dichtblöcke vor- bzw. nachgeschaltet.

Die Geometrien und Abmessungen der Schächte sind:
- Anfangsschacht Rudolf-Wissell-Brücke (Bild 3):
  - Hauptschacht: ⌀ 16,2 m, Tiefe 29 m,
  - Nebenschacht: ⌀ 14,74 m, Tiefe 27 m,
  - Mittelschacht: 6,9 m x 6,9 m, Tiefe 27 m,
- Zwischenschacht Charlottenburg: Elliptische Schachtgeometrie, Hauptachse: ⌀ 13,8 m, Nebenachse: ⌀ 18,8 m, Tiefe 25 m,
- Zwischenschacht Tiergarten: ⌀ 9 m, Tiefe 30 m,
- Endschacht Mitte: ⌀ 10,8 m, Tiefe 21 m,
- Ausfahrbauwerk 4,05 m x 6 m, Tiefe 21 m.

5 Bautenstand

Im Rahmen der Netzverstärkung der 380-kV-Kabeldiagonale Berlin ist der schlüsselfertige Neubau einer unterirdischen 380-kV-Tunneltrasse zwischen dem Endmast Rudolf-Wissell-Brücke und dem Umspannwerk Mitte durch die 50Hertz Transmission GmbH (50Hertz) beauftragt. Im Herbst 2019 wurden im Rahmen von zwei europaweiten Wettbewerben die Bauleistung sowie die Bauoberleitung und Bauüberwachung jeweils mit separaten Pauschalverträgen beauftragt. Mit der Ausführung der Bauleistung ist die Implenia Construction GmbH beauftragt. Die Bauoberleitung/Bauüberwachung ist an die Ingenieurgemeinschaft Kabeldiagonale Berlin, bestehend aus der SSF Ingenieure AG und der ZETCON Ingenieure GmbH, vergeben worden.

Unmittelbar nach Auftragserteilung begannen die Ausführungsplanung und die Arbeitsvorbereitung. Die vorbereitenden Arbeiten an den Tauschflächen, die durch die Baustelleneinrichtung in Anspruch genommen werden, begannen im September 2019. Die eigentlichen Bauarbeiten mit Einrichtung der Baustelle und Vorbereitung der Arbeiten für den Startschacht an der Rudolf-Wissell-Brücke begannen im Frühjahr 2020.

5.1 Schacht Rudolf-Wissell-Brücke

Der 35 m tiefe Schacht sowie das Übergangsbauwerk dienen im Endzustand zur Einführung des Kabels in den Kabeltunnel. Während der Bauphase dient die Baustelleneinrichtungsfläche für die Ver- und Entsorgung der Tunnelbohrmaschine. Der Startschacht besteht aus zwei näherungsweise kreisrunden, in polygonaler Schlitzwandbauweise erstellten Schächten (Haupt- und Nebenschacht) mit rückverankerten Unterwasserbetonsohlen und einem Zwischenschacht, der als Verbindungsschacht zwischen Haupt- und Nebenschacht dient.

Die Schachtbaugrube am Anfangsschacht RWB hatte Stand 30. April 2021 folgenden Bautenstand (vgl. Bild 3):

- Schlitzwand nebst DSV-Säulen und Dichtkörper vollständig hergestellt.
- Rückverankerung, bestehend aus mehr als 110 Mikropfählen, hergestellt.
- Kopfbalken der Schlitzwandbaugruben vollständig betoniert.

Am Zwischenschacht Charlottenburg wurden Ende April 2020 die Schlitzwandarbeiten begonnen. Am Zwischenschacht Tiergarten wurde im März 2021 die verkehrliche Umfahrung auf der Straße des 17. Juni errichtet und anschließend mit der Einrichtung der Baustelle für die Herstellung des Zwischenschachts begonnen.

5.2 Tunnelbohrmaschine

Aufgrund der geologischen und hydrogeologischen Randbedingungen sind vom Auftraggeber TBM-Vortriebe mit flüssigkeitsgestützter Ortsbrust (SM-V4 gemäß DAUB-Empfehlungen) mit der Vortriebsklasse VS 2 gemäß VOB 18312 vorgeschrieben gewesen. Zum Einsatz kommt eine Tunnelbohrmaschine als Schildmaschine mit flüssigkeitsgestützter Ortsbrust SM-V4 nach DAUB der Firma Herrenknecht AG, Schwanau. Die Arbeitsvorbereitung der TBM erlaubte in der zehnten Kalenderwoche 2020 die Werksabnahme auf dem Werksgelände des Maschinenherstellers (Bilder 4 und 5).

I. 380-kV-Kabeldiagonale Berlin: Umsetzung der Energiewende durch Tunnelbau

Bild 4. Werksabnahme TBM; Quelle: 50Hertz, Jan Pauls

Bild 5. Werksabnahme TBM; Quelle: ZETCON Ingenieure GmbH

Praxisbeispiele

Die Lage der aufzufahrenden Tunnelstrecken, die baulichen, geometrischen und bauablauftechnischen Randbedingungen sowie die über den Tunnelstrecken vorhandenen Straßen, Gebäude, Bauwerke und Anlagen sowie Wasserwege bedingen Vortriebe mit möglichst geringen Setzungen bzw. Hebungen. Dies war bei der Konstruktion der TBM und ist bei der Bauausführung entsprechend zu berücksichtigen. Die Schildkonstruktion wurde nach mechanischen und konstruktiven Anforderungen konzipiert. Dabei waren insbesondere die projektspezifischen technischen Anforderungen, geotechnischen Gegebenheiten und Randbedingungen zu berücksichtigen. Grundlagen für die Bemessung und Konstruktion der TBM wie auch für das Vortriebskonzept sind neben den technischen Anforderungen an die TBM die im Baugrundgutachten und im Tunnelbautechnischen Gutachten gemachten Angaben und Parameter.

Hierauf aufbauend hatte die Implenia Construction GmbH bzw. die für den Bau der TBM beauftragte Firma Herrenknecht eine den beschriebenen Verhältnissen angepasste TBM anzufertigen, die in der Lage ist, die gesamte Tunnelstrecke mit den erforderlichen Sicherungsmaßnahmen in der dafür vorgesehenen Bauzeit aufzufahren. Die technischen Daten der TBM sind Tabelle 1 zu entnehmen.

Tabelle 1. Technische Daten der Tunnelbohrmaschine

Durchmesser	Schneidrad	3,88 m (neue Werkzeuge)
	Schneidenschuss	3,82 m (ohne Hartauftrag)
	Mittelschuss	3,815 m
	Schildschwanz	3,810 m
Länge	Schildlänge (montiert)	12,39 m
	Schneidenschuss	3,60 m
	Mittelschuss	5,40 m
	Schildschwanz	3,60 m
	Gesamtlänge inkl. Nachläufer	ca. 156 m

Für den Tunnel, der eine konkrete Länge von 6.691,78 m hat, werden 30 cm dicke Stahlbetontübbinge eingesetzt, die in einer Tübbinglänge von 1,20 m bei einer Sechserteilung dimensioniert sind. Die Tübbinge werden in einem Fertigteilwerk in Poznań (Polen) gefertigt.

6 Ausblick

Die bisher ausgeführten Arbeiten haben gezeigt, dass die anspruchsvollen Projektrandbedingungen und der Berliner Baugrund die beteiligten Ingenieure sehr gefordert haben und auch weiterhin herausfordern werden. Seit Beginn der Covid-Pandemie wird das Projekt diesbezüglich von verschiedenen Einflüssen begleitet. Bis dato sind für die gesamte Projektmannschaft und alle Beteiligten aufgrund der zügig ergriffenen Präventivmaßnahmen und des verantwortungsbewussten Handelns und Mitwirken aller Beteiligten nur geringe Auswirkungen oder Hemmnisse feststellbar.

Die TBM wird Anfang 2022 ihre Arbeit aufnehmen. Parallel und mit rechtzeitigem Vorlauf für den Vortrieb der TBM werden der Zwischenschacht Tiergarten und der Endschacht am Umspannwerk Mitte fertiggestellt. Während des Vortriebs werden die Schächte zur Belüftung und als Notausstiege genutzt. Die Ver- und Entsorgung der TBM wird über den gesamten Tunnelvortrieb vom Startschacht RWB durchgeführt.

Nach Abschluss der Vortriebsarbeiten werden die Schachtbauwerke in den Endzustand ausgebaut. Ebenso wird der Tunnel ausgebaut für die Aufnahme der Kabelsysteme und die Einschienen-Hängebahn wird eingebaut.

Die Inbetriebnahme dieses Abschnitts der 380-kV-Kabeldiagonale Berlin ist für 2028 geplant.

Quelle

[1] Bundesnetzagentur für Elektrizität, Gas, Telekommunikation, Post und Eisenbahnen (Hrsg.) (2019), *Bestätigung des Netzentwicklungsplans Strom für das Zieljahr 2030. Bedarfsermittlung*, Bonn; https://www.netzentwicklungsplan.de/sites/default/files/paragraphs-files/NEP2019-2030_Bestaetigung.pdf.

II. Tunnelplanung der 2. S-Bahn-Stammstrecke in über 40 Metern Tiefe unter historischen und sensiblen Bestandsgebäuden der Münchner Innenstadt

Kai Kruschinski-Wüst, Wolfgang Rieken, Maximilian Weiß, Philipp Lange

Zur Entlastung der bestehenden S-Bahn-Stammstrecke in München wird auf einer Länge von 10 km zwischen den Haltepunkten Leuchtenbergring im Osten und Laim im Westen von München eine zweite Stammstrecke mit ca. 7 km Tunnelstrecke und drei neuen unterirdischen Haltepunkten gebaut. Die beiden eingleisigen Tunnelröhren werden mit Tunnelvortriebsmaschinen (Schild-TBM mit aktiver Ortsbruststützung) aufgefahren. Zwischen den Tunnelröhren verläuft parallel ein ebenfalls mit einer TBM aufgefahrener Erkundungs- und Rettungsstollen, der über Verbindungsbauwerke im Abstand von weniger als 400 m mit den Tunnelröhren verbunden ist. Der Erkundungs- und Rettungsstollen kann außer über die Haltepunkte noch über fünf Ausstiegsbauwerke (Rettungsschächte) entlang der Strecke zur Oberfläche hin verlassen werden. Bei der Planung der Tunnelgradienten waren zahlreiche Zwangspunkte zu berücksichtigen. Diese bestanden unter anderem aus zahlreichen Versorgungsleitungen für Fernwärme und -kälte, Strom sowie der Kanalisation. Zudem muss die Strecke die bestehenden U-Bahnlinien U1/U2 am Haltepunkt Hauptbahnhof, die Linien U4/U5 am Karlsplatz und die Linien U3/U6 am Haltepunkt Marienhof queren. Dies bedeutet für den Bau der 2. S-Bahn-Stammstrecke, dass die Tunnel in sicherem Abstand zu den vorhandenen Röhren eine Ebene tiefer geführt werden müssen, zum Teil in einer Tiefe von ca 35–40 m. Im Beitrag wird ein Überblick über die aktuelle Tunnelplanung des Projektes gegeben. Besonders berücksichtigt werden die Fragestellungen, die sich am Haltepunkt Marienhof beim Auffahren der Bahnsteigröhren unter sensiblen oder historischen Gebäuden ergeben.

Tunnel design of the second core S-Bahn route in a depth of more than 40 m underneath historical and sensitive existing buildings in the centre of Munich

To relieve the existing core line of the Munich S-Bahn system a second core line will be built between the stations of Laim in the West of the city and Leuchtenbergring in the East, covering a total of about 10 km. Part of it is a 7 km tunnel

EXPERTISE, ENGAGEMENT & ERFAHRUNG

- Förderwinden
- Befahranlagen
- Jetwash Reifenwaschanlagen

www.alba.at

ALBATROS

with three new underground stations. Two single-track tunnels will be driven by tunnel boring machines (TBM) with active tunnel face support. A parallel Exploration and Rescue Tunnel (ERT) runs between the railway tunnels and is also driven by tunnel boring machines. There will be connective structures between the ERT and the railway tunnels with a distance of less than 400 m. Exits of the ERT will be situated in the underground stations and in five rescue shafts along the line. While planning the tunnel gradient, numerous constraint points have to be considered. These consist of numerous supply pipes for district heating and cooling, electricity and the sewerage system. In addition, the new track must cross the existing underground lines U1/U2 at the station Hauptbahnhof, U4/U5 at Karlsplatz and U3/U6 at the station Marienhof. For the construction of the second core S-Bahn route this means, the tunnels must be led a level lower, in safe distance from the existing tunnels, in some cases even to a depth of around 35–40 m. This article provides an overview of the current project phase, the planning of the tunnels. Extra consideration must be given to the fact that the new platforms of the station Marienhof are constructed underneath sensitive or historical buildings.

1 Die zweite S-Bahn-Stammstrecke in München

1.1 Überblick

Die S-Bahn München befördert täglich bis zu 840.000 Fahrgäste. Durch den Zuwachs der Bevölkerung in München gerät die im Jahr 1972 zu den Olympischen Spielen eröffnete, für 250.000 Fahrgäste am Tag ausgelegte Stammstrecke an ihre Kapazitätsgrenzen, insbesondere, weil auf dieser Strecke alle S-Bahnen in einem Tunnel die Münchner Innenstadt unterqueren müssen. Um dieses Nadelöhr zu beseitigen, wird auf rund 10 km Länge zwischen den Bahnhöfen Laim im Westen und Leuchtenbergring im Osten eine neue Strecke als 2. Stammstrecke gebaut. Diese soll die bestehende Stammstrecke entlasten, im Störfall eine Ausweichmöglichkeit bieten und gleichzeitig die Einführung eines neuen Express-S-Bahnsystems ermöglichen.

Kernstück sind zwei 7 km lange Tunnel, die den Hauptbahnhof und den Ostbahnhof miteinander verbinden, sowie ein Erkundungs- und Rettungsstollen. Die Strecke verläuft von Laim kommend westlich der

II. S-Bahn-Tunnelplanung unter Bestandsgebäuden der Münchner Innenstadt

Bild 1. Streckenplan der 2. Stammstrecke

Donnersbergerbrücke bis kurz vor dem Bahnhof Leuchtenbergring unter Tage (Bild 1). Neben den beiden Bahnhöfen Laim und Leuchtenbergring, die unter fortlaufendem Betrieb umgebaut werden, werden die drei neuen unterirdischen Haltepunkte Hauptbahnhof, Marienhof und Ostbahnhof komplett neu gebaut. Für den Haltepunkt am Hauptbahnhof wird umfangreich in den bestehenden Hauptbahnhof München eingegriffen.

Während der Projektplanung ergaben sich verschiedene Optimierungen infolge von Änderungen der Projektrandbedingungen. Die wichtigsten davon sind:

– Die Verlagerung des Haltepunkts Ostbahnhof vom Orleansplatz auf die Seite der Friedenstraße und damit eine optimale Anbindung des neu entstehenden Werksviertels (mit neuem Münchner Konzerthaus);
– Am Münchner Hauptbahnhof die gemeinsame Abwicklung des Neubaus des Haltepunkts der 2. Stammstrecke, eines Vorhaltebauwerks für die künftige Linie U9 sowie des Empfangsgebäudes als integrierte Gesamtlösung;
– Ein neues Flucht- und Rettungskonzept mit der Errichtung eines Erkundungs- und Rettungstunnels mittig zwischen den Verkehrstunnelröhren. Dadurch können fünf Rettungsschächte in Innenstadtlage entfallen, die während der Bauphase für massive Beeinträchtigungen gesorgt hätten.

Bei der Planung der Tunnelgradienten waren neben der 1. Stammstrecke zahlreiche Zwangspunkte zu berücksichtigen. Diese bestanden unter anderem aus einer Vielzahl von Versorgungsleitungen für Fernwärme/-kälte und Strom sowie der Kanalisation. Zudem muss die Strecke die bestehenden U-Bahnlinien U1/U2 am Haltepunkt Hauptbahnhof, U4/U5 am Karlsplatz und U3/U6 am Haltepunkt Marienhof queren. Dies bedeutet für den Bau der 2. Stammstrecke, dass die Tunnel in sicherem Abstand zu den vorhandenen Röhren eine Ebene tiefer – an den neuen Haltepunkten in einer Tiefe von ca. 35–40 m – aufgefahren werden müssen (Bild 2).

Bild 2. Längsschnitt der 2. Stammstrecke

1.2 Baugrund- und Grundwasserverhältnisse

Eiszeitliche und nacheiszeitliche Ablagerungen bilden die bautechnisch bedeutsamen Bodenschichten des Münchner Untergrunds. Gemäß [1] stehen unter Auffüllungen die Sedimente des Quartärs an, die durch einen mehrmaligen Wechsel von Aufschotterung und Erosion entstanden sind. Meist ist in den quartären Kiesen eine unregelmäßige Wechsellagerung von sand- und schlämmkornreichen sowie nahezu sandfreien Lagen anzutreffen. Daneben kommen aber auch bankartige Felslagen aus verkitteten Kiesen vor, der sogenannte Nagelfluh.

Unter den quartären Schichten liegen in unregelmäßiger Wechsellagerung die tertiären Sande und Mergel. Bei den tertiären Sanden handelt es sich um dicht bis sehr dicht gelagerte, glimmerhaltige, feldspatführende Quarzsande. Die Mergel sind überwiegend als halbfeste bis feste Schluffe und Tone ausgebildet. Sie können bereichsweise zu Mergelstein mit Kalkkonkretionen verfestigt sein. Daneben kommen aber auch Bruchflächen vor, die als Harnischflächen oder Bröckel-

II. S-Bahn-Tunnelplanung unter Bestandsgebäuden der Münchner Innenstadt

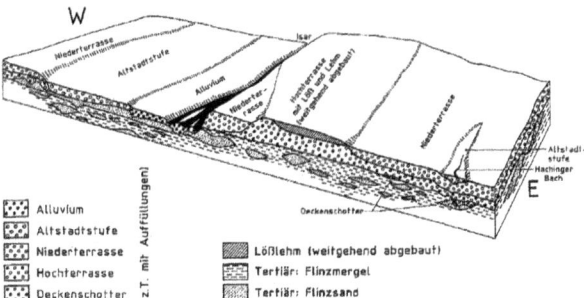

Bild 3. Schotterebene unter München; Blockbild nach Münichsdorfer (1922)

struktur ausgebildet sind und sich bei Entspannung und Wasserzutritt schnell entfestigen.

Die Schotterebene wird unter München, beschrieben unter anderem in [2], von mehreren unterschiedlich alten Schotterterrassen gebildet (Bild 3).

Der Untergrund Münchens weist mehrere Großgrundwasserstockwerke in Schichten aus dem Quartär und dem Tertiär auf. Ein oberes, freies Stockwerk liegt in quartären Fein- bis Grobkieslagen. Tiefer liegende, gespannte Grundwasserhorizonte befinden sich in den Sanden des Tertiärs. Das quartäre und die tertiären Grundwasserstockwerke sind überwiegend durch grundwasserstauende Schichten der tertiären Tone und Schluffe (Flinz) voneinander getrennt. Vereinzelt wird ein zusammenhängendes quartäres und tertiäres Grundwasserstockwerk mit einem freien Grundwasserspiegel angetroffen. In den tiefer liegenden tertiären Sandlinsen/-lagen steht zwischen den stauenden Tonen/Schluffen gespanntes Grundwasser an.

Das obere Grundwasserstockwerk variiert in seiner Mächtigkeit. Ein generell unruhiges Relief der Tertiäroberfläche führt zu kleinräumig unterschiedlichen Fließrichtungen. Natürlicher Vorfluter des quartären Grundwasserstockwerks ist die Isar, sodass die Hauptfließrichtung westlich der Isar im Quartär nach Nordnordost weist. Auf der Ostseite der Isar verläuft die Fließrichtung nach Nordwest zur Isar hin.

Die tertiären Grundwasserstockwerke können als abgeschlossene Systeme (Sandlinsen) oder auch als durchgängige Sandlagen mit gespanntem Grundwasser vorliegen. Die Druckspiegel liegen in etwa auf Höhe des freien quartären Grundwasserspiegels bzw. bei den tiefer liegenden, von Oberflächeneinflüssen nicht betroffenen Aquiferen leicht darunter. Es ist nicht auszuschließen, dass vereinzelt zwischen den Grundwasserleitern Verbindungen bestehen. Dadurch ist die Möglichkeit von hydraulischen Kurzschlüssen gegeben.

1.3 Maschinelle Vortriebe

1.3.1 Westlicher Vortriebsabschnitt vom Trog West bis zum Haltepunkt Marienhof

Die Planung der Tunnelabschnitte der Gesamtstrecke umfasst die am Tunnelportal West, westlich der Donnersbergerbrücke, beginnenden Streckentunnel bis zu den beiden Tunnelportalen zwischen der Berg-am-Laim-Straße und dem Bahnhof Leuchtenbergring. Die an die Streckentunnel angrenzenden unterirdischen Haltepunkte Hauptbahnhof, Marienhof und Ostbahnhof tief mit ihren zentralen Aufgängen werden in Deckelbauweise mit schlitzwandumschlossenen Baugruben hergestellt. Die Bahnsteigröhren der Haltepunkte Hauptbahnhof und Marienhof werden in bergmännischer Spritzbetonbauweise aufgefahren.

Der westliche Tunnelabschnitt der 2. S-Bahn-Stammstrecke (Bild 4) beginnt bei Bau-km 103,2 + 80 (Tunnelportal West; Angaben für das neue stadteinwärtsführende Gleis 100) und umfasst zunächst einen 64 m langen Tunnel in offener Bauweise, bestehend aus einem zweizelligen, rechteckigen Rahmenbauwerk in Stahlbetonausführung (bis Bau-km 103,3 + 44). Daran anschließend folgen zwei in offener Bauweise aus Stahlbeton herzustellende, jeweils 131 m lange einzellige Tunnelabschnitte mit rechteckigem Rahmenquerschnitt bis zum

II. S-Bahn-Tunnelplanung unter Bestandsgebäuden der Münchner Innenstadt

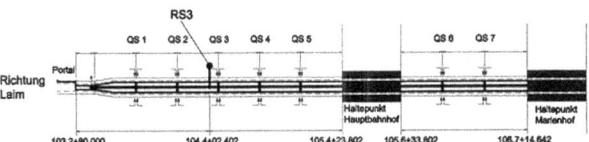

Bild 4. Übersichtsplan über den westlichen Abschnitt bis zum Haltepunkt Marienhof; QS: Querschlag; RS: Rettungsschacht

Übergang zu den eingleisigen Verkehrstunnelröhren und dem Erkundungs- und Rettungsstollen (ERS) mit jeweils kreisförmigen Querschnitt (Bild 5) bei Bau-km 103,4 + 75 (Anschlagwand in untertägiger Bauweise). Die Länge der Tunnel bis zum Haltepunkt Hauptbahnhof bei ca. Bau-km 105,4 + 24 beträgt ca. 1.950 m, der Abschnitt von ca. Bau-km 105,6 + 34 bis ca. Bau-km 106,7 + 15 zwischen Haltepunkt Hauptbahnhof Bahnhofplatz und Haltepunkt Marienhof ist ca. 1.081 m lang.

Die überwiegend parallel verlaufenden Verkehrstunnelröhren und der mittig dazwischen liegende Erkundungs- und Rettungsstollen werden maschinell mit jeweils einer TBM mit aktiver Ortsbruststützung aufgefahren und mit Stahlbetontübbings in einschaliger Bauweise ausgekleidet. Der begehbare ERS ist Bestandteil des optimierten Flucht-

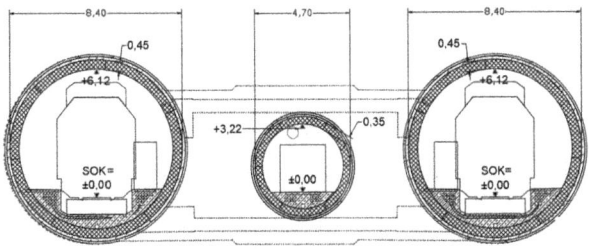

Bild 5. Regelquerschnitte der maschinell aufzufahrenden Tunnel im westlichen Abschnitt; Schnitt durch einen Querschlag (QS); SOK: Schienenoberkante

307

weg- und Rettungskonzepts und wird im Abstand von weniger als 400 m über Verbindungsbauwerke (Querschläge, QS) mit den Verkehrstunnelröhren verbunden. Der ERS ist über den Rettungsschacht 3 (RS3 in Bild 4) und das Ausstiegsbauwerk West ab der Geländeoberfläche erschlossen. Die Herstellung der Verbindungsbauwerke erfolgt in Spritzbetonbauweise, abhängig von der geotechnischen Situation zum Teil mit Zusatzmaßnahmen wie Bodenvereisungen.

Die Bahnsteigbereiche der Haltepunkte, die an die Streckentunnel und den Erkundungs- und Rettungsstollen anschließen, werden teils im Schutz von tiefen Schlitzwandbaugruben und teils bergmännisch in Spritzbetonbauweise unter Luftüberdruck aus den Baugruben heraus aufgefahren. Die Konzeption der Bahnsteigbereiche entspricht der sogenannten „Spanischen Lösung", bei der die Bahnsteige auf beiden Seiten der Gleise angeordnet sind. Der damit verbundene größere Abstand der Tunnelachsen bedingt eine entsprechende Spreizung der angrenzenden Streckentunnel. Der mittig zwischen den Streckentunneln liegende Erkundungs- und Rettungsstollen ist aus geometrischen Gründen im Tunnelanschlagsbereich höhenversetzt über den Streckentunnelröhren angeordnet. Der Regelquerschnitt der Streckenröhren ist kreisrund mit einem lichten Durchmesser von 7,50 m. Der Oberbau besteht aus einem festen Fahrbahnsystem, das im Regelfall mit einem leichten Erschütterungsschutzsystem unterbaut ist.

Die Streckentunnel verlaufen in einer Tiefenlage von ca. 35 m–45 m unter Geländeoberkante (GOK). Sie kommen überwiegend in den tertiären Schichten zu liegen. Diese werden aus Wechsellagerungen von Sand-, Ton-, Schluff- und in untergeordnetem Umfang auch Kiesschichten gebildet (Bild 6).

Die Schichtgrenze Quartär/Tertiär kann engräumlich stark schwanken. Daher ist bis zu einer erkundeten Tertiärüberdeckung von mindestens 2,5 m damit zu rechnen, dass an der Ortsbrust quartäre Kiese bzw. Gemische aus quartären und tertiären Böden (in der Quartärzeit umgelagertes Tertiärmaterial) anstehen können. Charakteristische Bodenkenngrößen sind in Tabelle 1 aufgeführt.

II. S-Bahn-Tunnelplanung unter Bestandsgebäuden der Münchner Innenstadt

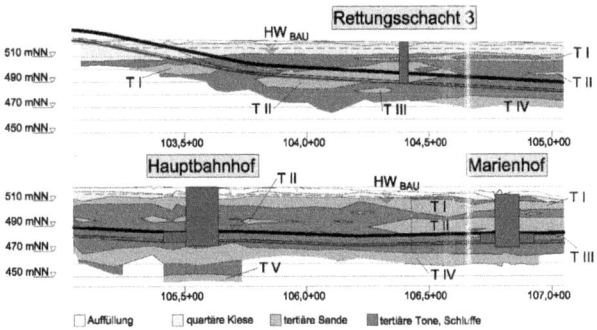

Bild 6. Geotechnischer Längsschnitt des westlichen Tunnelabschnitts; T I – V: tertiäre Aquifere

Tabelle 1. Charakteristische Werte der Bodenkenngrößen für die bergmännischen Bauweisen

Hauptbodenschichten Bodenart (DIN 18196)	Reibungswinkel φ [°]	Kohäsion c' [kN/m^2]	Wichte γ/γ' [kN/m^3]	Steifenmodul E_s [MN/m^2]
Auffüllungen GW, GI, GU, GT (TL, TM, UL, UM)	30	0	20,5/11	20 bis 40
Quartäre Kiese GW, GI, GU, GT (GU*)	37,5	0	22/13	100 bis 200
Tertiäre Tone/Schluffe <25 m Unter GOK TA, TM, TL, UM, UL	27,5	25	20/10,5	70 bis 120
Tertiäre Tone / Schluffe >25 m unter GOK TA, TM, TL, UM, UL	30	40	20/10,5	100 bis 240
Tertiäre Sande SE, SU, SU*, ST, ST*	35	0	21/11	120 bis 250

Praxisbeispiele

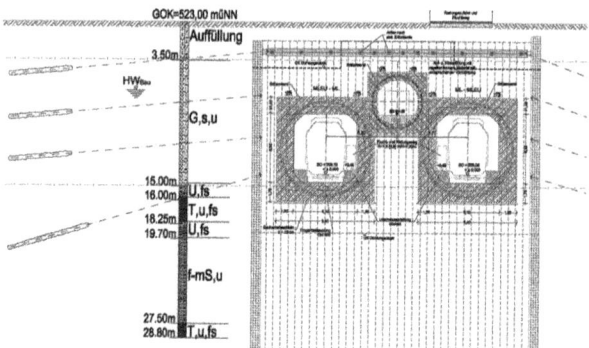

Bild 7. Querschnitt an der westlichen Anschlagwand

Die Verkehrstunnel haben an der westlichen Anschlagwand einen Abstand von nur ca. 5,0 m. Daher ist es erforderlich, den Vortrieb aus einer gegenüber den Streckentunneln erhöhten Position zu starten. Die geometrische Situation im Startschacht ist in Bild 7 zu erkennen.

Da sich der horizontale Abstand zwischen den Verkehrstunneln in Vortriebsrichtung vergrößert, taucht die Gradiente des ERS aus der erhöhten Position allmählich zwischen die Verkehrstunnelröhren ab und verläuft nach rund 200 m ungefähr parallel zwischen diesen bis zum Vortriebsende am Haltepunkt Marienhof. Nach dem Vortrieb durch die mit einer Anfahrdichtung versehene westliche Anschlagwand durchörtert der Vortrieb einen im Düsenstrahlverfahren hergestellten Dichtkörper von ca. 10 m Länge, der die zweite Dichtungsebene darstellt. Zur Reduktion der Wasserdurchlässigkeit in den quartären Kiesen sind bis zum Eintauchen der Tunnel in die tertiären Bodenschichten Verkittungsinjektionen geplant. Ergänzend zu den Verkittungsinjektionen werden in Teilbereichen Bodenverfestigungen im Düsenstrahlverfahren zum Einsatz kommen.

Beim Vortrieb der Strecken werden unter anderem zahlreiche Gebäude und Anlagen unterfahren. Die Unterfahrung erfolgt in der Regel mit einem ausreichend großen Abstand zu deren Gründungen, sodass grundsätzlich bei dem angestrebten und geplanten setzungsarmen Vortrieb ein minimiertes Gefährdungspotenzial für unverträgliche Setzungen und Winkelverdrehungen der Bauwerke gegeben ist. Beim Tunnelbohrmaschinen-(TBM-)Vortrieb mit flüssigkeitsgestützter Ortsbrust und kontrolliertem Stützdruck sowie Ringspaltverpressung im Schildmantelbereich der TBM handelt es sich um ein erprobtes, sicheres und sehr setzungsarmes Vortriebsverfahren. Gemäß den mit numerischen Verformungsberechnungen und empirischen Verfahren abgeschätzten Setzungsmulden für die geplanten Tunnelvortriebe ist bei deren planmäßiger und sorgfältiger Ausführung von verträglichen Größenordnungen der Setzungen und Verdrehungen für die im Einflussbereich liegenden Gebäude und Anlagen auszugehen. Die besondere Aufmerksamkeit beanspruchenden Unterfahrungsbereiche sind in Tabelle 2 beschrieben.

Tabelle 2. Randbedingungen und Maßnahmen bei besonderen Unterfahrungsbereichen

Bereich	Thematik/Besonderheit	Geplante Lösung
Baugruben in offener Bauweise und Abtauchbereich Schildfahrt mit Querschnittsteilen im Quartär	Nahegelegener Südstreckentunnel	Messprogramm und Sperrpausen bei Arbeiten im gleisnahen Bereich.
Abtauchbereich mit Querschnittsteilen im Quartär	Gefahr von mächtigeren Rollkieslagen im oberen Querschnittsbereich	Verkittungsinjektionen und Bodenverfestigungen im Düsenstrahlverfahren
Unterfahrung Donnersbergerbrücke	Unterfahrung mit 7–12 m Abstand zu den Fundamenten, 3 Brückenpfeiler liegen innerhalb der prognostizierten Setzungsmulde	Messprogramm und erforderlichenfalls Lagererhöhung an den Brückenauflagern

Praxisbeispiele

Bereich	Thematik/Besonderheit	Geplante Lösung
Schleifende Unterfahrung des Posttunnels	Unterfahrung mit 3–4 m Überdeckung	Messprogramm und Hebungsinjektionen
Unterfahrung Hackerbrücke	Unterfahrung mit ca. 20 m Abstand zu den Fundamenten, 2–3 Brückenpfeiler liegen innerhalb der prognostizierten Setzungsmulde	Messprogramm
Unterfahrung Paul-Heyse-Unterführung	Unterfahrung mit > 30 m Überdeckung	Messprogramm
Unterfahrung Gleisvorfeld am Hauptbahnhof	Unterfahrung mit > 30 m Überdeckung	Messprogramm
Unterfahrung Gleishalle Hauptbahnhof	Unterfahrung mit > 30 m Überdeckung	Messprogramm, Zusatzmaßnahmen sind noch in Planung
Unterfahrung U1/U2-Station	Unterfahrung mit Abstand von ca. 4 m	Messprogramm, Setzungsausgleich mit Hebungsinjektionen, Vortrieb mit erhöhtem Stützdruck
Unterquerung ehemaliger Hertie-Komplex (Tiefgarage) (heute Karstadt)	Unterquerung der „Brunnengründungen" mit ca. 11 m Abstand	Messprogramm und erforderlichenfalls Vortrieb mit erhöhtem Stützdruck
Karlsplatz, Unterfahrung bestehende 1. S-Bahn-Stammstrecke und S-Bahn-Haltepunkt		Messprogramm
Unterfahrung Justizpalast	Unterfahrung mit > 12 m Überdeckung	Messprogramm, Sicherungsmaßnahmen im Gebäude

Bereich	Thematik/Besonderheit	Geplante Lösung
Unterfahrung der U4/U5 nahe Lenbachplatz	Unterfahrung U-Bahnhof Karlsplatz mit ca. 5 m Abstand	Messprogramm und erforderlichenfalls Vortrieb mit erhöhtem Stützdruck
Passage Oberpollinger (Maxburgstraße)	Passage mit > 14 m Abstand zur Gründung	Messprogramm, keine besonderen zusätzlichen Maßnahmen vorgesehen
Passage des Doms (Frauenkirche)	Komplexe Verformungsprognosen infolge überlagernder Setzungseinflüsse aus maschinellen Vortrieben und den Spritzbetonvortrieben	Messprogramm und erforderlichenfalls Vortrieb mit erhöhtem Stützdruck.

1.3.2 Östlicher Vortriebsabschnitt

Die maschinellen Tunnelvortriebe starten in einem temporären und vorab hergestellten Startschacht im westlichen Teil der Baugrube des Haltepunkts Ostbahnhof und fahren in Richtung Haltepunkt Marienhof. Dort verbleiben die Schilde im Baugrund; die übrigen Teile der TBM werden zum Startschacht zurückgezogen, dort aus- und in einen temporären Startschacht im östlichen Teil innerhalb der Baugrube des Haltepunkts Ostbahnhof eingehoben. Von dort fahren die TBM in Richtung und bis zur offenen Bauweise am Rettungsschacht RS 9 südwestlich der Berg-am-Laim-Straße (Bild 8). Dort werden sie demontiert, ausgehoben und entsorgt. Daraus ergeben sich Vortriebslängen von ca. 2.860 m für das stadtauswärts führende Gleis 100 für die Schildfahrt vom Ostbahnhof bis zum Marienhof und ca. 516 m für die Schildfahrt vom Ostbahnhof zum RS 9.

Der RS 7 ist in den Maximiliansanlagen im Bereich des späteren Abzweigs der Südanbindung positioniert. Er wird in der Schlitzwand-Deckelbauweise hergestellt. Die Anschlüsse für die spätere Südanbindung werden in der Spritzbetonbauweise aufgefahren.

Praxisbeispiele

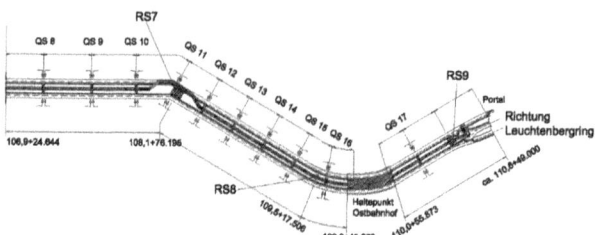

Bild 8. Übersichtsplan über den östlichen Abschnitt

Die Verkehrstunnelröhren und der mittig dazwischen liegende Erkundungs- und Rettungsstollen werden, wie im westlichen Abschnitt, maschinell mit jeweils einer TBM mit aktiver Ortsbruststützung aufgefahren und mit Stahlbetontübbings in einschaliger Bauweise ausgekleidet. Die Verkehrstunnelröhren weisen gegenüber dem westlichen Vortriebsabschnitt einen um 30 cm größeren Ausbruchsdurchmesser auf (Bild 9), um den bereichsweisen Einbau eines schweren Masse-Feder-Systems in diesem Abschnitt zu berücksichtigen.

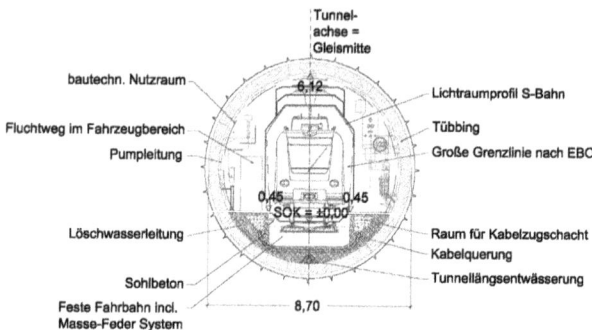

Bild 9. Regelquerschnitt eines Verkehrstunnels des östlichen Abschnitts; EBO: Eisenbahn-Bau- und Betriebsordnung

Im Anschluss an den Haltepunkt Ostbahnhof in Richtung Westen liegt der obere Bereich des Tunnelquerschnitts zunächst in den wasserführenden quartären Kiesen. In der unteren Tunnelhälfte werden die tertiären Tone/Schluffe sowie die Sande einer T I-Linse angeschnitten. Die quartären Kiese werden mit zunehmendem Abtauchen der Tunneltrasse bei ca. Bau-km 109,5 + 20 nicht mehr angeschnitten. Mit kontinuierlichem Abtauchen der Streckenröhren werden bis zum Rettungsschacht 8 überwiegend die tertiären Tone/Schluffe und zunehmend wasserführende tertiäre Sande des Aquifers T I zunächst an der Tunnelsohle angeschnitten. Im Bereich von ca. Bau-km 109,3 + 80 kommen die Sandschichten des Aquifers T I nahezu im kompletten Tunnelquerschnitt zu liegen. Weiter westlich liegen die Streckenröhren in einer Wechselfolge aus tertiären Tonen/Schluffen und wasserführenden Sandlinsen des Aquifers T I. Bis ca. Bau-km 108,2 + 00 durchteufen die Streckenröhren mit fortlaufendem Abtauchen dabei weitere Sandschichten der Aquifere T I und T II mit variierenden Mächtigkeiten. Einzelne Sandschichten treten als weitläufige zusammenhängende Schichten auf und schneiden die Tunnelachse fortlaufend. Zum Teil treten diese Sandschichten über einige 100 m innerhalb des Tunnelquerschnitts auf. Ab RS 7 befinden sich die Streckenröhren im Bereich unterhalb der Isar ausschließlich in den tertiären Tonen/Schluffen. Ab ca. Bau-km 107,8 + 00 verlaufen die Streckvortriebe weiterhin hauptsächlich in den tertiären Tonen/Schluffen, schneiden jedoch an der Sohle die Sande des Aquifers T III bis ca. Bau-km 107,0 + 00 an. Der anschließende Bereich bis zum Anschluss an den Haltepunkt Marienhof befindet sich in den tertiären Tonen, mit der Tunnelfirste können allerdings die wasserführenden Sande des Aquifers T II angeschnitten werden. Der tertiäre Aquifer T IV wird durch die Streckenröhren nicht berührt (Bild 10).

Der maschinelle Vortrieb zwischen dem Haltepunkt Ostbahnhof und der Baugrube des RS 9 liegt östlich des Haltepunkts Ostbahnhof. Der obere Bereich des Tunnelquerschnitts befindet sich in wasserführenden quartären Kiesen, der untere in tertiären Tonen/Schluffen. Anschließend tauchen die Streckenröhren ab und durchörtern die Wechsellagerung der tertiären Tone/Schluffe und Sande. Zur westli-

Praxisbeispiele

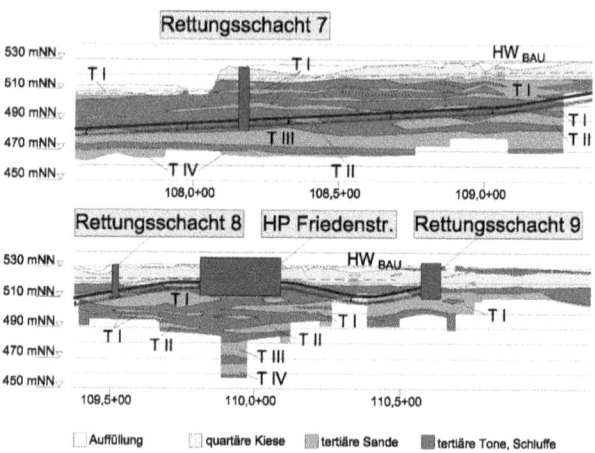

Bild 10. Bodenverhältnisse im östlichen Vortriebsabschnitt, HP: Haltepunkt

chen Baugrubenumschließung des RS 9 hin tauchen die oberen Bereiche der Tunnel wieder in die quartären Kiese auf.

Die charakteristischen Werte der Bodenkenngrößen für die bergmännischen Bauweisen entsprechen größenordnungsmäßig denen des westlichen Tunnelabschnitts aus Tabelle 1.

Zwischen dem Haltepunkt Marienhof und der Isar werden zahlreiche historische Altstadthäuser unterfahren (Hofgraben, Pfisterstraße, Sparkassenstraße, Maximilianstraße). Darüber hinaus gibt es weitere besondere Unterfahrungsbereiche im weiteren Verlauf des östlichen Vortriebsabschnitts von West nach Ost (Tabelle 3).

Tabelle 3. Randbedingungen und Maßnahmen bei besonderen Unterfahrungsbereichen

Bereich	Thematik/Besonderheit	Geplante Lösung
Isar und Praterkraftwerk	Unterfahrung der Gründungskörper des Wehrs mit einem Abstand von ca. 14 m	Messprogramm
Auer Mühlbach	Unterfahrung der Bachsohle mit einem Abstand von ca. 14 m	Abdeckinjektionen unterhalb des Bachbetts
Johanneskirche Preysingplatz	Unterfahrung von 9 m tiefen Gründungspfählen. Der Abstand der Gründungspfähle zu den Tunnelfirsten beträgt ca. 22 m	Messprogramm
Unterquerung der 1. S-Bahn-Stammstrecke	Unterfahrung der zweigleisigen Bahntunnel der S-Bahn-Stammstrecke, Abstand Gründung – Tunnelfirste ca. 11 m	Messprogramm
Überfahrung U-Bahn U5	Überfahrung der Streckenröhren der U-Bahn U5 mit einem Abstand von ca. 2,5 m	Messprogramm
Unterfahrung von Gleisanlagen am Ostbahnhof	Unterfahrung von Gleisanlagen mit teilweise geringem Abstand	Messprogramm

2 Vortriebsarbeiten für die Bahnsteigröhren am Haltepunkt Marienhof

2.1 Baugrund- und Grundwasserverhältnisse im Bereich der bergmännischen Vortriebe

Die Firstbereiche der geplanten bergmännischen Röhren befinden sich ca. 30 m unter der Geländeoberkante (GOK; ca. 487 m ü. NN). Die Tunnelquerschnitte liegen damit überwiegend in den tertiären Tonen/Schluffen. Beim bergmännischen Vortrieb in Richtung Osten stehen vermutlich über die gesamte Länge im Bereich der Firste über einer Höhe von ca. 2 m die tertiären Sande des Aquifers T II an. Der restliche Tunnelquerschnitt liegt in den tertiären Tonen/Schluffen, allerdings mit eingelagerten, zusammenhängenden Sandlagen. Am Ende des bergmännischen Vortriebs in Richtung Westen taucht die Schichtgrenze zwischen den Sanden des Aquifers T II und den darunter liegenden Tonen aufgrund einer Sandrinne tiefer ab. Die tertiären Sande T II liegen beim Vortriebsbeginn im Bereich der westlichen Schlitzwand des zentralen Aufgangs ca. auf Höhe der Tunnelfirste. Bis zum westlichen Ende der bergmännischen Vortriebe machen die tertiären Sande im Tunnelquerschnitt durch das Abtauchen der Schichtgrenze bis zu ca. ein Drittel des gesamten Ausbruchsquerschnittes aus. Der restliche Tunnelquerschnitt liegt in den tertiären Tonen/ Schluffen (Bild 11, Bild 12).

Im Bereich Marienhof stehen ein quartärer Aquifer sowie bis zu fünf tertiäre Aquifere (T I – T V) baurelevant an. T III tritt voraussichtlich unmittelbar südöstlich der Baumaßnahme in Erscheinung und T V ist in einer Tiefe von ca. 81 m unter GOK (ca. 435 m ü. NN) zu erwarten. Zwischen den Aquiferen T I und T II wurden bereichsweise zusammenhängende Sandlinsen mit Mächtigkeiten von bis zu 2 m erkundet. Durch die engständige und teils auch tiefreichende Bebauung, Einbauten sowie unzureichend abgedichtete Erkundungsbohrungen und Grundwassermessstellen im Stadtgebiet ist die hydraulische Barriere zwischen dem Quartär- und 1. Tertiäraquifer sowie zwischen den Aquiferen T I und T II nicht überall gegeben. Die Grundwasserspiegel der Aquifere T I und T II liegen gespannt vor und weisen unbeeinflusst einen Druckspiegel von ca. 508 m ü. NN auf. Der Aquifer T III wurde im Bereich der geplanten südöstlichen Bahnsteigröhren auf einem Niveau von ca. 482 m ü. NN (Schichtoberkante) erkundet. Der unbeeinflusste Druckspiegel liegt zwischen 511 und 512,5 m ü. NN.

2.2 Bergmännische Vortriebe unter Luftüberdruck

Die Bahnsteigtunnel werden zweischalig mit Spritzbetonaußenschale und Stahlbetoninnenschale hergestellt. Die Tragkonstruktion besteht aus fünf aneinandergrenzenden Gewölbekonstruktionen mit zwei Stützenreihen im Bereich des Mittelbahnsteigs („fünfschiffige

II. S-Bahn-Tunnelplanung unter Bestandsgebäuden der Münchner Innenstadt

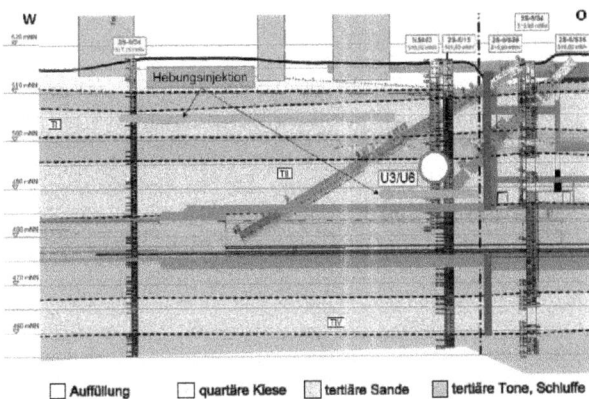

☐ Auffüllung   ☐ quartäre Kiese   ☐ tertiäre Sande   ☐ tertiäre Tone, Schluffe

Bild 11. Geotechnischer Längsschnitt: Vortrieb westliche Bahnsteigtunnel

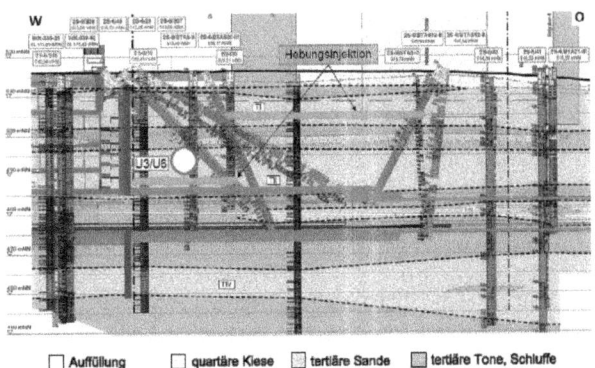

☐ Auffüllung   ☐ quartäre Kiese   ☐ tertiäre Sande   ☐ tertiäre Tone, Schluffe

Bild 12. Geotechnischer Längsschnitt: Vortrieb östliche Bahnsteigtunnel

Praxisbeispiele

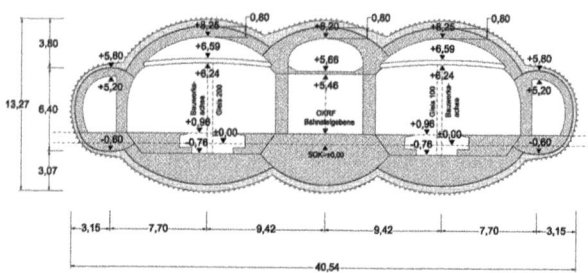

Bild 13. Haltepunkt Marienhof, Regelquerschnitt der Bahnsteigröhren

Lösung"). Der Gesamtquerschnitt wird aus der Mittelröhre, den beiden Seitenröhren und aus zwei Fluchtstollen gebildet (Bild 13).

Die Vortriebe der Bahnsteigtunnel erfolgen in insgesamt zehn Bauphasen:

1. Ausbruch und Sicherung Fluchtstollen 1 und 2
2. Innenschale Fluchtstollen 1 und 2
3. Ausbruch und Sicherung der Ulmenstollen der Mittelröhre
4. Ausbruch und Sicherung der Kernkalotte der Mittelröhre
5. Ausbruch und Sicherung der Strosse und Sohle der Mittelröhre
6. Innenschale Mittelröhre
7. Ausbruch und Sicherung der Seitenröhre 1 (Kalotte und Strosse/Sohle)
8. Innenschale Seitenröhre 1
9. Ausbruch und Sicherung der Seitenröhre 2 (Kalotte und Strosse/Sohle)
10. Innenschale Seitenröhre 2

Die Sicherung erfolgt jeweils über Spritzbeton mit Betonstahlmatten und Ausbaubögen. Die Teilvortriebe werden jeweils in Kalotte und Strosse bzw. Restquerschnitt geteilt

Die Dicke der statisch bewehrten Spritzbetonaußenschale beträgt $d = 25 - 50$ cm mit einer Betongüte C 30/37. Lokal sind planmäßig

Verstärkungen der Außenschale vorgesehen. Die Innenschale der Bahnsteigröhren wird aus einer wasserundurchlässigen Ortbetonschale mit einer Mindeststärke von 80 cm im Bereich der Mittelröhre und der beiden Seitenröhren bzw. d = 60 cm im Bereich der Fluchtstollen mit Bewehrung nach statischer und konstruktiver Erfordernis ausgeführt. Aufgrund des überlagernden Wasserdrucks im Endzustand von mehr als 30 m Wassersäule ist zwischen Spritzbetonaußenschale und Ortbetoninnenschale eine Abdichtung aus umlaufenden Kunststoffdichtungsbahnen (KDB) vorgesehen. An den Blockfugen werden umlaufende Elastomerfugenbänder mit Mittelschlauch und Stahllasche eingebaut.

Im Bereich des westlichen und östlichen Bahnsteigendes sind Fluchttreppenhäuser mit Anschluss an die Mittelbahnsteige und an einen Fluchtstollen, der oberhalb der Zwischendecke des Mittelbahnsteigs angeordnet ist, vorgesehen.

Für die Einfahrten der Vortriebsmaschinen der westlichen und östlichen Streckentunnel in die in bergmännischer Spritzbetonbauweise zu erstellenden kurzen Tunnelstrecken vor den seitlichen Bahnsteigröhren des Haltepunkts Marienhof sind Zusatzmaßnahmen erforderlich. Die vier Abschlusswände dieser Tunnelröhren müssen gegen den Druck aus den Vortriebsmaschinen stabilisiert und ein Zustrom von Grundwasser (insbesondere aus den tertiären Sandschichten) muss verhindert werden. Hierzu sind vier Magerbetonblöcke vorgesehen, in die die Vortriebsmaschinen nur so weit einfahren, dass der Ringspalt zwischen Schildmantel und Bahnsteigaußenschale einschließlich des Magerbetonblocks abgedichtet werden kann. Der Schildmantel verbleibt vor den Tunnelröhren jeweils endgültig im Boden. Nach der Einfahrt des Schneidkopfs in den Magerbetonblock wird sowohl der Spalt zwischen Schildmantel und umgebendem Boden als auch der Spalt zwischen dem zuletzt eingebauten Tübbingring und dem Schildschwanz verpresst. Danach wird die Tunnelvortriebsmaschine durch die aufgefahrenen Tübbingröhren schrittweise zurückgebaut. Nach erfolgtem Rückbau der TBM (ohne Schildmantel) wird der jeweilige Magerbetonblock wieder abgebrochen.

Praxisbeispiele

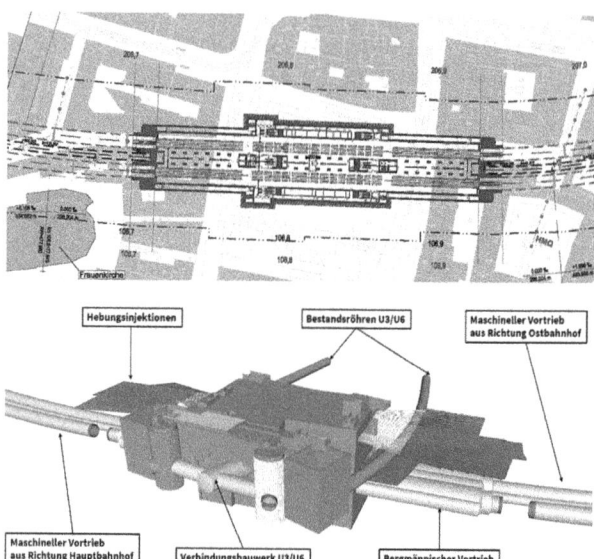

Bild 14. Haltepunkt Marienhof, Übersicht über die Vortriebsabschnitte

Der Verbindungsstollen U3/U6 verbindet den Haltepunkt Marienhof mit der U-Bahnstation Marienplatz der Linie U3/U6. Der Vortrieb des Stollens erfolgt ebenfalls in der Spritzbetonbauweise unter Druckluft im Schutz einer bauzeitlichen Wasserhaltung im T II-Aquifer (Bild 14)

Die Spritzbetonvortriebe der Bahnsteigröhren erfolgen unter Druckluft. Bei dieser Bauweise verdrängt in wasserdurchlässigen Bodenschichten der Luftüberdruck in der Arbeitskammer das Grundwasser. Voraussetzung für das Verdrängen des Grundwassers ist, dass der Luftüberdruck größer als der hydrostatische Druck des anstehenden Grundwassers ist und auch die rückhaltenden Kräfte der passiven

Kapillarwirkung des Bodens überwindet. Erfahrungsgemäß kann für die tertiären Sande eine kapillare Wirkung von ca. 0,03 bar angesetzt werden.

Die Höhe des Arbeitskammerüberdrucks ist auf die vorliegenden geotechnischen Verhältnisse anzupassen und soll auf eine Höhe bis zu 1,0 bar beschränkt werden. Ausgehend von dem für die Schlitzwandbaugrube angenommen Absenkziel ist bei den Spritzbetonvortrieben davon auszugehen, dass der Wasserdruck infolge der Bauwasserhaltung wie folgt ansteht:

– im Westen: Unterkante T II bei ca. 480 m ü. NN;
– im Osten: Unterkante T II bei ca. 483 m ü. NN.

Hinsichtlich der Standsicherheit der Ortsbrust bei Spritzbetonvortrieben mit Druckluftstützung im Münchner Tertiär liegen Erfahrungen aus dem U-Bahn Bau vor. Demnach können tertiäre Sande kurzfristig über eine Höhe von bis zu 4 m senkrecht ohne zusätzliche Stützung sicher stehen. Zu beachten ist allerdings, dass der Luftüberdruck bei den Standsicherheitsnachweisen für die Ortsbrust nicht angesetzt werden darf. Die Spritzbetonbauweise unter Druckluft in Kombination mit einer Grundwasserteilentspannung in den für die Tunnelvortriebe maßgebenden tertiären Aquiferen wurde im Münchner U-Bahn-Bau bereits in verschiedenen Baulosen bereits erfolgreich ausgeführt. Die Oberflächensetzungen bei einem Druckluftvortrieb sind im Vergleich mit einem atmosphärischen Vortrieb deutlich niedriger. Eine diesbezügliche Auswertung für Tunnel im Münchner Lockergestein enthält [3].

Um den Arbeitskammerüberdruck konstant zu halten, ist es erforderlich, der Arbeitskammer so viel Luft zuzuleiten, dass die laufenden Luftverluste ausgeglichen werden. Die Verluste sind zum einen der Ortsbrust zuzuordnen, zu einem anderen Teil betrieblichen Einflüssen (Schleusungen, Unterdruckleitungen zur Restwasserbeseitigung). Einen bedeutenden Anteil können jedoch auch Verluste über die Spritzbetonauskleidung ausmachen. Die Höhe dieser Verluste ist linear abhängig von der Luftdurchlässigkeit und der Mächtigkeit der überlagernden Bodenschichten [4]. Da wegen der stauenden Ton- und Schluffschichten kein freies Abströmen bis zur Geländeoberfläche möglich ist, werden die Luftverluste sowohl über die Ortsbrust als auch über die Spritzbetonfläche vermindert.

2.3 Setzungsprognose im Einflussbereich der Tunnelbauarbeiten des Haltepunkts Marienhof

Die zu erwartenden Verformungen des Baugrunds infolge der Tunnelvortriebe werden mithilfe einer dreidimensionalen Finite-Elemente-(FE-)Spannungs-Verformungsanalyse in einem Gesamtmodell rechnerisch ermittelt (Bild 15). Aufgrund des komplexen Bauablaufs mit sehr vielen Vortriebssequenzen und der daraus resultierenden Spannungsumlagerungen im Gebirge wird, um eine realitätsnahe spannungs- und dehnungsabhängige Steifigkeit im Untergrund zu berücksichtigen, das Materialmodell HSsmall [6] herangezogen. Dieses Materialmodell berücksichtigt unter anderem das nichtlineare Verhalten der Steifigkeit des Bodens, wodurch bei kleinen Dehnungen eine deutlich größere Steifigkeit im Boden als im Bereich der plastischen Dehnungen berücksichtigt wird („small-strain-Verhalten"). Ziel dieser komplexen Berechnung ist, die Setzungen und insbesondere die Winkelverdrehungen der Gebäude zu jeder einzelnen Bauphase im Einflussbereich der Vortriebsmaßnahmen (Bestands-U-Bahnlinie U3/U6, Frauenkirche sowie zahlreiche, teilweise unter Denkmal-

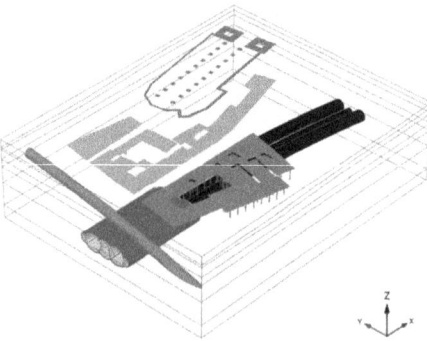

Bild 15. Gesamtmodell für die numerische Berechnung im Westabschnitt

schutz stehende Gebäude der Münchner Innenstadt) an der Geländeoberfläche rechnerisch zu ermitteln und die Möglichkeit zu schaffen, für jede beliebige Bauphase die Auswirkungen zu erfassen.

Die 3D-Spannungs- und Verformungsanalyse wird in verschiedenen Schnitten und für verschiedene Bauzustände ausgewertet. Beispielhaft wird die vertikale Verformung in der Achse der U-Bahnlinie U3/U6 westlich vom zentralen Aufgang des Haltepunkts ohne Kompensationsmaßnahmen wie etwa Hebungsinjektionen dargestellt (Bild 16).

An der Geländeoberfläche in diesem Berechnungsschnitt und damit auch im Bereich der zu unterfahrenden Tunnelröhre der U-Bahnlinie U3/U6 ergibt sich eine maximale Setzung von 29 mm infolge der Vortriebsarbeiten im Bahnsteigbereich. Es entstehen weitere Verformungen durch die Bauwasserhaltung und die Herstellung der Baugrubenumschließung des zentralen Aufgangs. Diese Einflüsse sind in dem

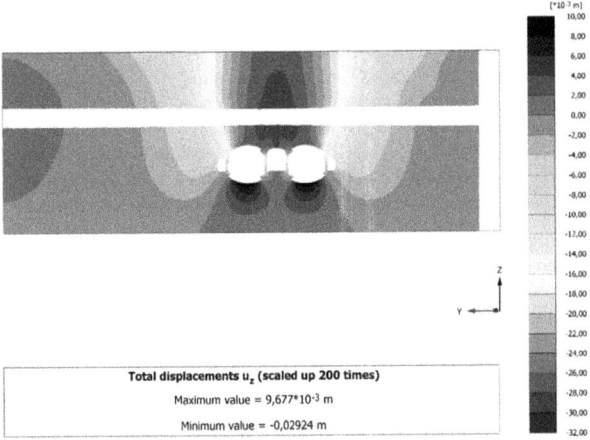

Bild 16. Querschnitt im Bereich der Unterfahrung der U3/U6 / Fertigstellung Vortrieb Strosse/Sohle Seitenröhre links (Setzungen = Negativwerte, Hebungen = Positivwerte)

beschriebenen Berechnungsmodell nicht enthalten und in einem weiteren Schritt mit den Verformungen infolge der Spritzbetonvortriebe zu überlagern. Hierzu werden die Setzungen für jedes Bauwerk und alle maßgebenden Bauphasen separat erfasst und in einem eigens geschriebenen Programmcode überlagert, um die Gesamtsetzungen und Winkelverdrehungen ermitteln zu können. Aufgrund der großen Reichweite der Bauwasserhaltung ergibt sich aus dem Anteil durch die Bauwasserhaltung aber kein signifikanter Beitrag zur Schiefstellung von Gebäuden im Einflussbereich.

2.4 Klassifizierung der Bestandsgebäude am Haltepunkt Marienhof

Die Klassifizierung der Bestandsgebäude wird in Anlehnung an [5] vorgenommen. Dieses Verfahren führt einen „Index des Schadenspotenzials" für ein Gebäude (Iv) ein. Aus fünf Bewertungskategorien (Struktur des Gebäudes, Orientierung des Gebäudes, Nutzungszweck des Gebäudes, Erscheinungsbild, Gebäudezustand) wird eine Punktanzahl ermittelt, wobei die mögliche Summe 0–100 Punkte betragen kann. Anhand der Summe wird eine Einstufung der Anfälligkeit des Gebäudes auf Schäden vorgenommen und es werden die maximalen zulässigen Setzungen sowie Winkelverdrehungen in Abhängigkeit von der Schadenskategorie (SK) definiert. Aufgrund der sensiblen Bebauung obertage wird die Klassifizierungsmethodik erweitert; damit werden die Kriterien verschärft. Hierbei handelt es sich insbesondere um:

- Unterscheidung in Mulden- und Sattellage;
- Einführung eines Entscheidungswerts für Hebung;
- Unterscheidung in Warn- und Alarmwerte;
- Einführung einer feineren Abstufung des „Index des Schadenspotenzials" und der dazugehörigen Grenzwerte der Winkelverdrehung.

Für die Identifizierung der Gebäude, die im Einflussbereich der Baumaßnahmen liegen, wird die 1 mm-Setzungsisolinie herangezogen. Die Gebäude, die rechnerisch eine kleinere Setzung als 1 mm erfahren, wurden als unbeeinflusst eingestuft und werden nicht weiter betrachtet. Die Ermittlung dieser 1 mm-Setzungslinie erfolgt auf Basis

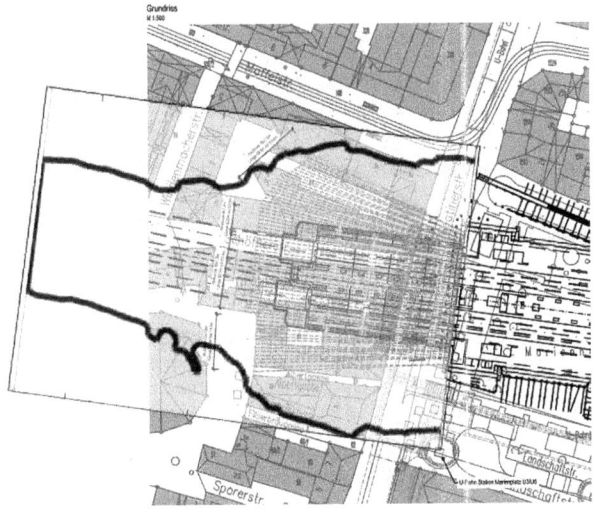

Bild 17. Lageplan: westlicher Abschnitt mit Einflussbereich der 1 mm-Setzungslinie

einer 3D-FE-Berechnung. Die Verformungen durch die Grundwasserabsenkung sind nicht inkludiert, haben aber aufgrund der großräumigen Absenkung auch keine Auswirkungen im Hinblick auf eine Winkelverdrehung. Der Ausschnitt aus dem Lageplan (Bild 17) zeigt den räumlichen Umgriff mit der eingetragenen 1 mm-Setzungsisolinie infolge der Vortriebe der Bahnsteigtunnel und der maschinellen Vortriebe.

Für jedes einzelne Gebäude im Einflussbereich wird auf dieser Grundlage eine spezifische Beurteilung unter Angabe der zulässigen Winkelverdrehungen (Warn- und Alarmwerte) sowie Kontrollwerte für die Setzungen definiert. Die rechnerisch bestimmten Verformungen werden laufend mit den in situ ermittelten Verformungen abgeglichen. Sowohl unter den Bestandsgebäuden im Einflussbereich als auch unter den zu querenden U-Bahn-Tunneln der Linien U3/U6 sind Hebungsinjektionen vorgesehen. Mit diesen sollen im Vorfeld und baubegleitend unzulässig hohe Setzungen vermindert und damit Schäden vermieden werden.

2.5 Geotechnisches Monitoring

Bei der Herstellung des Haltepunkts Marienhof wird ein geodätisches und geotechnisches Monitoring ausgeführt, um die Einflüsse und Auswirkungen von bau- und vortriebsbedingten Verformungen auf die im Einflussbereich bestehenden Gebäude, die ober- und unterirdische Infrastruktur, die Straßen und Plätze und die Baugrube zu erfassen. Das geodätische und geotechnische Messprogramm wird sukzessive und abhängig vom Bauablauf, den einzelnen Spezialtiefbaumaßnahmen und den Vortriebsarbeiten installiert und betrieben (Bild 18).

Die Ergebnisse des Monitorings liefern Informationen darüber, welche Einflüsse die tiefgreifenden bautechnischen Maßnahmen, zum

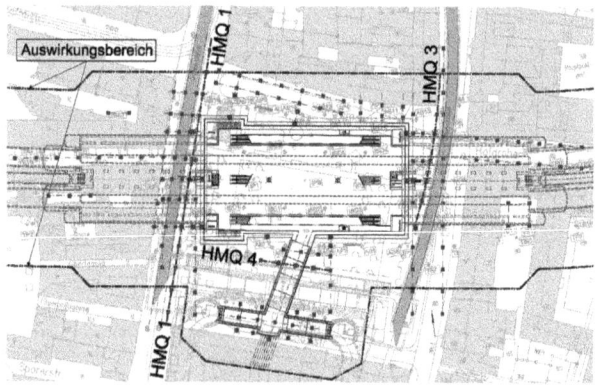

Bild 18. Übersicht über das geotechnische und geodätische Messsystem

Beispiel Schlitzwände, Primärpfähle, Hebungsinjektionen und bergmännische Vortriebe, auf den Untergrund, die Baugrube und die umliegende Bebauung haben. Zur Vermeidung von unzulässigen Verformungen werden umfassende messtechnische Überwachungen installiert, um gegebenenfalls rechtzeitig Gegenmaßnahmen treffen zu können.

Die Systematik der geotechnischen Messungen ist Tabelle 4 zu entnehmen. Es ist vorgesehen, alle Rohdaten der Messeinrichtungen in ein übergreifendes Monitoring-System zu überführen, um die Ergebnisse nachhaltig zu dokumentieren, zu analysieren und zeitgerecht Entscheidungen treffen zu können.

Tabelle 4. Messsysteme mit Einsatzort und -zweck

Messsysteme	Geplanter Einsatzort	Einsatzzweck
Präzisions-nivellements	Ausgewählte Punkte auf dem gesamten Baufeld oder im gesamten Einflussbereich	Überprüfung der Höhenlage in Bezug auf Hebung/Setzung, Referenzieren von Höhenfestpunkten außerhalb des Einflussbereichs
Tachymetrische Messungen	Ausgewählte Punkte auf dem gesamten Baufeld oder im gesamten Einflussbereich	3D-Verformungsmessungen, Absolutmessungen für die Ableitung von relativen Konvergenzstrecken
Hydrostatisches Druckschlauchwaagenmesssystem	Bestandsobjekte im Bereich der Hebungsinjektionen (innerhalb der Bauwerke und Anlagen mit aktiven Sicherungssystemen)	Erfassung der absoluten Verformungen
Trivec, Gleitmikrometer	Schlitzwände, definierte Messlinien	Erfassung der orthogonalen Verformung von Δx, Δy und Δz
Extensometer	Hauptmessquerschnitte	Erfassung der orthogonalen Verformung von Δx, Δy und Δz

Messsysteme	Geplanter Einsatzort	Einsatzzweck
Reverse-Head-Extensometer	Baugrube, Ortsbrust	Dehnungs- und Stauchungsverhalten während der Ausbauphase
Dehnungsmessstreifen	Ausgewählte Bereiche der Spritzbetonschale	Verformung der Spritzbetonschale
2D-Fissurometer	Bestandstunnel U3/U6	Überwachung der Blockfugen
SAA-Inklinometerkette	Bestandstunnel U3/U6	Überwachung der Konvergenz der Tunnelblöcke (Konvergenz/Deformation der Schienen)
Horizontalinklinometer	Unterhalb der Tunnelblöcke der Bestandstunnel der U3/U6	Überwachung der Verformung des Untergrunds im Bereich der Hebungsinjektionen

3 Zusammenfassung

Für das Bahnprojekt 2. S-Bahn-Stammstrecke München werden zwei ca. 7 km lange Fahrtunnel und drei neue unterirdische Haltepunkte erstellt. Die eingleisigen Tunnelröhren werden mit Tunnelvortriebsmaschinen (Schild-TBM mit aktiver Ortsbruststützung) aufgefahren. Zwischen den Fahrtunneln verläuft parallel ein ebenfalls mit einer TBM aufgefahrener Erkundungs- und Rettungsstollen, der über Verbindungsbauwerke im Abstand von weniger als 400 m mit den Tunnelröhren verbunden ist. Die Bahnsteigröhren der Haltepunkte Hauptbahnhof und Marienhof werden in der Spritzbetonbauweise aufgefahren.

Sowohl mit den maschinellen Vortrieben als auch mit den in der Spritzbetonbauweise herzustellenden Bahnsteigröhren werden zahlreiche bedeutende Infrastruktureinrichtungen und Gebäude der Münchner Innenstadt unterfahren. Bei der Planung wird daher großes Gewicht auf die Sicherheit der gewählten Bauverfahren gelegt.

Beschrieben wird der aktuelle Stand der Tunnelplanung. Dabei werden insbesondere die Aufgaben berücksichtigt, die sich am Haltepunkt Marienhof beim Auffahren der Bahnsteigröhren unter sensiblen oder historischen Gebäuden ergeben. Die gewählte setzungsarme Spritzbetonbauweise unter Luftüberdruck führt in Kombination mit den vorgesehenen Hebungsinjektionen auch hier zu einem hohen Sicherheitsniveau.

Literatur

[1] Krischke, A., Weber, J. (1990) *Konstruieren und Bauen* in Krischke, A. [Hrsg.] *25 Jahre U-Bahn-Bau*, Schottenheim & Giess Offsetdruck, München, S. 76–79.

[2] Gebhardt, P. (1968) *Die geologischen und hydrologischen Verhältnisse beim Münchner U-Bahn-Bau*, Dissertation, Ludwig-Maximilians-Universität München, S. 4–6.

[3] Fillibeck, J. (2013) *Erfahrungen bei Tunnelvortrieben im Lockergestein im Münchner Raum*, 19. Tagung für Ingenieurgeologie mit Forum für junge Ingenieurgeologen, München, Tagungsband, S. 10.

[4] Rieken, W. (2000) *Beitrag zur Berechnung des Luftverlustes durch die Spritzbetonschale bei der Spritzbetonbauweise unter Druckluft*, Schriftenreihe des Lehrstuhls für Tunnelbau und Baubetriebslehre, Technische Universität München, Heft 11, S. 98.

[5] Chiriotti, E., Marchionni, V., Grasso, P. (2000) *Porto light metro system, Lines C,S and J. Interpretation of the results of the building condition survey and preliminary assessment of risk. Methodology for assessing the tunnelling induced risks on buildings along the tunnel alignment*, Normetro – Transmetro, Internal technical report.

[6] Bentley Systems, Incorporated (2001) PLAXIS – CONNECT Edition V21.01 – Material Models Manual.

Ernst & Sohn
A Wiley Brand

Hrsg.: ÖGG — Österreichische Gesellschaft für Geomechanik

Geomechanics and Tunnelling

Die in Geomechanics and Tunnelling veröffentlichten Beiträge behandeln den Tunnelbau und den Felsbau sowie die praktischen Aspekte der angewandten Ingenieurgeologie sowie der Fels- und Bodenmechanik. Ein international besetzter Beirat steht für eine interessante Themenauswahl und gewährleistet eine hohe Qualität der Beiträge.

6 Ausgaben / Jahr
14. Jahrgang
deutsch + englisch
print / online: € 160 *
print + online: € 200 *

PROBEHEFT ANSCHAUEN
+49 (0)30 470 31-200
marketing@ernst-und-sohn.de
www.ernst-und-sohn.de/geot

ÖGG — ÖSTERREICHISCHE GESELLSCHAFT FÜR GEOMECHANIK

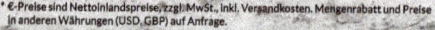
* €-Preise sind Nettoinlandspreise, zzgl. MwSt., inkl. Versandkosten. Mengenrabatt und Preise in anderen Währungen (USD, GBP) auf Anfrage.

Tunnelbaubedarf

1 **Erd- und Gesteinsarbeiten** *335*
   1.1   Herstellung von Tunnelbauten *335*
   1.2   Untersuchungen des Untergrundes *335*
   1.3   Messungen/Monitoring *335*
   1.4   Bohrmaschinen, Bohrausrüstungen, Sprengtechnik *336*
   1.5   Vortriebs- und Lademaschinen (geschlossene Bauweise) *336*
   1.6   Baumaschinen (offene Bauweise) *336*
   1.7   Brunnenbau *336*

2 **Transporteinrichtungen** *337*
   2.1   Gleislose Fahrzeuge *337*
   2.2   Schienenfahrzeuge und Zubehör *337*
   2.3   Förderbänder und Zubehör *337*

3 **Tunnelausbau** *337*
   3.1   Injektionen und Gebirgsanker *337*
   3.3   Betonausbau *338*
   3.4   Stahlausbau, Tübbingausbau *338*
   3.6   Tunnelabdichtungen *338*

4 **Belüftung beim Vortrieb** *339*
   4.1   Sonderbelüftung *339*

9 **Arbeitsschutz** *339*

10 **Tunnelbetrieb** *339*
   10.5   Sicherheitseinrichtungen *339*
   10.8   Bauwerksüberwachung/Monitoring *340*

11 Tunnelbautechnische Beratung für Planung,
   Bau und Sanierung *340*

12 Befestigung *342*

14 Mess- und Prüfgeräte/-einrichtungen *342*

15 Digitalisierung von Bauprozessen *342*

1 Erd- und Gesteinsarbeiten

1.1 Herstellung von Tunnelbauten

Innovative Produktlösungen & kompetenter Service in den Bereichen Navigationstechnologie, Produktions- und Logistikmanagement, Deformations- und Prozessmonitoring sowie Datenmanagement

➤ VMT GmbH
76646 Bruchsal
www.vmt-gmbh.de

1.2 Untersuchungen des Untergrundes

Explorations-Bohrgeräte

➤ Epiroc Deutschland GmbH
45143 Essen
www.epiroc.com

1.3 Messungen/Monitoring

Monitoringsysteme für den optimalen Ringbau sowie für das Deformationsmonitoring über- und unterirdischer Anlagen und Bauwerke

➤ VMT GmbH
76646 Bruchsal
www.vmt-gmbh.de

Vermessungszubehör für Deformationsmessungen

➤ GOECKE GmbH & Co. KG
58332 Schwelm
www.goecke.de

1.4 Bohrmaschinen, Bohrausrüstungen, Sprengtechnik

Bohrwagen und Bohrwerkzeuge/ Vielzweckbohrgeräte/ Seilkernrohre

➤ Epiroc Deutschland GmbH
45143 Essen
www.epiroc.com

1.5 Vortriebs- und Lademaschinen (geschlossene Bauweise)

➤ Epiroc Deutschland GmbH
45143 Essen
www.epiroc.com

Lufttechnische Anlagen zur Entstaubung und Belüftung sowie zur Kühlung und Erwärmung von Luft für den Berg- und Tunnelbau

➤ CFT GmbH Compact Filter Technic
45964 Gladbeck
www.cft-gmbh.de

Hochentwickelte Navigationssysteme für jede Art von Vortriebsmaschine und jede Tunnelbaumethode

➤ VMT GmbH
76646 Bruchsal
www.vmt-gmbh.de

1.6 Baumaschinen (offene Bauweise)

➤ Epiroc Deutschland GmbH
45143 Essen
www.epiroc.com

1.7 Brunnenbau

Brunnenbohrgeräte

➤ Epiroc Deutschland GmbH
45143 Essen
www.epiroc.com

2 Transporteinrichtungen

2.1 Gleislose Fahrzeuge

Gleislosfahrzeuge

➤ Epiroc Deutschland GmbH
 45143 Essen
 www.epiroc.com

2.2 Schienenfahrzeuge und Zubehör

Gleisgebundene Transportmittel

➤ Epiroc Deutschland GmbH
 45143 Essen
 www.epiroc.com

2.3 Förderbänder und Zubehör

Transportbänder

➤ Continental Conveying Solutions
 37154 Northeim, Germany
 www.continental-industry.com

3 Tunnelausbau

Injektionsmaterialien

➤ Master Builders Solutions GmbH
 A-8670 Krieglach
 www.master-builders-solutions.at

3.1 Injektionen und Gebirgsanker

Gebirgsanker/Ankerbohr- und -setzgeräte/Injektionsausrüstungen

➤ Epiroc Deutschland GmbH
 45143 Essen
 www.epiroc.com

3.3 Betonausbau

Spritzbetonbausbau

- Bekaert, NV Bekaert SA
  B-8550 Zwevegem
  www.bekaert.com
- Epiroc Deutschland GmbH
  45143 Essen
  www.epiroc.com
- Master Builders Solutions GmbH
  A-8670 Krieglach
  www.master-builders-solutions.at

3.4 Stahlausbau, Tübbingausbau

- Bekaert, NV Bekaert SA
  B-8550 Zwevegem
  www.bekaert.com

Modulares Produktions- und Logistik-Managementsystem für den Tübbingausbau, virtueller Ringbau und 3D Vermessung von Schalungen und Tübbingen mit modernster Lasertracker-Technologie; Lifetime Quality Record

- VMT GmbH
  76646 Bruchsal
  www.vmt-gmbh.de

3.6 Tunnelabdichtungen

- Master Builders Solutions GmbH
  A-8670 Krieglach
  www.master-builders-solutions.at

Abdichtungsberatung

- Prof. Dr.-Ing. Dieter Kirschke GmbH & Co. KG
  76275 Ettlingen
  www.prof-kirschke.de

4 Belüftung beim Vortrieb

Hochwertige Ventilatoren zur Be- und Entlüftung für den Berg- und Tunnelbau mit Laufraddurchmessern von 300 mm bis 3700 mm

➤ CFT GmbH Compact Filter Technic
45964 Gladbeck
www.cft-gmbh.de

4.1 Sonderbelüftung

Bewetterungssysteme für den Berg- und Tunnelbau

➤ Epiroc Deutschland GmbH
45143 Essen
www.epiroc.com

9 Arbeitsschutz

Lufttechnische Anlagen zur Entstaubung und Belüftung sowie zur Kühlung und Erwärmung von Luft für den Berg- und Tunnelbau

➤ CFT GmbH Compact Filter Technic
45964 Gladbeck
www.cft-gmbh.de

10 Tunnelbetrieb

10.5 Sicherheitseinrichtungen

Türen und Tore

➤ BUCHELE GmbH
73061 Ebersbach/Fils
www.buchele.de

Türen, Tore und Nischen

➤ HODAPP GmbH & Co. KG
77855 Achern-Großweier
www.hodapp.de

Netzwerkschränke und Niederspannungsverteiler in Stahlblech und Edelstahl
➤ Rittal GmbH & Co. KG
35745 Herborn
www.rittal.de

10.8 Bauwerksüberwachung/Monitoring

Vermessungszubehör für Deformationsmessungen
➤ GOECKE GmbH & Co. KG
58332 Schwelm
www.goecke.de

11 Tunnelbautechnische Beratung für Planung, Bau und Sanierung

Beraten – Planen – Überwachen
➤ EDR GmbH – seit 2019 ein Unternehmen der Ingérop Firmengruppe
Firmenzentrale
80686 München
www.edr.de

**SOCOTEC Deutschland Holding GmbH
20095 Hamburg
www.socotec.de**
➤ ZPP INGENIEURE AG – A SOCOTEC COMPANY
44801 Bochum
www.zpp.de

Innovative Expertenlösungen und Engineering zum Thema Luft am Arbeitsplatz für den Berg- und Tunnelbau
➤ CFT GmbH Compact Filter Technic
45964 Gladbeck
www.cft-gmbh.de

Innovative Produktlösungen & kompetenter Service in den Bereichen Navigationstechnologie, Produktions- und Logistikmanagement, Deformations- und Prozessmonitoring sowie Datenmanagement

➤ VMT GmbH
76646 Bruchsal
www.vmt-gmbh.de

Planer für Lüftung, Aerodynamik und Sicherheit

➤ HBI Haerter GmbH / AG
89522 Heidenheim (Deutschland) / 8052 Zürich (Schweiz)
www.hbi.eu

Tunnelbautechnische Beratung für Entwurf und Ausführung – Konventionell und TBM

➤ HOCHTIEF Infrastructure GmbH
45128 Essen
www.hochtief-infrastructure.de

➤ Prof. Dr.-Ing. Dieter Kirschke GmbH & Co. KG
76275 Ettlingen
www.prof-kirschke.de

Tunnelbautechnische Beratung und Planung, geotechnische Erkundung, Bauüberwachung

➤ Baugrundinstitut Franke-Meißner und Partner GmbH
65205 Wiesbaden-Delkenheim
www.bfm-wi.de

Untersuchung, Beratung, Planung, Überwachung, Berechnung im Bereich Tunnelbau/Geotechnik, Geologie, Umwelt, Bauwesen und verwandte Gebiete

➤ gbm Gesellschaft für Baugeologie und -meßtechnik mbH
Baugrundinstitut
76275 Ettlingen
www.gbm-baugrundinstitut.de

Tunnelbaubedarf

12 Befestigung

Tunnelausbaubefestigungen & Schwerlastsonderkonstruktionen aus Edelstahl Rostfrei bis Korrosionsschutzklasse V

➤ Wilhelm Modersohn GmbH & Co. KG
   32139 Spenge
   www.modersohn.eu

14 Mess- und Prüfgeräte/-einrichtungen

Vermessungszubehör für Deformationsmessungen

➤ GOECKE GmbH & Co. KG
   58332 Schwelm
   www.goecke.de

15 Digitalisierung von Bauprozessen

Prozessdaten-Managementsysteme im maschinellen Tunnelbau zur optimalen Steuerung und kontinuierlichen Verbesserung von Bauprozessen, Kosten- und Risikominimierung sowie Qualitätssicherung von Tunnelbauten

➤ VMT GmbH
   76646 Bruchsal
   www.vmt-gmbh.de

Inserentenverzeichnis

A

ALBATROS Engineering GmbH
Rohrbacherstraße 6, A-4175 Herzogsdorf
Telefon (00 43 7232) 34 552-0, Telefax (00 43 7232) 34 552-213
office@alba.at, www.alba.at (s. Anzeige Seite 301)

ALFRED KUNZ Untertagebau München
Niederlassung der August Reiners Bauunternehmung GmbH, Bremen
Frankfurter Ring 213, D-80807 München,
Telefon (0 89) 3 23 61-4, Telefax (0 89) 3 23 61-510,
info@alfredkunz.de, www.alfredkunz.de (s. Anzeige Seite 3)

B

Baresel Tunnelbau GmbH
Ulmer Straße 2, D-70771 Leinfelden-Echterdingen,
Telefon (07 11) 25 84-400, Telefax (07 11) 25 84-402,
Tunnelbau@baresel.de, www.baresel.de (s. Anzeige Seite 55)

Baugrundinstitut Franke-Meißner und Partner GmbH
Max-Planck-Ring 47, D-65205 Wiesbaden-Delkenheim,
Telefon (0 61 22) 51057, Telefax (0 61 22) 52591,
info@bfm-wi.de, www.bfm-wi.de

Bekaert, NV Bekaert SA
Bekaertstraat 2, 8550 Zwevegem, Belgium,
Telefon +41 76 280 60 55
infobuilding@bekaert.com, www.bekaert.com

Inserentenverzeichnis

BPA GmbH,
Behringstraße 12, D-71083 Herrenberg-Gültstein,
Telefon (0 70 32) 8 93 99-0, Telefax (0 70 32) 8 93 99-29,
info@bpa-waterproofing.com, www.bpa-waterproofing.com
(s. Anzeige Seite 9)

BUCHELE GmbH
Industriestraße 3, D-73061 Ebersbach/Fils,
Telefon (0 71 63) 10 01-0, Telefax (0 71 63) 10 01-44,
info@buchele.de, www.buchele.de

BUNG Unternehmensgruppe
Englerstraße 4, D-69126 Heidelberg,
Telefon (0 62 21) 3 06-0,
info@bung-gruppe.de, www.bung-gruppe.de (s. Anzeige Seite III)

C

CDM Smith Consult GmbH
Am Umweltpark 3-5, D-44793 Bochum,
Telefon (02 34) 68 775-0, Telefax (02 34) 68 775-10,
info@cdmsmith.com, www.cdmsmith.com (s. Anzeige Seite 7)

ContiTech Transportbandsysteme GmbH
Breslauer Straße 14, D-37154 Northeim
Telefon (0 55 51) 7 02-0, Telefax (0 55 51) 7 02-504
mailservice@contitech.de, www.continental-industry.com
(s. Anzeige Seite 61)

CFT GmbH Compact Filter Technic
Beisenstraße 39-41, D-45964 Gladbeck,
Telefon (0 20 43) 48 11-0, Telefax (0 20 43) 48 11-900,
mail@cft-gmbh.de, www.cft-gmbh.de

D

DMI Injektionstechnik GmbH,
Warmensteinacher Straße 60, D-12349 Berlin,
Telefon (030) 4 17 44 23-40, Telefax (030) 4 17 44 23-44,
info@d-m-i.net, www.d-m-i.net (s. Anzeige Seite 205)

E

EDR GmbH
Dillwächterstraße 5, D-80686 München,
Telefon (0 89) 54 71 12-0, Telefax (0 89) 54 71 12-50,
info@edr.de, www.edr.de

Epiroc Deutschland GmbH
Helenenstraße 149, D-45143 Essen,
Telefon (02 01) 21 77-0, Telefax (02 01) 21 77-454
kontakt@epiroc.com, www.epiroc.com (s. Anzeige Seite 59)

G

gbm Gesellschaft für Baugeologie und -meßtechnik mbH Baugrundinstitut,
Pforzheimer Straße 128 b, D-76275 Ettlingen,
Telefon (0 72 43) 76 32-0, Telefax (0 72 43) 76 32-50,
www.gbm-baugrundinstitut.de

GOECKE GmbH & Co. KG
Ruhrstraße 38, D-58332 Schwelm,
Telefon (0 23 36) 47 90-0, Telefax (0 23 36) 47 90-10,
info@goecke.de, www.goecke.de
(s. Anzeige gegenüber Haupttitelseite)

H

Hailo-Werk Rudolf Loh GmbH & Co. KG
Daimlerstraße 2, 35708 Haiger,
Telefon (0 27 73) 82-0, Telefax: (0 27 73) 82-12 18,
professional@hailo.de, www.hailo-professional.de
(s. Anzeige Seite 219)

HBI Haerter GmbH / AG
Friedrich-Ebert-Straße 25, D-89522 Heidenheim,
Telefon (00 49 73 21) 98 23 10,
info.hdh@hbi.eu

Bahnhaltenstraße 7, CH-8052 Zürich,
Telefon (00 41 44) 2 89 39 00,
info.zh@hbi.ch, www.hbi.eu

Herrenknecht AG
Schlehenweg 2, D-77963 Schwanau,
Telefon (0 78 24) 3 02-0, Telefax (0 78 24) 34 03,
info@herrenknecht.de, www.herrenknecht.de
(s. Anzeige auf U2 und gegenüber U2)

HOCHTIEF Infrastructure GmbH
Opernplatz 2, D-45128 Essen,
Telefon (02 01) 824-0,
www.hochtief-infrastructure.de (s. Anzeige Seite 57)

HODAPP GmbH & Co. KG
Großweierer Straße 77, D-77855 Achern-Großweier,
Telefon (0 78 41) 60 06-0, Telefax (0 78 41) 60 06-10,
info@hodapp.de, www.hodapp.de

I

ic consulenten Ziviltechniker GesmbH
Schönbrunner Straße 297, A-1120 Wien,
Telefon (00 43 1) 5 21 69-0,
office@ic-group.org,

Zollhausweg 1, A-5101 Salzburg/Bergheim,
Telefon (00 43 662) 45 07 73,
officesalzburg@ic-group.org, www.ic-group.org
(s. Anzeige Seite 5)

IMM Maidl & Maidl, Beratende Ingenieure GmbH & Co. KG
Universitätsstraße 142, D-44799 Bochum,
Telefon (02 34) 9 70 77-0, Telefax (02 34) 9 70 77-88,
info@imm-bochum.de, www.imm-bochum.de (s. Anzeige Seite 183)

Implenia AG
Thurgauerstrasse 101A, CH-8152 Glattpark (Opfikon), Schweiz
Telefon (00 41 58) 4 74 74 74
info@implenia.com, www.implenia.com (s. Anzeige Seite IV)

K

Prof. Dr.-Ing. Dieter Kirschke GmbH & Co. KG
Gutenbergstraße 9, 76275 Ettlingen,
Telefon (0 72 43) 7 90 71, Telefax (0 72 43) 3 14 18,
prof.kirschke@t-online.de, www.prof-kirschke.de

M

MAPEI Austria GmbH
Fräuleinmühle 2, A-3134 Nußdorf ob der Traisen,
Telefon +43 27 83 88 91, Telefax +43 27 83 88 91 125,
office@mapei.at, www.mapei.com (s. Anzeige auf U3)

Master Builders Solutions GmbH
Roseggerstraße 101, A-8670 Krieglach,
Telefon +43 (0) 38 55 23 71-0,
office.austria@mbcc-group.com, www.master-builders-solutions.at

Messe Berlin GmbH
Messedamm 22, 14055 Berlin, Germany
Telefon +49 30 30 38-0, Telefax +49 30 30 38-23 25
www.messe-berlin.de, central@messe-berlin.de
(s. Anzeige Seite XIII)

O

ÖSTU-STETTIN Hoch- und Tiefbau GmbH
Münzenbergstraße 38, A-8700 Leoben,
Telefon (00 43 38 42) 4 25 23, Telefax (00 43 38 42) 4 25 23-142,
schalungsbau@oestu-stettin.at, www.oestu-stettin.at
(s. Anzeige Seite 52)

R

Rittal GmbH & Co. KG
Auf dem Stützelberg, D-35745 Herborn,
Telefon (0 27 72) 5 05-0, Telefax (0 27 72) 5 05-23 19,
info@rittal.de, www.rittal.de

S

Sika Deutschland GmbH
Kornwestheimer Straße 103-107, D-70439 Stuttgart
Telefon (07 11) 80 09-0, Telefax (07 11) 80 09-321,
info@de.sika.com, www.sika.de (s. Anzeige Seite VII)

SOCOTEC Deutschland Holding GmbH
Spitalerstraße 4, D-20095 Hamburg
Telefon (0 40) 334 75 37-2900, Telefax (0 40) 334 75 37-2901
info@socotec.de, www.socotec.de

T

TPH Bausysteme GmbH
Nordportbogen 8, D-22848 Norderstedt,
Telefon (0 40) 52 90 66 78-0, Telefax (0 40) 52 90 66 78-78,
info@tph-bausystemen.com, www.tph-bausysteme.com
(s. Anzeige Seite IX)

U

Unternehmensgruppe BUNG
Englerstraße 4, D-69126 Heidelberg,
Telefon (0 62 21) 3 06-0,
info@bung-gruppe.de, www.bung-gruppe.de (s. Anzeige Seite III)

V

VMT GmbH
Gesellschaft für Vermessungstechnik,
Stegwiesenstraße 24, D-76646 Bruchsal,
Telefon (0 72 51) 96 99-0, Telefax (0 72 51) 96 99-22,
info@vmt-gmbh.de, www.vmt-gmbh.de

Vössing Ingenieurgesellschaft mbH
Brunnenstraße 29-31, D-40223 Düsseldorf,
Telefon (02 11) 90 54-5, Telefax (02 11) 90 54-619,
tunnel@voessing.de, www.voessing.de (s. Anzeige Seite XI)

W

WBI GmbH
Im Technologiepark 3, D-69469 Weinheim,
Telefon (0 62 01) 25 99 0, Telefax (0 62 01) 25 99 110,
wbi@wbionline.de, www.wbionline.de (s. Lesezeichen)

Wilhelm Modersohn GmbH & Co. KG
Industriestraße 23, D-32139 Spenge,
Telefon (0 52 25) 87 99-268, Telefax (0 52 25) 87 99-201,
info@modersohn.de, www.modersohn.eu (s. Anzeige Seite 202)

Z

ZETCON Ingenieure GmbH
Firmenzentrale, Lennershofstraße 162, D-44801 Bochum,
Telefon (02 34) 9 25 67-0, Telefax (02 34) 9 25 67-10 00,
info@zetcon.de, www.zetcon.de (s. Lesezeichen)

ZPP INGENIEURE AG – A SOCOTEC COMPANY
Lise-Meitner-Allee 11, D-44801 Bochum,
Telefon (02 34) 92 04-0, Telefax (02 34) 92 04-10 00,
info@zpp.de, www.zpp.de

www.ingramcontent.com/pod-product-compliance
Ingram Content Group UK Ltd.
Pitfield, Milton Keynes, MK11 3LW, UK
UKHW022151230426
12049UKWH00003BA/31